SHEJI GUANLI ANLI FENXI

设计管理案例分析

陈 昊 胡 果 陈秀杰 著

河南大学出版社
HENAN UNIVERSITY PRESS
郑州

图书在版编目(CIP)数据

设计管理案例分析 / 陈昊，胡果，陈秀杰著. --郑州：河南大学出版社，2023.8

ISBN 978-7-5649-5559-5

Ⅰ.①设… Ⅱ.①陈…②胡…③陈… Ⅲ.①产品设计-管理学-案例 Ⅳ.①TB472

中国国家版本馆 CIP 数据核字(2023)第 151192 号

责任编辑 李亚涛
责任校对 柳　涛
封面设计 闫旭光　陈盛杰

出　版 河南大学出版社
地址:郑州市郑东新区商务外环中华大厦 2401 号　邮编:450046
电话:0371-86059715(高等教育与职业教育分公司)　网址:hupress.henu.edu.cn
0371-86059701(营销部)
排　版 郑州市今日文教印制有限公司
印　刷 广东虎彩云印刷有限公司
版　次 2023 年 8 月第 1 版　**印　次** 2023 年 8 月第 1 次印刷
开　本 710 mm×1010 mm　1/16　**印　张** 19.75
字　数 313 千字　**定　价** 98.00 元

(本书如有印装质量问题,请与河南大学出版社营销部联系调换。)

前　言

工业化、信息化和知识化是现代化发展的三个阶段，随着产业经济的转型升级，世界主流经济迈入知识经济产业发展时期，信息革命为信息共享与传递打下了坚实的技术基础。经济发展带来产业结构的变化和调整，传统设计管理在组织构架、设计范畴、设计定义、服务对象、设计方法与管理流程等方面都发生了很大的改变，设计价值的体现已悄然从工业经济时期注重利益最大化的物质拥有、体验经济时期聚焦体验关注情感和人的需求，转变为知识经济时期以知识的生产、分配和使用（消费）至上的经济交易模式，强调快速合作创新、开放式创新、体验原型等过程手段，实现平台化、开放式的设计管理模式的创新整合工具，更注重“用户一生成”模型算法、数据库构建、目标用户精准性、产品衍生性、交互可用性的设计过程管理。知识经济的兴起对投资模式、产业结构和教育的职能与形式产生了深刻的影响。在产业结构方面，电子商务、网络经济、在线经济等新兴产业大规模兴起，同时传统农业、传统制造业、传统服务业等产业在发展和运行过程中也越来越知识化。这种设计管理理念是设计学科、管理学科应对社会、经济变革和技术变革的必然产物，定将在未来的研究和社会生产实践中产生越来越重要的作用。

设计管理案例分析从设计管理的角度，围绕知识经济时代先进制造业和现代服务业的融合，面向设计创意产业的升级转型，从企业战略规划、项目流程制定、产品品牌塑造等角度，针对性地介绍新经济时期设计企业进行管理运营过程中的理论方法与实践案例，并通过对设计行业内有一定影响力的设计师/设计管理者进行专访，总结出设计管理在行业应用中的具体实施效果，掌握一手的行业资讯，为实践摸索中的自主创新企业提供参考。

全书共分为 6 章。第 1 章多元视域下设计管理研究的发展演化，从宏观层面介绍设计管理的相关概念，从文化、经济、生态和产业转型的视域看待设计管理在生产经济中的传播与发展；第2章设计管理理念思想提要，通过回顾我国古代管理思想，梳理欧、美、日等发达国家在设计管理中的发展历程，以及国内外经典管理模型分析，对新经济时期下设计管理理念新趋势进行展望；第3章设计项目管理流程与方法，针对具体的项目管理流程，从设计评估、管理与沟通、设计法规管理等角度，探索了基于快速响应市场的设计项目管理路径；第4章经典管理个案，包括数码家电行业、汽车行业、餐饮食品行业、现代服务业，分行业板块介绍了不同企业的设计管理发展之路和其特有的设计管理模式；第5章践行中的设计管理——设计·师说，邀请了多位知名企业的设计师/设计管理人员，进行有关一线设计管理经验心得的分享，通过一问一答的形式，从管理者的视角来看待产业变化与具体的企业管理之道；第6章展望与思考，结合理论与案例，归纳了创新驱动下的设计管理思路，并对如何主动适应产业变化，以及设计管理在未来的发展趋势进行了再审视。

现有相关的图书资料中有关设计管理的理论较为集中，但案例介绍较为笼统，系统地对经典案例、理论进行梳理分析，并结合真实企业案例与经验分享的书籍不多，针对设计企业具体的项目管理实践操作指导性不强。无论是教学科研、教学实践还是产业实施，都缺乏设计工作者实用的理论和实施参考，尤其缺少设计公司在设计管理过程中，针对具体问题的实际操作方法记载，这些都是我们撰写这本著作的原因和动力。本书的研究遵循“理论→实践→反思”的一般过程，从宏观角度分析设计管理在产业生态中的作用，基于产业经济发展变化和企业创新设计在管理过程中的实际需求，通过系统梳理国内外设计管理发展历程和经典管理模型，结合实际产业案例和一线设计师/管理者的经验分享，对设计组织系统进行再审视，对创新驱动下的设计管理发展趋势与未来进行展望与反思。本著作尝试构建针对新经济时期下企业实践的管理模式及理论分析框架，能够掌握现阶段不同行业的企业管理重心、设计方法、创新模式等方面的差异，为准确把握设计战略需求现状与发展趋势提供实证数据库的梳理和积累；为设计企业发展自主创新品牌战略，提供管理方面的可参考的普适性及操作性方法体系；为相关的企业、机构、学者提供产品/服务设计、生产、教学的学术支持；为地方政府相关部门及产业服务供给主体，提供决策参考和案例借鉴。

本著作推荐给从事与设计研究、项目实践及管理相关的从业人员，包括具有制造业/服务业企业的设计师、工程师、分析员以及企业主管。也推荐给从事与设计管理研究相关的学术研究者，包括管理学、设计学、经济学、社会学以及大数据技术与应用专业的学者。

本著作在编写过程中，得到多位教授、校友和行业资深设计管理者的热情帮助，尤其是参与访谈的企业家朋友，无私地分享了他们的从业经验，同时感谢我的学生刘鹤宣、闫旭光、伍晓岚、赵萱萱、王明耀、谭润薇、李婷等参与了书中主要案例的梳理与其他部分图、文的加工整理工作，在此对他们一并表示感谢。

由于编者水平有限，书中难免有疏漏之处，敬请广大读者给予批评指正，不胜感谢！

编 者

目　录

第1章　多元视域下设计管理研究的发展演化

1.1　文化中的设计管理

1.1.1　设计与设计管理

设计是把构想根据有效的规划、周密的计划，通过各种方法表达出来的过程。人类以劳动的方式改造了世界，并创造了文明和物质、精神的财富，但最为基本的、最主要的创作活动过程均源自造物。而设计过程是人在造物活动过程中预先制定的计划，能够准确无误地将所有关于造物活动的各种规划以及对过程的正确理解即为设计。随着当代科技的发展、信息时代快速来临和创新方式快速演变，设计实践还会朝着更加广泛的方向让用户参与发展。以用户为核心的创新设计开始越来越受到关注，在用户的参与下，以用户为核心的创新2.0的发展模式也在逐步显现，这也是新环境背景下设计创新的主要组成特征。这个模式下，用户是核心构成要素，用户体验又被誉为知识社会环境下设计创新的钥匙。

设计管理这一概念最早始于英国，20世纪70年代开始作为一种特殊的文化现象随着改革开放政策引入中国大陆并实施到现在。在这个过程中，设计管理逐渐从西方发达国家向东方发展中国家传播开来。在改革开放的大背景下，沟通交流的增多，促使我国社会经济文化得到了全面快速的发展，为东西方文化进一步交流打下了深厚物质基础。我国积极引进国外先进技术，促进了经济的快速增长，推动了科技水平的提高，也带来了良好的国际影响并顺利地加入世界贸易组织（World Trade Organization，简称WTO），与世界经济体系接轨。维持同西方经济贸易往来时，中国人走向了世界，出去访问和学习，借鉴西方优秀知识与科技成果。随着计算机和互联网的普及，网络信息成为人们日常生活中不可或缺的部分。工作人员的往来以及网络技术的发展，给设计管理进入中国大陆带来准入条件。

1.1.2　设计管理的研究与发展

就企业而言，设计管理不仅与产品开发的质量问题紧密相连，更事关企业的品牌形象和企业识别。在这个过程中，设计管理逐渐从西方发达国家向东方发展中国家传播开来。企业运营总体战略目标和产品开发，均已经与企业设计战略、设计管理等密切相关。设计管理作为一种全新的经营理念，已经成为现代企业竞争的核心要素之一，大型公司对于设计管理的重视与探讨一直持续进行。中国进行设计管理探索与实践于20世纪90年代起步，并逐渐成为学术界讨论的热点，一些知名高校及独立机构多次召开相关国际学术会议，并进行大规模学术探讨，不少著名高校也都为之相继开设研究生课程。随着设计管理研究与实践的不断深入，设计管理作为一门学科已经得到广泛认可，而对于设计管理的认识和理解更是深入对设计管理本质及价值的思考之中，无论是学术界还是企业界的人士，均已认识到设计管理对于许多越来越激烈的商业环境影响所起到的决定性核心作用，高效合理地进行设计管理，也就成为推动企业走向成功的最关键要素之一。

1. 设计管理的产生背景

在现代企业里，设计是一项非常重要的工作，设计管理最初是研究设计机构内部怎样管理自己的组织，以及指导设计机构如何管理自己的客户关系。1966年，英国人迈克尔·法尔提出了一种叫“设计经理”的新职位，其主旨在于确保那个时代日益繁杂的设计新项目得以平稳有序、高效地实施，由此确保设计机构与客户之间一直保持有效的良好交流，所以，那时的设计管理的角色主要由设计机构或客户公司的管理者担任。在之后的几十年间，随着科学技术水平的不断提高和经济全球化的迅速发展，人们对设计工作越来越关注，在实践过程中的设计管理问题和理论方法也引起了设计和商业管理教育界的极大关注。设计管理的内容越来越丰富，其形式也变得多种多样。世界各国知名高等院校和研究机构纷纷围绕设计管理的教育和传播实施展开相应的研究，这些研究成果不仅丰富了设计管理学理论与实践的内容，为以后该学科的迅速崛起奠定了坚实的基础，使设计管理学科得到快速成长与壮大，还成为许多高校以及相关机构最重要的专业课程之一。此外，包豪斯体系的建立，让许多著名的设计师们也开始关注和参与设计管理的工作，并取得了很好的效果。美国在波士顿成立了“设计管理学会”(DesignManagementInstitute，简称DMI)，以促进美国和欧洲在设计管理层面继续保持高速发展，该协会由来自全球各地的知名设计师组成，他们是在世界各地进行研究工作并取得成就的杰出人士，同时他们还致力于为设计行业提供指导和帮助。这一阶段，DMI对企业推动设计及设计管理表现得十分积极，年年有各种活动，重点是研究如何把设计管理理论和企业设计开发及商业管理实际完美地结合起来。

企业快速发展过程中对设计的重视，较好地扩大了设计管理对企业的影响力。随着经济全球化趋势日益加强，各国之间的交流日益频繁，设计管理也越来越受到世界范围内的关注，并被认为是现代企业竞争优势的来源之一。设计管理实践活动也在拓展着自身的内涵与外延，新的设计管理的定义涵盖了从产品概念模型到产品设计与开发流程、从产品设计与开发工具、从产品开发组织结构到企业内部设计管理体系等多个层面。

2. 设计管理的主要范畴

设计管理的主要工作是让公司内的相关设计活动，按照正规、严谨、理性的原则，以特定的程序流程进行安排，把设计全过程落到实处。从某种意义上说，设计管理已经成为现代企业不可或缺的重要组成部分。设计管理不仅为企业提供了良好的基础条件，能促进企业自身管理水平的提升，也能确保设计工作和公司长远发展目标密切结合起来，对公司内部各层资源和活动之间的关系进行统筹安排，并以此为依据开展设计活动，确保工作最终实现企业战略目标，如图1-1所示。

对设计过程进行管理，实际上是对产品与服务开发设计全过程进行管理，在设计管理中占有重要地位。这个过程使得企业能够从整体角度出发，全面了解设计工作中存在的问题，提高设计效率、降低设计成本、提升设计质量，进而为公司创造更多价值。这种产品开发设计的流程管理，也能够透过设计体

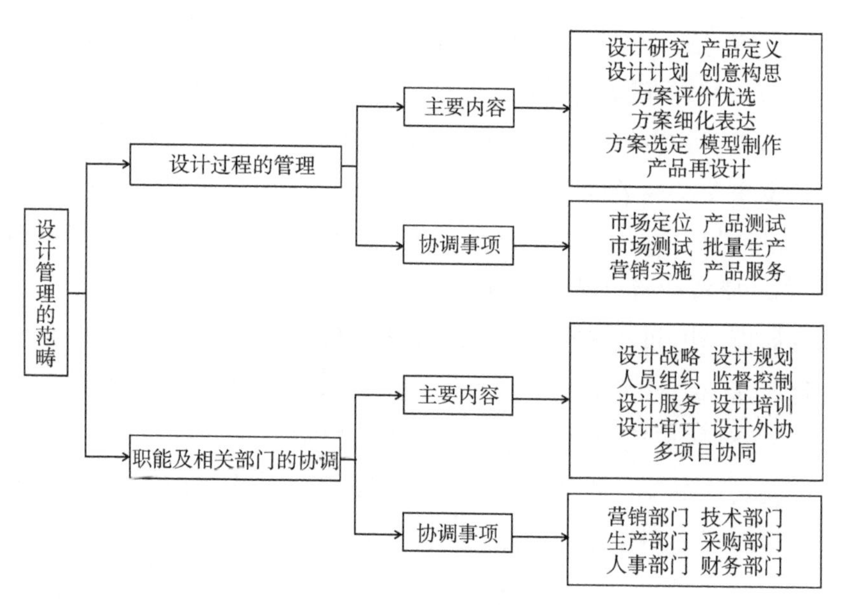

图 1-1 设计管理的范畴

现出企业文化与经营方针。产品设计项目管理平台作为一种全新的管理模式，主要作用反映在进行新品开发和设计活动时，能够将详细策划、费用预算、人员配备等信息规范化，并通过系统工具控制设计规划实施过程，使过程管理中的相关业务信息更加清晰，更好地帮助企业快速有效地完成新产品研发项目管理。

目前，我国很多中小企业在管理过程中既要进行对工作部门内部的人员和流程进行管理，还要和有关的单位协调，这个过程中缺乏科学规划和组织领导，导致设计效率不高，创新能力输出有限。设计产业创新能力需要提升，在很大程度上需要有效优化设计的管理工作，从而顺利完成设计总体目标，使企业的设计战略目标得以落实。在实施过程中，对于设计的内容和方法，在管理层面要充分考虑和明确关注，从组织上进行协调。最为关键的一点就是，设计管理并不只是设计部门的工作，设计统筹不仅仅是项目负责人要承担的任务，更要求企业级的主管与最高层领导共同参与指导，并在任务过程中从企业宏观布局的层面对各部门的协同工作进行协调，只有这样才能让设计管理工作更好地为企业服务，从而促进企业不断地进步发展。法国设计管理研究专家博丽塔·博雅·德·墨柔塔曾在其所著的《设计管理：运用设计建立品牌价值与企业创新》一书中，将企业中的设计管理分为三个层次，即操作型设计管理、职能型设计管理和战略型设计管理，如图 1-2 所示。

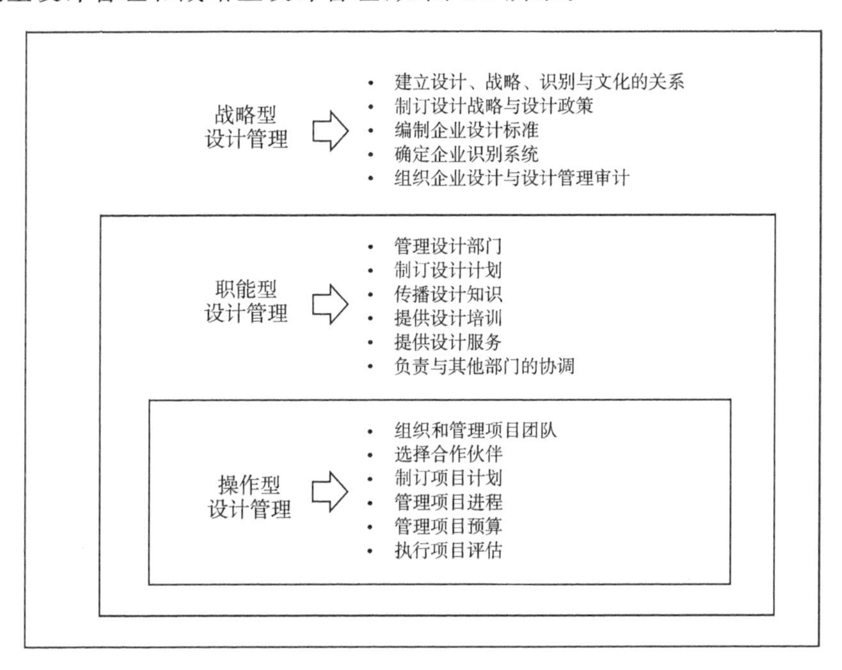

图 1-2　设计管理的三个层次

优秀的企业在设计项目实施过程中，首先需要将设计定位目标及战略思想融入公司整体商业和服务经营的战略目标体系之中，这样才能真正做到和整个市场营销的创新战略与传达的相协调。操作型设计管理，主要是指如何从操作层面上对产品或者服务进行开发和设计实践，是设计工作的具体执行层面的内容管理。主要包括如何进行设计项目的管理：如何组织和管理项目团队、如何选择合作伙伴、如何管理项目进程和项目预算、如何进行项目评估，以及如何确定设计项目与市场营销战略、市场定位与市场细分、设计政策及品牌价值的关系等。职能型设计管理，主要是指公司从管理、传播和协调的角度，制订设计计划，指导各部门完成设计任务的过程管理，这个过程需要建立起一整套完整的组织架构体系来实现操作性管理目标。在此基础上，职能型设计管理除本身需要对各业务部门的责任进行综合管理和维护外，还担负着将设计任务输入、设计战略定位等企业文化理念及时传播给整个设计产业链的任务，围绕设计项目展开相关知识培训学习，提供有关决策的相关工作流程数据，在条件允许的情况下还可以提供可视化信息支撑平台。而战略型设计管理涉及的是如何对待公司的发展战略，管理者必须站在宏观层面思考企业层面的发展策略与定位，规避风险寻找市场机会，将设计融入公司战略制定流程，保证企业设计工作的连续性。作为企业在设计战略层级的管理，应直接承担促进公司设计和战略、规划战略建立实施和战略执行责任，组织推动企业管理设计评审、战略设计实施管理审计等工作，并且负责将设计工作纳入战略组织决策和支持决策系统中。

3. 设计管理在企业中的使用价值

设计管理作为一项复杂的系统工程，涉及多个部门以及众多人员，企业希望系统地开发一种新的产品/服务方案，能够有效地满足潜在顾客的需求，设计过程中的高效管理有利于正确制定企业设计发展战略，能够高效促进企业产品与服务发展，推动设计和营销，也有利于妥善处理企业和协作单位的关系，创造具有市场竞争力的企业品牌形象，同时也推动企业创建强有力的设计团队。

企业设计发展战略是以组织机构为中心而展开的一种新型设计管理模式，在设计管理中，协调企业资源是其重要目的之一，制定适合企业持续发展的设计发展策略，发挥快速响应市场的效用。在客户观察及市场需求分析的基础上，借助企业的发展战略，剖析设计开发的市场前景和机会，结合社会文化和市场等因素，对经济发展和技术要素进行分析，建立产品开发机会空白，明确设计定位和发展战略目标。设计管理工作贯穿于产品研发的全过程，包括产品设计、生产制造、销售服务等多个环节。在设计管理的具体开展安排中，要以设计战略为中心内容，确保人员布局合理，任务具体落实，设计资源清晰并得到统筹管理。

在现代企业的生产活动中，产品设计人员的地位日益凸显，也要求管理人员能够对整个产品设计开发过程进行有效管理，按照设计战略有效地组织与协调设计资源，这个工作过程中，需要考虑到不同群体的利益诉求，通过有效地安排设计工作人员去理解顾客的需要，从用户的角度出发，把顾客的愿望和价值观导入新产品或者服务开发环节，结合用户的实际需求为企业设计战略提供坚实的基础，同时建立一个良好的沟通平台，依据设计流程和规划来促进设计人员、专业技术人员及市场营销人员沟通互动，促进企业产品与服务发展。

设计管理是以用户需求分析和产品设计过程作为基础的，贯穿于整个产品开发过程之中，就产品/服务本身而言，设计影响着产品的外观造型和功能，也对产品的成本和销售渠道进行了规定。设计管理决定了产品/服务的开发策略与定位，这个定位直接影响了最终产品的造型功能、材质工艺、目标市场等因素，设计方式的差异将影响产品生产和营销的成本以及附加值，在商业流通领域也会影响产品/服务的推广、配送和售后服务方式。因此，设计管理无论在设计开发还是在营销策略的拟定上，起着关键作用。设计人员在具备良好的专业技能及掌握丰富的市场知识、专业知识的基础上，通过设计管理活动促进设计部门与市场营销、销售部门之间的沟通与联系，打造并推出更能满足客户需要的产品与服务，以保证设计管理工作的顺利进行。

设计实施阶段的效果，能够直接决定产品的最终品质，设计管理工作的有效运行直接影响着企业和协作单位的利益。设计工作是企业生产经营活动中非常重要的一个重要环节，有助于提高企业自身的竞争力。从设计层面上来说，合理开发产品并妥善处理企业和设计服务机构之间的关系十分重要。在生产方面，保证产品设计质量以及提高生产效率，需要建立起完善的设计管理体系，为企业提供优质高效的技术支持。良好的设计管理组织与团队，能增进企业和各协作单位之间的友好关系，维持比较稳定的合作伙伴关系，形成良好的产业生态链。

在市场竞争中，设计管理对于企业的形象建设至关重要，它能帮助企业塑造一个良好的企业文化和品牌形象。设计管理不仅能统筹设计部门内部人员、团队及项目进度，同时能协调设计部门及其他部门的工作联系，使其在整体产品规划和品牌打造过程中有密切的配合。在这个环节中，设计管理工作如果能够准确地传达企业文化理念和战略目标，那么对于创造清晰新颖、具有市场竞争力的企业品牌形象就有着不可忽视的促进作用。

在新产品开发过程中，要充分考虑各个环节中专业技能人才的因素，同时考虑因分工不同，部门协作效率带来的影响。从某种意义上来说，一个优秀的设计团队能够帮助企业更好地实现目标，以设计管理理念为前提，能推动企业组建设计部门，并且有效调动设计师在各种活动中所发挥的作用。出色的设计管理能够积极有效地调动设计师创新思维能力，将行业动向和顾客需求转化为新产品，使其更具科学性、更加多元化的形态，企业设计管理理念强调团队协同的作用，围绕设计需求，通过管理思维和管理模式，可以相对高效地组织项目团队，这个团队可以跨专业跨部门构成，从而能够在设计管理组织下实现分工明确、优势互补，快速响应设计开发的需要。因此，设计管理意识和方法的合理应用，有助于企业内部创建稳定精英设计团队。

设计作为企业的重要战略资源，给企业创造了巨大的经济效益，也能帮助企业塑造一个良好的企业文化和品牌形象。当代的设计管理部门的职责是对与设计活动有关的任何事务进行规划与协调，对设计过程中的相关事务活动展开高效的管理监督。设计机构需要不断调整自己的设计思路以及相应的措施来实现企业的战略目标，从而确保其设计目标得以顺利实现。企业设计计划应分别反映企业的长期发展战略、中期计划与短期对策。

1.1.3　设计文化中的价值与传播

设计文化作为社会文化系统的一个重要组成部分，既体现了人类的文明程度，也反映着人类技术发展的进程。设计文化具有多向性和多层次价值。在传播过程中，设计文化作为实际载体的设计作品具有物质性，决定了设计文化的物质价值；传播的精神寓意和人文价值观念具有精神性，决定了设计文化所具备的精神价值。从哲学角度分析，人类社会的生产和发展都离不开一定范围内的实用性，产品本身就具有实用功能，其是设计文化最根本的价值。现代经济社会中对产品设计的要求，既要满足消费者对功能的实用需求，还需实现消费者对物质审美的美好向往，这种需求和欲望的满足就是设计文化的内在动力。

当今社会，物质和文化快速发展，精神价值就显得愈加不可或缺。对人文精神的强烈追求，往往体现在当代设计作品中，它们既在功能形式上蕴含着具有较高的技术价值，也在造型工艺上兼具艺术和人文价值。设计文化既体现了时代进步的特征，又反映出人类社会生活方式的变迁，还折射出人类的价值观及审美观。设计文化与社会伦理和社会道德密切相关，能够引导并造就科学合理、最前沿的设计潮流。

从某种意义上来说，设计文化就是一种社会伦理观、价值观，如“无障碍设计”“民主设计”“绿色设计”“可持续发展”等设计理念，都是对社会伦理价值的思考与体现。设计文化是体现一个时代或民族的价值观念和思维方式，在此基础上形成了所在地域特有的价值和审美。设计文化也能够为经济发展创造附加价值，提升产品开发的经济效益。设计文化的增值是设计产业发展的重要推动力之一。设计文化的发展过程可以看成一个知识积累和创新的过程，设计文化主要是以创意展开、生产制造和市场销售等方式实现其价值，设计与管理对设计文化价值创造起着至关重要的作用。设计文化是有生命的文化类型。它既包含了传统优秀设计思想的精华部分，也体现着当今时代的先进理念。对设计文化的现状与发展进行解剖、总结、梳理，寻找有益于当代设计的启示，增强中国设计文化风采，把中国文化底蕴作为当代中国设计发展的趋势，让中国的设计有文化张力和民族个性，让设计文化充分发挥价值。

文化传播是文化现象赖以生存和发展的一个重要途径，人类社会的进步与发展，离不开文化交流和融合。在人类千百年的自然发展和积淀中，形成了具有鲜明的自身地域特色的文化。设计文化的形成，与当地的地理人文风貌、价值观体系有很强的联系。设计文化的传播具有开放性、流动性和延续性的特征，随着科学技术的发展，其传播形式越来越丰富，且文化的传播不只是不同的地区、不同的文化圈之间的横向交流，还包括不同时期文化的纵向传播。设计文化传播是一种双向传递的社会现象，设计文化的传播媒介是传播过程中使文化信息得以传播的载体，是企业与消费者之间沟通的桥梁，主要包括印刷媒介、电子媒介、实物媒介等。这个桥梁连接的信息，包含企业的文化、价值观点、设计理念，也包括消费者需求、对企业/品牌的认知、潜在市场机会等，如图 1-3 所示。

设计和文化的相互交叉、相互交融，构成了今天文化发展中一道新的风景线。作为一种全新的思维模式和行为方式，设计文化正在成为一个新时代的标志，它是人类创造的物质文明成果在社会领域里的物化表现。适时进行探索与科学研究，能够在设计文化中寻找价值规律性，使我国传统文化得以更好地传承和发扬，也能够让设计作品更具有时代性和民族性，从而实现设计文化

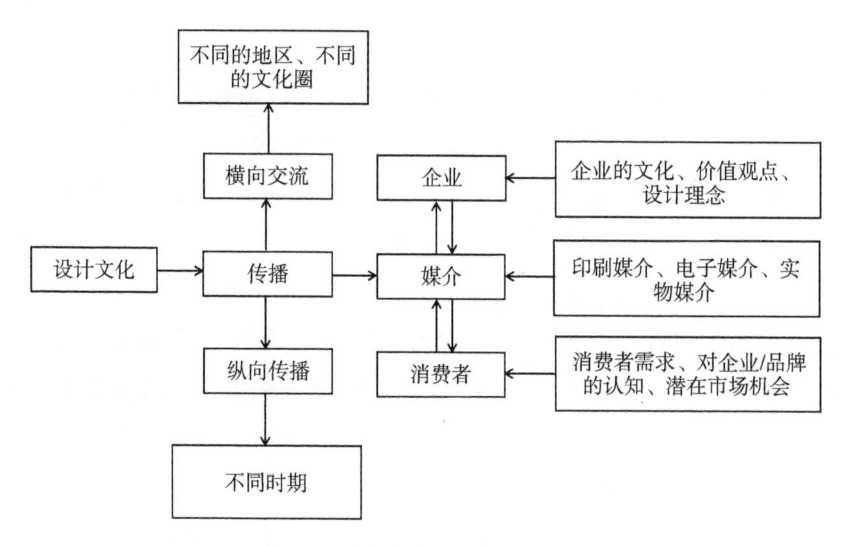

图 1-3 设计文化的双向交流

的真正繁荣。在信息时代,对设计的理解不应仅仅局限在材料、技术层面,而应在理性的视角下,注入"以人为本"设计观念,在树立中华民族文化自信的同时,让自身文化具有更强的生命力。

1.1.4 文化导向下的设计管理

文化导向下的设计管理有利于企业主动创造良好设计氛围与环境,提高工作效率,让设计创新层出不穷,也能够促进企业在各领域中的深入合作,推动技术商品化迅速转变,增强产品在市场上的竞争力。设计管理中的文化积淀,也能更好地服务市场、开创一个全新的市场,有利于打造一支稳定的设计团队,创造与众不同的企业品牌形象。品牌经营决定了市场竞争力的强弱,同时也影响着整个行业的发展方向,设计管理作为一种系统方法,对优化企业品牌营销战略有极大帮助。系统化的设计管理能够有效支持设计文化的正向传播和企业品牌经营策略的持续健康发展。

现代社会的文化导向,要求设计管理从传统的"人治"模式向"法治"模式转变,从单纯地注重设计结果转向追求设计过程中各要素之间的协调统一。为了满足这一要求,在设计管理过程中,务必要建立科学合理的操作与管理系统,借助多种资源优势,构建多元化动力,促进设计管理模式的确立和发展。

1. 基于设计战略、机制和文化的企业设计管理理念

当代企业高速发展，这就要求企业不仅需要提高效率，而且需要在文化积累下形成有效的设计管理机制，把设计管理上升为企业管理战略层级。在企业文化管理理论里，“有效战略＋优秀文化＝卓越生产力”是一个备受推崇的模式，在设计管理的过程中，这一模式也同样适用，如图1-4所示。

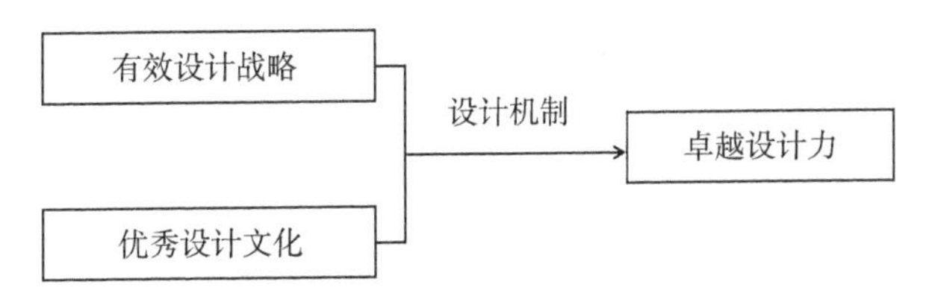

图1-4　企业文化管理理论模式

设计文化是企业竞争力的核心因素，企业战略作为文化的一个重要构成单元，是企业文化的反映，设计文化与设计战略的融合是现代企业管理经营的必然趋势。设计战略是宏观层面制定的企业设计发展计划和执行谋略的途径，设计文化是企业特有的设计理念和人文精神的历史积淀，对设计战略具有良好的引导作用。优秀的设计战略需要强大的设计文化作保障，而出色的设计文化也离不开优秀的设计战略作支撑。设计战略在企业发展中对企业文化进行定位，使之成为企业文化建设的核心部分。不同的设计文化决定了不同的设计战略。设计战略反映了企业设计宗旨与价值，具有设计文化的烙印。在设计实践中，设计战略与文化密不可分，它们共同影响着设计风格的形成。在现代企业中，设计文化与设计战略都是企业经营理念的组成部分，但是设计战略并不等于设计文化，设计战略具有强烈的呈现性，而设计文化又极具隐性特征，优秀的设计文化往往能催生有效的设计策略，并成为设计战略实现的推动力与关键支持。设计战略与设计文化之间存在着相互联系、相互促进的关系，设计战略对设计文化起着决定性作用。因此，只有把高效的设计战略和出色的设计文化结合在一起，并凭借企业技术创新设计机制，才能使设计战略的实施顺利进行，真正形成企业优秀设计力。

设计文化对设计战略实施既有推动作用又有约束作用，企业设计文化可划分为战略相助型、战略制约型、战略非相关型三种形式。战略相助型的企

业，以设计文化为导向，文化精神和企业战略目标一致，员工价值观念、行为规范和企业设计战略总体目标相互协调。战略制约型的企业，设计战略与设计文化相互排斥，这种模式下通过文化约束，设计的边界更明显，有利于避免设计过程中脱离企业实际情况。还有些企业在发展中还没有形成主导型的设计文化，设计文化对于设计战略的影响不显著，这种属于战略非相关型设计文化。设计战略、设计机制与文化在这种类型关系的协同运行下，需要主动适应市场变化和企业自身定位，不同的文化类型，只要符合企业战略需要，均足以在企业管理中发挥极大的推动与导引作用，形成较强的企业设计竞争力。

2. 企业设计管理之“金三角”模式的内涵

企业设计管理金三角模式是将企业设计管理系统化繁为简，进而易懂、易行、易操作。在图 1-5 中，设计战略位于顶部，是指引企业向上持续发展的方向与动力；设计文化和设计机制位于底部的两点，表示对设计战略的强有力的支撑作用，并产生设计推动力和执行力；而战略、机制和文化不单是决定着创新，其本身必然也需要由创新来推动，创新始终渗透在每一个具体的设计管理活动之中，它既是设计管理追求的目标，也是设计成功必备的要素，因而也处于整个设计管理系统的核心地位。金三角模式的基本内涵是以差异化设计战略为导向，形成独特的想象力；以创新型设计管理机制为载体，激励企业设计创新，增强设计力；以开放式企业设计文化为基础，整合各方文化形成文化合

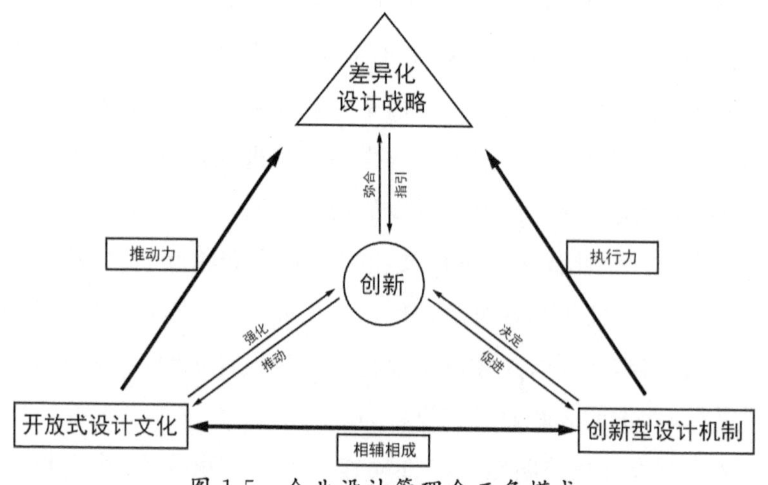

图 1-5 企业设计管理金三角模式

力，三者有机互动，共同构成企业设计管理的三大元素；而形象力、设计力、文化力则共同作用，以增强企业的竞争力。

如今，国内外市场竞争日益严峻，在错综复杂的情况下，所有企业都面临着市场环境变化和同类型单位竞争的压力与挑战，为了保证能够持续稳定地发展，在设计管理过程中，一些企业有时候会采用差异化设计战略，他们会依据自身条件与市场状况，作出与其他竞争对手不一样的长远规划战略，确保企业对设计资源的有效利用，创新性地提供区别于竞争对手的产品或者服务，以实现自己的经营目标。从某种意义上讲，差异化设计战略是一种以文化创新作为导向，将产品或服务融入产业文化氛围中的全新营销理念。

现阶段，市场竞争的加剧使设计与企业、市场的命运的结合更加密切，从注重新产品的造型设计，转变到注重塑造企业和产品的品牌形象；从进行产品开发企划，转变到参加企业整体运作计划制订和贯彻落实；从设计师个人/小组或企业中层的一个组成部分，转变到进入企业的决策层，参与制定战略方针和对策；从通过设计活动提高企业经济效益，转变到通过设计活动提升企业社会效益，并主导企业的持续性发展和协助企业承担社会义务与责任。

企业设计机制作为一个企业整体运营的动态过程，由每个组成要素相互联系、相互影响构成，在这个过程中，需要企业建立一个完善、高效的管理办法，充分发挥配置设计资源、促进企业创新等功能和作用。这个机制存在于企业经营的研发、生产、制造、销售、市场反馈的全过程。企业设计机制一般包括管理平衡机制、激励凝聚机制、有序竞争机制、利益分配机制、法律保护机制、发展动力机制、设计合作机制、资源配置机制等要素，如图1-6所示。

随着销售市场的职责分工越来越细化，企业将不再是一个封闭的组织架构，它与周围的环境时刻悄悄地进行着信息和资源的传递。文化对设计产生了潜移默化的影响，设计逐步变成一种“全球性”文化语言，设计本身也正在从一种纯粹技术层面上的创造活动，向社会生活领域不断渗透和延伸，设计活动与经济发展紧密联系，在这样的环境中，企业设计文化应该以一种开放创新的视野，在自身调整中不断取得新内涵、焕发新生机，在开放吸纳的基础上不断丰富和壮大。企业设计管理系统是一个动态过程，在运行过程中，应注意协调机制和文化的关系，在制度建设、组织架构、流程管理等方面进行优化调整，主

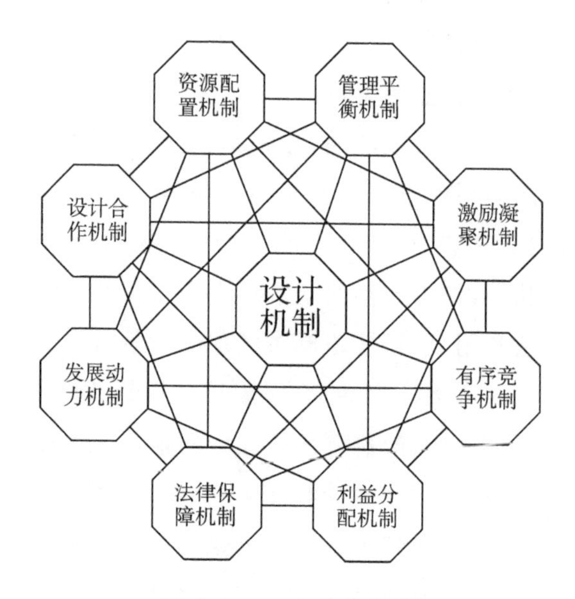

图 1-6　企业设计机制

动围绕产业的转型升级。

新经济模式下，消费者对于产品预期的心理和审美需求更高，需要企业决策者在产品开发中加大对设计文化力的研究投入，并将文化元素积极应用到创新产品开发之中，产品的文化含量越大、文化附加值越高，它的辐射能力就越强，对社会和市场的影响也越深远。设计可以从文化关怀和挖掘的视角出发，在设计中注入文化理念，提升产品的文化内涵，提高消费者对产品/服务设计的满意度，进而提升产品研发的价值力，保持企业在市场竞争中的核心优势。

设计过程中的主要劳动是设计师创新知识和智慧的输出，设计管理者要以人为本。设计组织可以通过企业文化的凝练构建，在制度约束和物质激励的基础上，让设计师在企业文化认同下产生工作自觉，从被管理者转向被引导者，他们的积极性和创造性才能得到最大限度的发挥。以战略、机制、文化为依托的企业设计管理理念，将成为一种全新的设计管理方法，在一种较高思想层次上，整合开发组织内外的文化理念，包括组织内部的文化开发培育和组织外部的消费者及社会环境文化背景研究，并使之融为一体，从而提升设计水平，使设计管理发生革命性的变化，并使旧的管理思想和方式所面临的困境得到解决。

1.2　经济发展中的设计管理

1.2.1　不同经济发展时期设计的价值与方法

进入工业文明以来，人类社会经历着不同的经济时期，从早期的工业经济时期到 20 世纪八九十年代的体验经济时期，再到现如今的知识经济时期，设计管理在不同的阶段，有着不同的价值主张、审美倾向、设计的核心利益、创新整合过程工具、研究对象和方法，如图 1-7 所示。

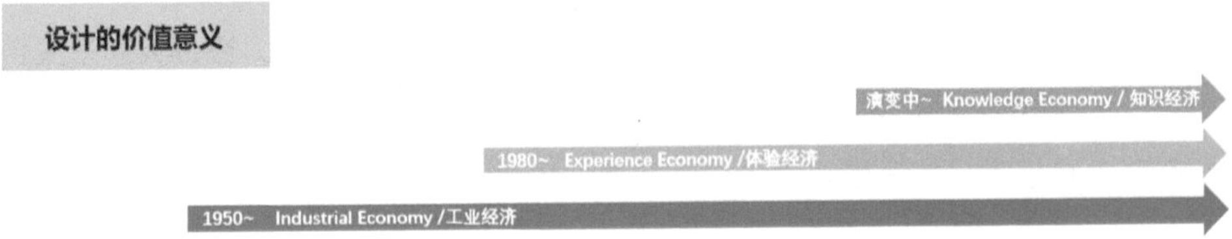

设计的价值意义

演变中~ Knowledge Economy / 知识经济

1980~ Experience Economy / 体验经济

1950~ Industrial Economy / 工业经济

价值主张	物质拥有(商品)	聚焦体验(品牌)	赋予创新 (平台化、开放式)
用户利益	功能效益	关注情感和人的需求	身份识别感、自我实现
创新整合/过程与工具	理性解决问题过程	市场细分、角色、场景、体验流	快速合作创新、开放式创新、体验原型
研究对象	产品人机关系和生理反馈	市场细分的产品、生活方式和亚文化	满足产品对个人自我实现的需求
研究方法	人机学、工效学、人测量学	消费者心理学、人类学、消费者对照实验	用户 -生成的知识、专家知识和科学模型、对用户行为的监测
审美	功能化、理性化、通用化、简约、纯粹、客观化、绝对化	多样化、折衷化、复杂化、装饰化并存、主观性、市场导向	用户—生成、算法、衍生性、交互美学比审美外观更重要

图 1-7　不同经济时期的设计价值侧重点

1. 强调物质拥有的工业经济时期

工业经济时期，经济发展在很大程度上依赖于对自然资源的拥有与分配。自 19 世纪以来，全球的科学技术取得了巨大发展，生产效率有了很大的提高，工业化机器化的生产替代手工生产。这一时期，铁矿、煤炭、石油和其他主要用于开发机器的生产资源，迅速变成短缺资源，并且对经济的发展有一定的限制影响。因此，这一阶段的经济发展主要取决于企业对自然资源的占有，从设计服务与管理的角度，管理者强调通过设计将目标产品的功能效益最大化。为实现这一目标，设计领域通过人机工程学、人因学、人类测量学等方式，去研究设计对象（产品）的人机关系和人的生理反馈，主张通过对使用者的训练以适应机器的工作，或者通过理性地发现产品使用过程中的问题，利用设计优化的方式解决问题。从审美的角度，在评估产品设计优劣时，重点是强调功能化、理性化、通用化、简约、纯粹、客观化、绝对化的美学原则。

2. 关注人的情感与需求的体验经济时期

体验经济是21世纪初中国经济发展中最主要的表现形式，体验营销是在消费领域中兴起的一种以用户体验为核心的新型营销方式。1998年，《哈佛商业评论》提出了"体验经济"这个概念：以服务为舞台，以商品作道具，从生活与情境出发，塑造消费者的感官体验及思维认同，借此捕捉客户眼球，转变用户的消费行为，给商品寻找到一个全新的生存价值和生存空间。在体验经济时代，体验消费成为一种时尚潮流，设计行为重视客户的感受性满足，关注消费者在消费行为过程中的心理体验，强调通过设计围绕消费者创造出值得其回忆的体验活动，在消费过程中，体验者不仅能获得物质上的享受，还能得到心灵上的愉悦和精神上的慰藉。体验经济中，商品是有形的，服务是无形的，而创造出的体验是令人难忘的。

体验是来自个人的心境与事件的互动，由于消费者个人的文化经历等背景不同，同一产品带给他们的体验是有差异的。在这个过程中，商品/服务对消费者来说是外在的，但是体验是内在的，是个人在情绪和知识上的互动参与的所得。因此，在这个时期设计的价值核心更注重聚焦体验（品牌），关注情感和人的需求，强调通过消费心理学、人类学、消费者对照实验等方法展开设计研究与管理，实现市场导向下的多样化、折中化、复杂化、装饰化并存的设计策略。在整合创新工具中，体验经济时期的设计管理，更注重市场细分、角色、场景、体验流，对于市场细分的产品、生活方式和亚文化理念相较于工业经济时期有更深层次的思考。

3. 平台化开放式的知识经济时期

知识经济建立在知识的基础之上，是以智力资源为主要依托，以脑力劳动产生的信息知识为主体交付物，通过不断创新来推动经济社会发展的一种新型经济形态。它可以定义为建立在知识的生产、分配和使用（消费）之上的经济，包括人类迄今为止所创造的一切科学技术、管理及行为科学等知识。知识经济的兴起对投资模式、产业结构和教育的职能与形式产生深刻的影响。在产业结构方面，电子商务、网络经济、在线经济等新兴产业大规模兴起，同时传统农业、传统制造业、传统服务业等产业在发展和运行过程中也越来越知识化。

工业化、信息化和知识化是现代化发展的三个阶段，知识经济的关键是创新能力，在信息共享的条件下，有效地产生新的知识，信息革命为新知识的生产、传播和信息共享打下了坚实的基础。经济发展带来了产业结构的变化和调整，知识经济时期将以知识的学习积累和创新为前提，经济活动都伴随着知识的生产和消费，从设计的角度，强调目标用户的身份识别感、自我价值的实现。相较于传统的设计管理，企业在这个过程中的设计与管理更注重“用户一生成”模型算法、数据库构建、目标用户精准性、产品衍生性、交互可用性等工具方法。大数据时代，对用户行为的监测和分析手段更加丰富，知识经济时期更加注重专家知识库和科学模型利用来实现满足产品对个人自我实现的需求。同时，这一时期的创新整合工具，强调快速合作创新、开放式创新、体验原型等过程手段，实现平台化、开放式的设计模式。

1.2.2　经济发展视域下的设计表象及内涵

设计是一种具有目的性的创造性活动，是调整人与社会、生产与消费之间的重要手段。经济全球化使人们更加重视产品本身及其背后所蕴含的精神内涵。设计不仅可以提高人们的生活质量，还能促进经济增长，作为一种文化理念与经济发展密不可分。第二次世界大战之后，伴随着世界各国经济的复苏与发展，城市建设进程明显加快，在工业经济时期，人们对设计的诉求是追求利润的最大化，类似雷蒙·罗维这样的设计大咖都曾表示“最美的曲线是销售上涨的曲线”，说明那一时期的设计以推动经济发展为主要导向。在过去，设计师的责任只是在制造业的产业链上扮演美工的角色。进入21世纪以来，消费者不再满足于传统单调的、枯燥无味的、缺乏个性和人情味的设计，随着消费文化的兴起，消费者的个性化需求也日益增加，单纯地对品牌和产品外观设计的再加工，并不能满足现代审美需求。设计与营销相结合已成为一种趋势，在以产业化转换为最终目的的商业背景下，如何进行产品创新升级，提升品牌形象，探寻符合消费者预期的产品，成为当今设计研究和产业实践管理当中的主流问题。

在传统的设计观念中，设计的任务主要集中在对日常生活问题的发现和解决上，设计的对象，往往是具体器物的造型设计或功能革新，这些设计对象是物质载体，属于设计表象层面的体现。工业经济时期强调物质拥有，设计的侧重点主要集中在产品的功能、结构、材料、性能、造型、工艺等方面。随着体验经济和知识经济的转型发展，设计学科蓬勃发展，无论是学术研究还是产业设计实践，现在的设计主流观点中，对设计内涵和外延的丰富，已经扩展到包括有关产品的品牌、系统、市场、交互、用户体验、加工制造等诸多领域，如图 1-8 所示。

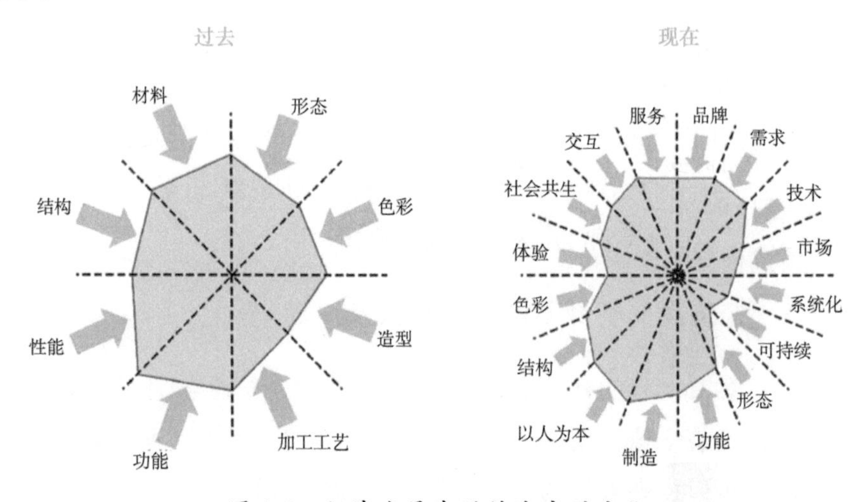

图 1-8　经济发展中设计内容的变化

在新经济背景下，商业格局的变化，商业竞争越发激烈，迫使设计的管理决策者从全产业链的角度去审视整个产品设计系统，对设计提出了更高的要求。对于器物的设计，实际是为“器物”背后的使用者而设计，因此在进行设计时，要考虑到其行为方式及习惯；对于功能的设计，思考的是使用者的感知体验，设计产品其实是对整个“产品”背后的服务体系的系统化设计。设计活动的实质核心，是对设计目标上下游产业链当中所有利益相关者之间关系的系统设计，如图 1-9 所示。

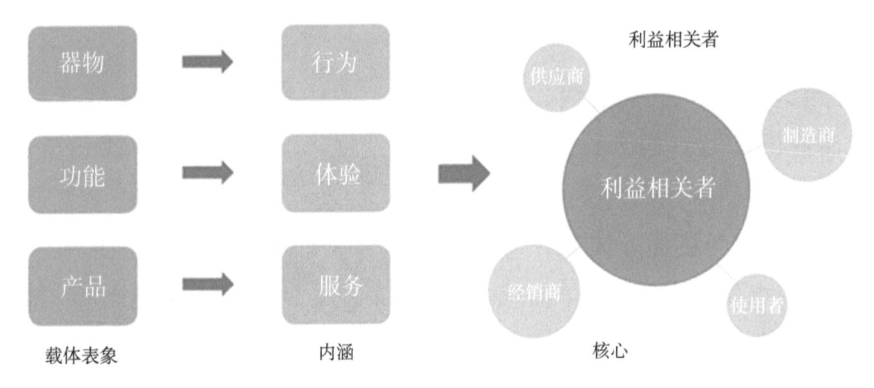

图 1-9　设计活动的载体、内涵和实质核心

1.2.3　设计创新与管理

我国正由“制造大国”向“智造强国”转变，强国复兴道路需要不断地进行自主知识产权的创新，这个发展过程离不开设计的力量，与企业发展战略、技术、营销等方面需要不断创新一样，设计创新也需要从管理的视角不断探索新的路径。设计创新一般包括商业模式创新、企业技术创新、产品/服务设计创新、营销模式创新等几个方面，如图 1-10 所示。

图 1-10　设计创新的范围

1. 商业模式创新

在知识经济时代，商业模式创新已成为现代企业生存与发展的重要手段之一，商业模式创新是转变企业价值创造基本逻辑，从而提高顾客价值、增强企业竞争力的创新性活动。商业模式创新更加强调从本质上考虑企业革新性的商业行为，视角更为外向和开放，关注涉及企业经济的各个方面因素。商业模式创新的出发点，就是怎样从根本上为整个商业共同体（包括商家、制造企业、客户、服务商等）创造更多的价值，其需求在一定程度上决定了商业模式创新的方向。因此，商业模式创新思考应该以需求为设计的逻辑起点，思考如何通过商业方式对其进行有效的满足。商业模式及其创新过程中具有复杂性，从设计管理的角度，主要考虑的是企业发展战略创新、企业技术战略创新、产品战略规划创新、企业营销战略创新等诸多方面。

企业发展战略创新，是为了应对外部环境和内部条件的重大变化，企业发展战略要根据环境和自身条件的不同而作出相应的调整。当外部环境或内部条件发生重大变化时，需要企业决策者能够与时俱进、调整或重新制定发展战略，让企业发展战略主动适应环境和自身情况的不断变化而不断创新。在当今经济时代，中国和国际接轨使得中国企业已经融入多变的国际市场中，这使得企业发展战略的创新变得尤为重要。智慧有大有小，策略也有高有低，企业的发展战略是有层次的，甚至在水平上也有不小的差距。因此，企业发展战略在本质上属于战略管理范畴，其目的在于为企业未来的生存和发展提供指导和支持。企业发展战略要想在竞争激烈的环境中求得生存和发展，就必须在商业模式创新的道路上不断地调整和优化。

企业技术战略创新最根本的目标要提高企业的营利水平。在这种情况下，企业就应该把主要精力放在提升自身核心竞争力上，更重要的是借助技术革新手段，使得自身的竞争地位得到提高，重新确立一个特定方面的竞争优势。企业的创新策略，应该以技术创新为核心动力，通过市场细分与定位基础，依托品牌建设，实现差异化竞争优势。企业管理不应仅仅追求增加销售额、简单地提高产品的某种特性，从企业优势技术在战略层面上梳理与谋划的角度，它能够给企业在市场上带来不可撼动的竞争优势。

对产品战略规划进行创新，通常是从三个层次上进行的：第一，从战略层面对所处行业的品类进行定位，通过对品类的市场细分，挖掘梳理市场机会点和行业趋势，从而确定品类的细分定位；第二，目标层面对已确定的品类定位方向，规划市场发展愿景的宏观规划，并制定未来3～5年的设计研发目标；第三，对研发目标进行计划分解，其中包括研发目标及周期的项目计划，产品定价推广计划、渠道营收利润计划落地层面的规划。产品战略规划是基于市场的需求端，对行业发展趋势进行前瞻性预测，由此确定产品研发的方向、差异化竞争力和战略组合。产品开发通常分为概念阶段、计划阶段、开发阶段、验证阶段、发布阶段、生命周期管理的若干环节，如图1-11所示。

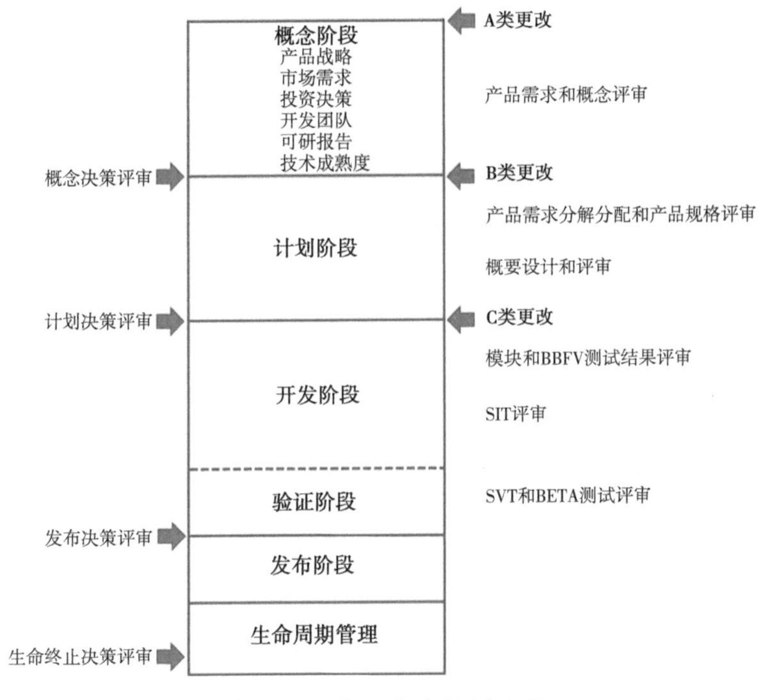

图1-11 产品战略规划流程

企业营销战略是企业市场营销管理思想的综合体现，是企业市场营销决策的基础。企业的市场营销战略，是研究和制定正确市场营销决策的出发点，现代设计思维下，设计应该具有整合营销的理念和思想，即在产品的设计开发前端就需要根据市场定位和商业模式定位，将营销也作为设计的一个环节，最终形成商业闭环。

“大众创业、万众创新”，是我国未来数十年经济社会发展的主旋律之一，商业模式创新是其高端形态，也是改变产业竞争格局的重要力量。商业模式创新，不仅仅是传统以盈利为主要目的企业所需，也是社会企业、非政府组织和政府部门所需要的。

2. 企业技术创新

企业技术创新，是企业通过技术革新的手段，创新性地使用一种新方法/新工艺，生产一种新产品或者提供一种新服务，即实现一定程度的技术变化的行为。企业的经营目标就是追求利润最大化，而这一过程离不开技术创新，因为只有不断地进行技术创新，才能使企业获得更高的收益。技术创新是一个企业成长的基础，同样也是在现代经济的大环境中，企业生存与竞争的一种重要方式。不同时代对产品归类有不同的划分方法，就产品特性和技术创新而言，一般可以划分为功能产品、价值产品、体验产品三类。这些商品特性对应不同的企业技术研发重点，从设计管理的角度，能够进行设计创新的企业技术主要包括产品策划技术、产品研发技术、产品制造技术、产品测试技术等方面。

产品策划技术是通过对产品市场机会与问题分析，对产品策略提出合理化建议，实现最佳效果的技术途径，通常包括产品定位、品牌战略与产品服务。其中，产品定位是企业制定营销战略的基础，它决定着产品能否成功地进入目标市场，透过产品定位，可以找到客户心中的空位，使产品迅速响应市场需求；通过品牌创建策略，在消费者心中打造知名品牌，可以让产品形成一定的知名度、美誉度，便于后期的商业营销与推广；通过创新性的产品服务内容，提供给消费者满意的产品及服务体验，重视产品的服务方式、服务质量的提高和提高方法。创新的植入就是伴随这个产品策划的过程，从设计前端进行展开的。

产品研发技术创新过程有效划分公共技术与专用技术，设计过程中通过产品型谱实现产品系列化，如图 1-12 所示，利用平台化的产品线组合，可以提高研发效率，加速新产品的开发设计过程，减少重复开发。也可以扩大标准化和适用范围，增加生产批量，提高专业化水平，从而加快研发速度。同时，研发过程中通过技术创新缩短产品工艺装置的设计与制造的期限和费用，在保证产品质量前提下，使企业获得更高的经济效益。从总体上降低产品和技术管理的难度，提高企业运营的整体经济性。

产品制造技术是指针对产品制造的企业体制、经营、管理、生产组织和技

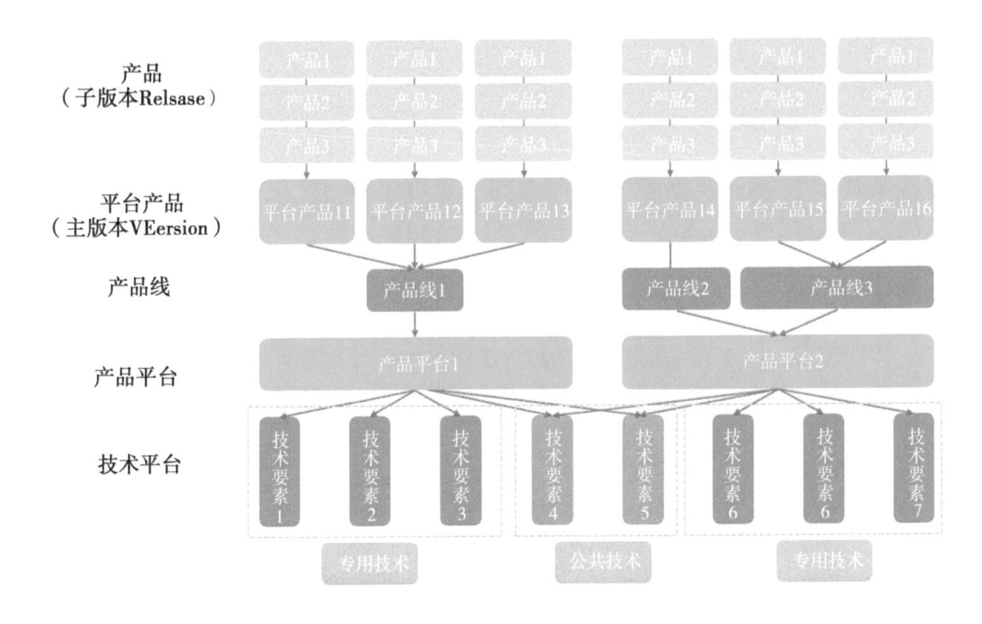

图 1-12　产品开发中的产品型谱

术系统的形态和运作模式方面的技术。依据不同的制造环境，可以通过有效地组织各种制造要素形成不同的创新模式，可以在特定环境中达到良好制造效果的先进生产方法。典型的先进制造模式包括：计算机集成制造系统（CIMS）、敏捷制造（AM）、快速响应制造系统（RMS）等。加工制造技术的创新方法能够节省制造成本、提高产品的设计生产效率，进而推动商业模式的革新。

产品测试技术是将产品原型或产品成品提供给消费者，通过消费者对产品属性进行主客观评价，进而系统地获得该产品的设计改进意见的技术方法。常见的测试包括产品的外观测试、功能测试、稳定性测试、安全性测试、易用性测试等。测试技术的创新，在产品设计开发初期，目标是如何使产品设计最优化，更符合最初的设计定位策略。当产品设计开发完成，即将引入市场时，产品测试可以识别竞争对手的实力和弱势，方便展开商业模式定位。当产品推向市场，可以以产品测试检验作为质量控制手段，维持产品生命，并对有进步改进潜力的产品进行评估。

3. 产品/服务设计

传统的产品/服务设计工作的展开主要围绕目标市场细分、设计的定场定位、产品/服务设计概念提出、运作策略规划、设计方案展开,以及这个过程中的协调工作展开。在现代企业管理当中,产品/服务设计工作是贯穿于整个项目全过程的重要环节,它涉及客户需求分析与评估、方案设计、产品研发和生产等各个环节。管理者需要抓住每个环节的工作重心,保证高质高效地解决实际问题,如图 1-13 所示。

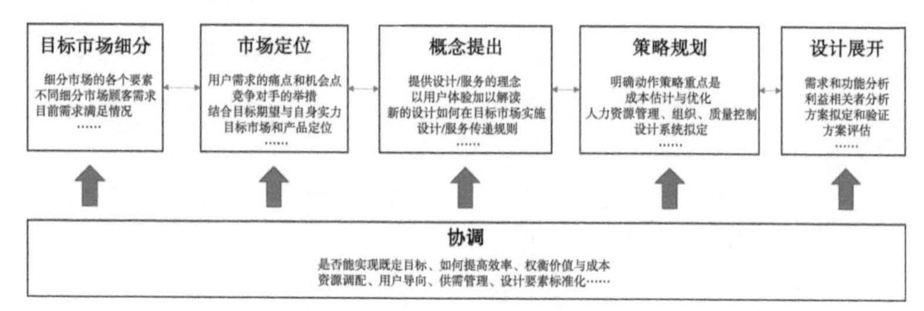

图 1-13 传统的产品/服务设计工作的展开

在全球经济迅猛发展的今天,新生事物和日常生产生活中出现的新需求问题显得越发复杂,设计的意义就是当面对复杂的问题时能够及时有效地提供新的解决方案。目前,设计的作用已经渗透到城市更新、公共服务等更加广泛的层面。在这样一种背景下,以消费者为中心、以市场为导向、以用户体验为基础、以价值创造为目的的产品设计理念产生并逐渐成为当今设计界研究的热点之一。经济社会变革使经济水平的不断提高,人们不再缺少必需的产品,在满足基本功能的前提下,消费者往往会追求更高层次的产品体验,从设计管理的角度,除了需要学习相关设计知识、拥有跨领域的知识储备、具备对设计资源能的调配和整合能力外,也要求设计能够站在消费者的立场,从相关利益者的视角构建"需求域－功能域－方案域"和谐的共创场景,将解决问题的方案落地,形成创新的方法体系,如图 1-14 所示。

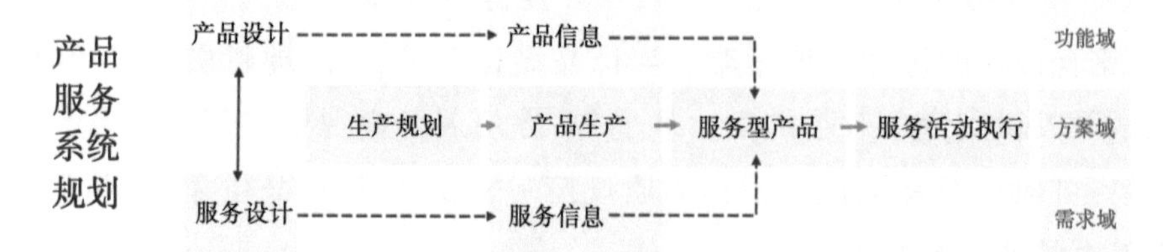

图 1-14 产品服务系统规划

基于人机交互、参与式设计和服务运营的整合,设计/服务创新通过新的开放平台和方法实现民主化和可操作化。设计管理使创造力成熟并充分发挥潜力，成为未来经济发展中不可或缺的关键业务功能，在可持续的业务环境中平衡人类对技术的需求，从而实现开放式共享的平台，进而实现设计的真正价值。多元参与和洞察、全域设计与全面体验、跨界融合、数字化营销与管理、品牌娱乐化等视角，是未来的设计创新与管理中值得探索的内容。

(1) 多元参与和洞察

随着通信和互联网技术的完善，远程无缝的工作流程和平台日益成熟，为我们进行研究、设计和交付提供了更多的方式和空间。网络会议、协同设计平台、共创空间等新的设计开发方式和工具，丰富了设计工作的流程和参与效率。基于这些工具和方法，能够让更多人员参与设计之中，提高设计数据收集效率，甚至改变设计交付物的内容和方式。无论是传统的市场研究还是以用户为中心的设计原则，在用户、设计师、企业决策者多元参与模式下，能够最大限度保持开放态度，并通过稳健的方法和设计中的质量反馈循环来提高设计研究洞察的质量。同时，这种创新模式下，产品的可用性测试、协同设计以及人机交互设计方法(如 GOMS，KLM)等有了更多的可实现方式和可能。服务设计帮助设计新的工作方式，其中分布式企业也是服务设计创新中催生出的一种方式，可以打破异步通信，实现资源各地域流转，用最短的时间和路径帮助实现价值最大化。

(2) 全域设计与全面体验

全域设计是指以设计服务为主要工作，通过对区域内经济社会资源，尤其是创意资源、相关产业、生态环境、公共服务、体制机制、政策法规等进行全方位、系统化的优化提升。全域设计能够实现区域资源有机整合、产业融合发展、社会共建共享，充分利用产业链上下游要素，全景化、全覆盖以设计创意产业带动和促进经济社会协调发展的一种新的区域协调发展理念和模式。全面体验是近年来比较流行的新理念和趋势，这个概念包括客户体验、用户体验、员工体验、业务体验等“多重体验”过程。根据对设计对象利益相关者的梳理和分析，将其中的每一个相互关联并增强，从而为所有利益相关者实现更全面的整体体验。技术研究和咨询公司 Gartner 预测，到 2026 年，60％的大型企业将利用全面体验来转变其业务模式，以实现“世界一流的客户和员工拥护水平”。这种全域思维的服务设计面向体验创新，是提升体验和服务设计的重要手段，如面向客户可以实现用户体验创新、面向商业/业务的全面体验可以实现商业体验的创新、面向员工的则实现工作体验创新。

（3）跨界融合

知识经济时期的产业中，电商、社交、（设计）内容三者边界日趋模糊化，传统电商以“供应链＋物流＋流量红利”的增长模式遇到增长瓶颈，社交电商“熟人圈”转化模式在知识共享、产业信息透明度增强的环境下，不断地增强社交转化和黏性，设计/服务则存在流量变现的刚需，向电商跨界。不同平台呈现相互借鉴之势，以供应链管理、私域深度运营成为设计管理关注的核心。设计/服务的新趋势是从中获取三者优势，通过创新方式整合新生业态：通过设计内容吸引感兴趣用户，以大数据和智能技术对用户进行分类，用IP、种草、直播的方式达成对用户的引导，并通过内容引力实现流量的反复触达，形成高转化的零售链路，以提升企业的核心竞争力。

（4）数字化营销与管理

根据克拉珀姆综合报告，消费者数字化转型的最大驱动力来自当前平台和技术的增长，目前尚未使用顶级智能设备的大众是最大的消费群体，对于数字设计而言，这意味着要处理各种平台和设备，不仅要为少数人提供全渠道体验，还要为大众提供服务。约翰·奥斯瓦尔德说过，“越全球化的本地用户体验价值主张可以做得越好”。数字化的设计和服务将成为一种营销手段和交付能力。在新冠疫情时期，品牌D2C的作用越来越明显，品牌私域的搭建也成了一个必选项，从最开始的人工运营管理到现在的数字化运营管理，都呈现出品牌对私域的看重和效果的期待。同时，有80％的企业对于数字化的营销效率的提升进行了内部的探讨和转型推进，且综合全域的思考，基于双边关系互动的客户关系管理（CRM）和社会化客户关系管理（SCRM）变得越来越必不可少，其中建立客户数据平台至关重要，且企业们意识到客户旅程并非线性，其变得更加多元化，数字化的营销和管理必须能够满足新的客户需求。全球市场数字化成熟，除了消除转换障碍之外，设计/服务的创新管理还需要与面向客户的运营和“商业思维”紧密结合。这意味着不仅要使技术可用，而且要在所有接触点中创造价值。

(5) 品牌娱乐化

新经济时代视域下，消费者渴望冲破固有束缚，探索、享受和拥抱新奇的设计/服务体验。在设计/服务中注重强调正面、积极的消息，游戏化趋势持续增长，趣味性也将成为人们学习、工作和健康管理的核心元素。这个阶段的产品在营销、App和交易等品牌互动过程中采用游戏化的元素，品牌不仅卖产品，还应该满足消费者期待给予他们愉悦体验。设计管理将帮助品牌在全域上引导用户掌控娱乐化且“真实－虚拟化”的感受，在品牌全域的各个触点和渠道可以精准触达消费者，帮助消费者实现价值，在这个过程中，统筹与策划的能力必不可少，服务设计师也将在该过程中发挥协调者的作用，帮助规划、完善、落地及复盘。

综上，根据企业的体量和阶段不同，设计/服务创新能够在商业竞争中为服务对象制订合理的解决方案，帮助企业细化具体营销策略与流程，有效链接研发、产品、销售、市场等上下游产业链，从而提升企业的核心竞争力。

4. 营销模式创新

营销模式创新，是指企业采用了此前从未使用过的全新的营销概念或营销策略，包括产品/服务的设计或包装、推广、销售渠道、定价等方面的营销方式变化。一般来说，营销模式创新并非要求一定要有创造发明，只要能够适应环境，赢得消费者的心理且不触犯法律法规和公序良俗，那么这种营销模式的创新即是成功的。在设计管理过程中，需要根据营销环境的变化情况，并结合企业自身的资源条件和经营实力，寻求营销要素在某一方面或某一系列的突破或变革的过程。在营销模式创新中，设计管理有很多切入点，如品牌连锁营销、商场实物营销、电商平台营销这些传统营销模式中，有很多可以借助网络及通信实现创新突破的机会。

(1) 品牌连锁营销

成功的营销模式能够提高企业的整体效率，减少设计开发成本，找准消费者和品牌情感的切入点，提高品牌推广和销售效果，拓展营销渠道，塑造品牌形象。连锁经营制度是依据社会化大生产原理，结合经营特点加以运用，在专业分工基础上通过系统化和规模化，达到规模效益与灵活方便的统一的经营制度。其一般包括直营式连锁(RC)、特许加盟(经营)(FC)、自由式连锁(VC)

等模式。这种制度下，总部统一研发的经营技术、品牌价值可广泛应用于各个门店，获得技术共享效益，同时经营管理的标准化、物流配送的统一性，有利于扩大销售、提高服务水平。

品牌作为一种无形资产，品牌的连锁经营有利于企业在行业内站稳脚跟，并利用品牌优势保持持续的竞争力。从设计管理的角度，连锁营销的创新模式可以快速利用已有资源，提高企业的利润、降低经营成本，减少商业投资风险。无论对于连锁加盟企业还是独立企业来说都是发展壮大的过程中不可或缺的步骤。连锁模式想要在业内具有话语权，就需要把品牌形象刻画在消费者的心中，来形成具有影响力的品牌效应与口碑宣传。

(2) 商场实物营销

传统商场实物营销主要利用实体店，实现大批量购入、小批量卖出赚取中间差价的商业模式，在新的经济时代，大数据、人工智能、虚拟现实、增强现实等都将对零售业发展产生冲击。体验营销专家施密特把不同的体验形态看作“战略经验模块”，可分为五种形态：感觉、感受、思维、行动、关联，它们各有其独特的形成和处理程序，构成体验营销的框架。体验营销倡导以用户参与为特征，强调人与产品之间情感联系及互动交流，强调消费者与服务环境互动中产生的情感反应和行为变化，为顾客提供全方位服务，从而达到提高顾客忠诚度的目的。商场实物营销提供了设计在现场与用户面对面的交互机会，通过氛围打造、直观体验等方式，充分刺激和调动消费者的感觉、感受、思维、行动、关联等感性因素和理性因素，发挥实物营销的特色优势，在新的经济形势下，保持自身的特点和优势。

大数据能够迅速地对用户的需求进行分析，根据需求进行个性化设计和生产定制，大大减少库存，同时满足用户的个性化需要；人工智能既能满足用户对高科技的好奇心，又能提升效率、降低人工成本，现今出现的无人售货便利店就是很好的实例；虚拟现实、增强现实也已经被用于营造线上、线下购物场景，为消费者创造非常真实的购物体验。传统店铺有一定的营业场所，商品和服务可看、可听、可感、可参与，这些优势使得传统店铺营销当中，实体店铺能够提供网络购物中没有的现场体验，这将成为商场线下营销创新的核心能力。商场实物营销设计管理创新的核心在于把简单的商品售卖行为变成一种购物者的快乐体验，通过产品/服务/环境设计打造，关注消费者在消费的前、中、后的全部体验，实现对消费需求的把握，让消费者有超出预期的消费体验，从而激发目标人群的消费欲望。

(3) 电商平台营销

电商平台营销是新销售模式的一种，借助于互联网平台完成一系列营销目标的过程。这种新型营销方式便捷高效，不受时间和空间场所的限制，具有许多传统营销无法比拟的优势。借助互联网信息资源共享的特点，线上营销可以通过多种信息发布工具，将产品信息传播到世界任何一个地点。基于浏览器/服务器应用方式，买卖双方可以实现不谋面就进行各种商贸活动，实现消费者的网上购物、商户之间的网上交易和在线电子支付以及各种商务活动和相关的综合服务活动，是一种新型的商业运营模式。它改变了传统商务运作流程，使得商品在网络中得以快速流通和传递，极大地提高了商品流通效率，降低了交易成本和物流成本，促进了电子商务的发展。电商平台营销主要内容包括：电子商务广告、电子选购和交易、电子交易凭证的交换、电子支付与结算以及售后的网上服务等。在电子商务环境下，网络营销是以现代信息技术为支撑，以网络经济作为其运行基础，利用现代化的通信技术来开展的商务活动，主要营销模式有企业与个人的交易(B2C)和企业与企业之间的交易(B2B)两种。

网络具有一对一的互动特性，这是对传统媒体面对大量“受众”特征的突破，从营销的角度讲，网络上生产者和消费者一对一的互动沟通，了解顾客的要求、愿望及改进意见，将工业时代大规模生产大规模营销改进为小群体甚至个体营销，为消费者提供了极大的满足，迎合了现代营销观念的宗旨。

综上，在传统营销模式中，强调以消费亮点为主，即消费者希望获得“促销利益”而购买商品，产品/服务要给消费者实际利益，给消费者提供的“卖点”越多，消费者越欢迎。因此，企业在销售过程中要尽量创造出一个良好的销售环境，刺激消费者购买欲望，提高顾客满意度，进而提升销量。在营销模式管理思维中，终端促销主要是因为促销的氛围引起了消费者的持续关注，从而增加了消费者购买的概率，但能否将关注行为转换为购买行为，要通过设计整合营销的方式，给消费者实际和心理双重利益。莱文森在《卓越游击营销》一书中提到,“不仅是营销品,还是顾问与建议者。他们诚恳地希望能帮助顾客,从而在销售成功以前与顾客建立良好的关系”,只有把产品的营销作为设计管理整个系统的一环,才能发挥它的真正价值。“O2O(Online to Offline,离线商务模式)+体验+营销”的新模式,通过线上营销线上购买或预订产品/服务,带动线下经营和体验消费。作为一种新兴的营销模式,设计管理层面,为这个过程中的设计内容、上下游产业链资源整合以及管理方面的创新行为和实践提供了更多的机会和空间。

1.3 生态中的设计管理

1.3.1 设计生态的定义

产业的生态系统是指在一定环境下,由某些具有一定关联性的结构和功能所构成的有机体,企业想要获得持续发展,就需要构建完善的设计创新生态系统,在信息技术革命日益深化的今天,世界各国的企业都十分重视内部创新生态系统建设和研究。构建企业发展的创新生态链,已成为推动社会进步、增强企业核心竞争力的决定力量。设计生态圈的打造已经从一个技术问题演变为一种战略问题,成为决定企业未来生存与发展的关键要素之一。近年来,技术创新周期的加速,导致企业传统创新生态发生颠覆性变革,给中国企业创新生态系统的构建带来了难得的机遇和挑战。在这种背景下,各企业纷纷探索创新路径与模式,并通过建立创新生态系统来实现创新驱动的战略转变。现有对设计生态的关注大都是从宏观层面来分析创新生态系统,而没有从微观角度深入探究其系统运行机制与发展规律。在这样的背景之下,企业有必要从一个新的角度来考察其创新生态系统的结构和演化过程,并在此基础上作出适应自身企业发展的调整。从理论上看,企业创新生态系统演化主要表现为系统内各要素之间相互作用、相互协调以及整体功能发挥等方面,其中最根本的因素就是其内部结构特征和外部环境条件变化所带来的影响,需要创造一个更有效的企业创新生态系统,帮助企业内部在产业融合的竞争背景下实现转型升级。

在传统的系统论中,设计生态被视为产业发展中一种结构要素或功能因子，生态学理论强调主体与环境的相互作用。目前，我国关于创新生态系统演化机制研究多集中在宏观层面，缺乏中观层面上的系统动力学模型构建，也缺乏对基于系统的动态演化特性，对设计生态系统进行定量刻画，所以在战略复杂的产业动态变化情景下，探寻创新生态系统的演化机制，对在企业内部核心能力基础和外部创新生态系统构建之间取得均衡和协同，维持企业的长期竞争优势是至关重要的。

1. 在现代设计生态系统的一般过程

生态系统设计是将设计对象作为一个整体，运用科学方法和手段，研究其结构功能及其相互关系，旨在满足消费者需求，从用户角度出发进行产品/服务的设计与开发活动，并通过各种资源的综合利用，达到优化配置、提高企业竞争力的目的。现代设计生态具有复杂多样的特点，在设计研发的生命周期中需要不断地进行改进和创新，是设计学科和市场学、经济学、社会学、管理学等多学科之间的互相渗透融合的成果。

生态系统设计是一种从整体上研究产品结构及其功能的科学，是一门涵盖较广的交叉学科，也是当今学术界讨论的热点之一。设计生态系统继承了传统设计中“设计－制造－使用”三者密切结合的特点，把现代设计作为一个生态体系来加以研究，在整体上把每一部分都视为一个子系统或者一个要素，并且经过设计活动，使得系统和外界有机地联系在一起。通过概念设计出产品/服务，进而打造一整套产品系统，以产品设计为例，主要包括概念规划、方案设计、工艺设计、商品化设计、制造和销售等几个系统板块。这是设计师与设计管理人员对于整个设计生态的综合研判和设计实践工作，如图 1-15 所示。

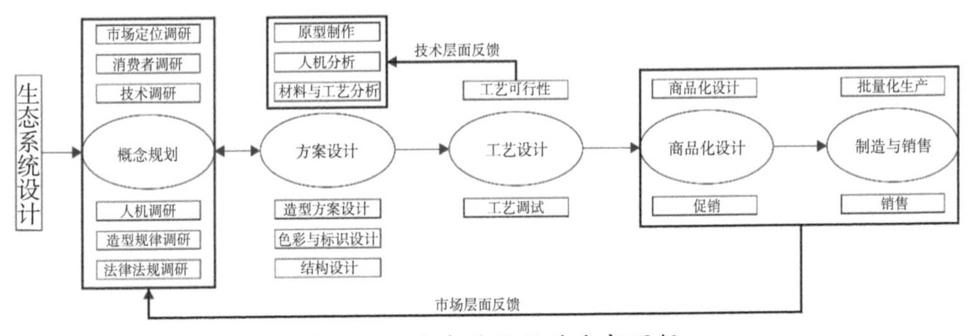

图 1-15　生态系统设计内部逻辑

概念规划就是对用户需求、已有技术、现有产品情况等因素进行分析，最终形成产品概念的一个设计规划全过程。概念设计是产品研发阶段的产物，是一种为适应客户需要而进行的创造性活动，其主要任务就是将客户需要的功能或者属性通过一定的形式表达出来。概念规划对产品的市场、功能、目标消费群体、销售模式等进行了方向性的定位，对于产品的发展至关重要，只有充分了解了市场上的消费情况，才能有针对性地进行产品开发，并使新产品能够得到更好的推广和应用。在产品概念规划的初步阶段，通过市场调研收集产品创新方面的相关因素，将最终决定产品未来的文化价值与经济价值，要想获得真正的好产品，必须先做大量的产品调研，其内容包括产品市场调研、消费者调研、社会背景调研、流行趋势调研、法律法规调研、创新技术调研等。通过对产品调研结果分析，来判断该产品是否具有一定的市场潜力以及发展前景。在整个设计生态系统过程中，前期的调研不仅仅是指导设计展开的基础，更是影响设计成败的一个关键因素。

工业经济时期，方案设计阶段强调以经济、实用、美观为原则，体验/知识经济时期的设计理念将舒适性、体验感、身份识别性、可持续性等原则作为重要指标。围绕整个设计生态，通过对理念与定位展开分析，结合具体的设计方法，注重绿色生态、文化认同及其他美学原则，根据设计目标的产品定位，将形式、结构、色彩、材质等综合因素进行综合运用，围绕设计目标展开具体的方案设计。这个过程中，要求设计师以人为中心展开设计，以生态构建为主要目的，设计内容涵盖了产品全生命周期，包括造型方案设计、色彩设计、结构设计、原型制作、人机分析、材料和工艺分析、价值工程分析、市场化设计等。

工艺设计则是在概念方案设计的基础上进一步向实体化的产品延伸的工作，它不仅是产品研发过程中的重要环节，也是实现产品功能的重要手段。其首要任务是通过可行性评估确定合适的设计方案，并制定相关工艺路线，包括成型工艺、表面披覆工艺、装配工艺等，最终形成一整套产品工艺设计。在设计生态系统中，加工生产环节是影响产品质量的重要因素之一，为尽快地把新产品推向市场，在获得较好的经济效益的同时，应减少因前期设计缺陷导致的加工成本浪费，一般会在工艺设计阶段进行工艺生产的技术预演或进行小批量生产，进行市场反馈和检验。工艺设计要由设计师配合结构工程师、制造业工艺工程师来完成实现，在这一步骤中，产品设计团队和制造部门都发挥着重要作用，其任务是为整个产品的研发提供技术支持和方案建议。在这个过程中，设计师负责设计创意的解释，工程师负责将设计意图进行产品化转换，在双方的沟通合作中，不断围绕工艺的可实现性进行方案改进和优化，最终形成完整的造型设计方案，在企业产品开发中，一般称为“冻结稿”。

商业化设计是产品批量化生产之前的一种市场预演，是指对产品从概念构思到开发直至成为商品完成市场销售，将创意转换为经济价值所涉及的全部过程。由于社会分工的存在，设计学科与艺术门类相伴相生，设计师不再包揽产品商品化设计的所有工作，但从设计管理的角度，需要从整个设计生态体系中，综合市场、营销等知识，以商品销售提升为主要目标，来看待和解决设计问题，将商业元素纳入产品设计，在产品设计中考虑产品的营销场景和方法，实现设计产品商品化。

2. 设计系统的外部相互依赖性

设计生态系统，对企业、设计团队及设计师均有很重要的影响和相互依赖性。对于企业来说，设计系统为产品之本，同时又是企业快速迭代发展的引擎。通过对设计系统进行构建，能够优化业务生产流程，实现企业降本提效。对于设计团队来说，设计系统作为设计团队最核心的技能与财富，就是设计团队增强影响力、成为业务核心能力形成的重要根基。对于设计师来说，设计系统作为设计师体系化思维的一种能力沉淀，更是设计师在职业发展中必不可少的重要技能。

从某种意义上说，产业环境是一个生态系统，设计系统的外部相互依赖性主要体现在产业环境和企业生态定位两个方面。产业环境对于企业参与系统开发的影响，主要与消费者定位导向以及市场成熟度有关，基于消费者定位群体需求和市场环境的变化，内部设计战略中重心也会随之改变。目前，我国正处于产业升级转型弯道超车的关键时期，这种随产业环境进行设计战略转型的特点尤其明显，也影响着企业在产业环境中的定位。在特定的产业大环境中，每个企业有其自身的特色优势和生存之道，基于企业文化和价值观的差异，每一个企业对于自身品牌在市场环境中的生态定位是不相同的。不同企业的共同生态定位也决定着产业环境的大趋势。如今市场上有引领时代潮流的大品牌，也有跟随流行趋势的一般品牌，甚至还有以模仿借鉴为主的山寨品牌，他们都能够占有不同的市场份额，根据不同的市场定位，其设计管理模式与理念均有所区别，这些都是由于设计系统生态的外部因素构成的，如图 1-16 所示。

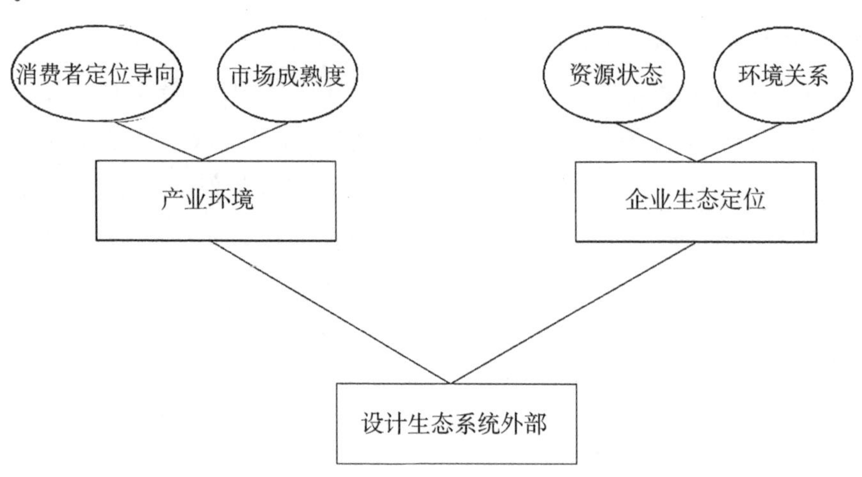

图 1-16　设计系统外部各因素相互依赖性

3. 设计系统的内部相互依赖性

设计系统的内部相互依赖性以企业自身的特色优势为主，包括组织构架、技术实力、财务状况等方面，企业的发展除了外部环境，也包括自身的实力因素，如核心团队的构成、管理理念和方法、重要合作伙伴等都是企业内部组织构架的核心因素。设计系统的技术依赖性，主要体现在核心技术的优势和范围，包括研发能力、创新能力、设计语言表现能力、业务渠道能力等。最后，企业的财务状况，也是影响设计生态内部的关键因素之一，它将影响企业对设计和研发的投入、市场定位等关键决策。企业的部门设置、人员构成等，往往围绕自身的核心技术优势和定位进行打造，组织构架也将影响技术特点的演变和革新，无论是组织构架还是技术优势的发展，都将带来企业经济利益的提升，如图 1-17 所示。

因此，在设计管理过程中，需要充分考虑内部因素的相互依赖性，通过设计生态系统现实内部因素耦合，能规避实施过程中因设计考虑不周到而导致的上下断层的情况，可以实现在企业内部和设计语言规定面前作出的折中选

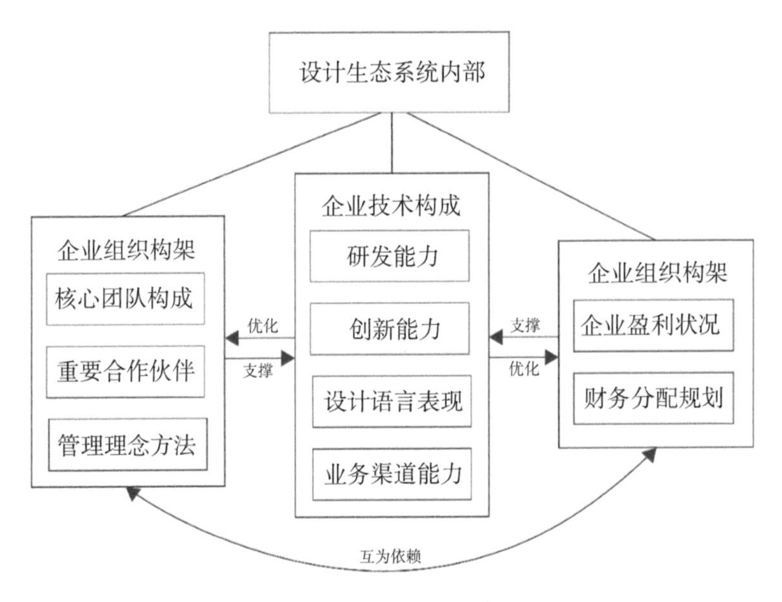

图 1-17　设计系统内部各因素相互依赖性

择，进而调整和优化产品开发策略与设计方向。

1.3.2　设计生态中的管理问题与解法

设计是一种复杂度很高的系统。以互联网产品为例，一般情况下，原型文件的版本管理都较为烦琐，由于代码编辑和测试阶段不同，产品经理、程序工程师、测试和实施人员所拥有的原型文件可能会不一样，最新版本与修改内容之间很难做到实时同步。另外，由于开发环境的不同，每一个产品经理的习惯和设计语言方式也不同，因此造成设计文档规范性不统一，各模块产品功能设计不连贯，交互逻辑与经验不符，体系不均衡，整体性不强，设计的过程费时费力。加上设计沟通和过程监管的不一致，多数产品开发过程中，都会遇到交付排期告急的情况，产品经理来不及绘制高保真产品原型，没能清楚地了解顾客的特定需要，即便能够临时应对任务节点的交付，但由于缺少有效沟通和对功能模块的思考，很容易造成产品上线之后，因为不符合用户要求而持续返工。这也是所有设计项目管理中通常会遇到的三种问题：产品团队内合作沟通困难、设计文档规范性不足、设计交付周期滞后。从设计生态系统的角度，提升产品研发效率是有技术规律可参考的，在生态视域下，产品研发的前、中、后阶段,由不同的人员进行主导开发,通过内部协作规范化的交付机制,权责明确,能够有效提高产品开发效率,如图 1-18 所示。

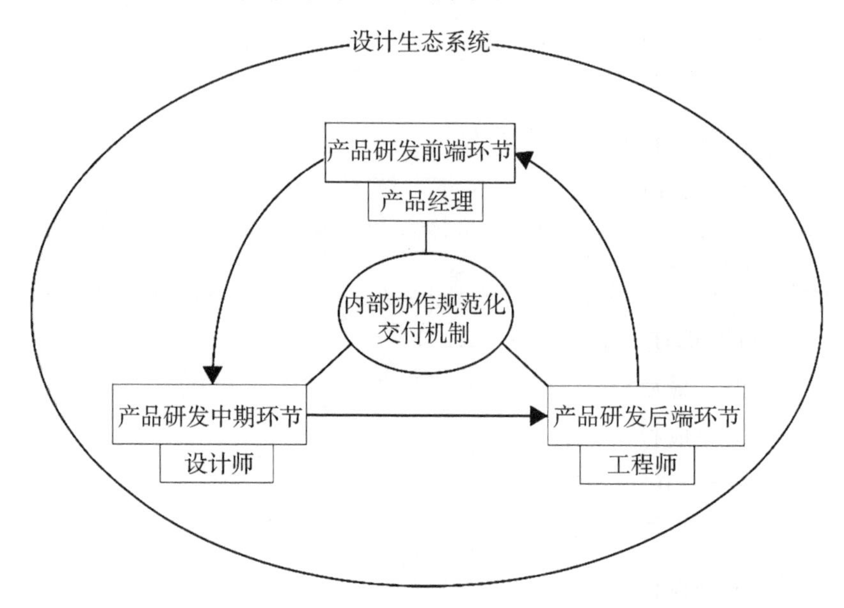

图 1-18 设计生态系统提升机制

在企业信息化进程不断推进的同时,面对复杂生态系统的产品设计,以团队合作的形式进行设计与开发,是主流企业的产品/服务开发方式,要求团队成员能够分享实时的设计进度与想法,保证项目开发的流畅性,时间节点能够被项目管理者准确把控。管理者或项目负责人的团队协作,更要注重沟通交流,经过良好的沟通,解决团队合作过程中出现的各种问题,不仅与甲方沟通,更能方便组员之间的实时交流。设计初期应注重需求沟通,强调在小组中灵活讨论,试着在一个大的框架内,由团队成员共同参与头脑风暴,这样可以有效避免信息孤岛现象发生,也能够保证产品设计开发过程中,不同阶段的设计开发战略和实施保持与定位的一致。由于认知和设计能力的差异,每个设计成员在接到设计任务输入后,会有不同的解读与思考,因此需要管理者与设计师相互沟通,将设计需求进行整合消化,给每个人重新分配着力点,对于提升团队合作效率会更有帮助。

从管理的角度,企业的设计文档应有统一标准,企业内部向各个部门和员工传达的设计文稿也要遵循一些统一规则。因此需要建立一套完整的工作制度和程序，来保证设计文档的统一规范，并与实际情况相符合。前期准备阶段，一般以会议的方式展开，需要对项目开发的可行性和具体细节，明确单位间职能和责任的划分，制订整体的开发计划。在方案展开过程中，对合适的设计方案进行甄别，并给予特殊标记加以扩展，有效记录每个版本的时间信息，以此来保证时刻掌握每个方案的版本情况。在定案评估阶段，由设计管理者组织专家评审，由专家小组根据实际情况提出修改建议，经过论证后得出最优方案。设计稿件之间互相传递，需要在传递过程中对文件的格式、大小、命名方式等方面进行统一的规范要求，清楚标明版本信息，确保日常工作文稿归纳整理一致，当发现存在差异或错误时及时更正，同时也便于与他人交流沟通，使之达成共识。最后在设计资料归档阶段，要建立统一的格式规范，由专人负责把所有文档完成打包，并归档录入系统数据库，形成一个完整而又精确的资料，保证整个设计开发过程中从前期准备至最后定稿归档这一流程的规范化操作。

设计交付是设计项目整个过程中的重要环节，也是在设计管理过程中经常遇到问题的环节，如图1-19所示。就设计项目而言，为保证设计方案能够高效完成交付，除了设计管理者需要具有敏锐的设计洞察能力，设计师需要具备丰富的知识技能之外，还需要保证设计团队对设计需求的快速响应。在开发过程当中，设计师和设计管理人员保持对项目进度和协作团队状况的实时

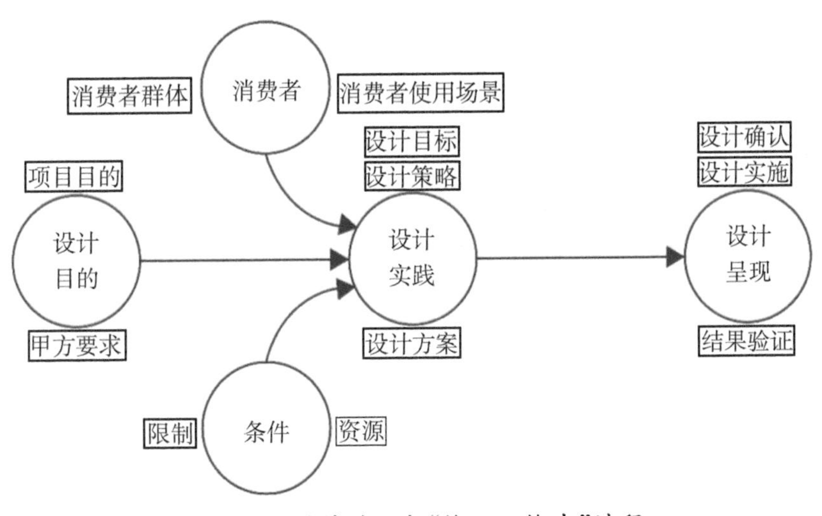

图1-19　设计的一般“输入—输出”过程

了解，是设计管理的核心关键。此外，整个设计系统中，设计语言的规范性、设计问题的及时沟通、各个过程阶段的有效评估，都是设计管理需要去思考的内容。因此，通过严格的审核来保证内部设计语言的一致性、设计团队与设计委托方之间保持一定的联系与交流，以保证双方都对该项目有一个清晰而深刻的认识，都能够取得快速交付效果。

1.3.3　生态视域下设计管理的价值及创新

设计管理的工作须全方位思考问题，在生态视域下，企业日常发展中能为管理者提供一个良好的工作平台和氛围，使其能够更好地开展各项管理工作，从而促进整个团队以及整体水平的提高。

1. 设计生态中设计服务内容和形式的拓展

设计生态是将自然界生态的概念系统地延伸到设计领域，将设计研究在方法论上进行创新发展，通过系统思维对设计主体的设计行为和设计内容进行梳理，构建全新的生态模式。通过设计生态与设计管理理论研究相结合，极大地丰富了人们的日常生活和工作方式，给设计和服务提供了更多的可能，同时推动着企业管理模式的改革创新。

随着产业壁垒的打通，上下游产业链的深度融合，越来越多的企业开始构建属于自身的产业生态链，为保证自身产业的活力和竞争力，企业开始拓展自己的产品/服务产业线，并逐步将其打造成一个完整的产业系统，比较有代表性的是小米家居电器产品的设计管理，构建了较为完善的小米生态链。除此之外，目前很多互联网企业积极投入造车行业，也是希望在未来智能、座舱智慧出行以及无人驾驶的整个产业生态中，占据主导地位，保持自身的优势。新的设计生态给设计和设计管理带来了新的发展机遇，企业可以通过更丰富的平台媒介进行设计的内容进行商业宣传和推广，设计生态也为设计创作提供了更广阔的空间和领域。

不同于“物理资源应用型产业”，现在的设计产业是典型的知识与智力密集型产业，产业的发展伴随着生产标准化、规模化和消费结构的多样化而从产业体系中独立出来，它在产品、企业、产业和国家几个层面都有“结构增值＋整合创新”的价值体现，如图 1-20 所示。

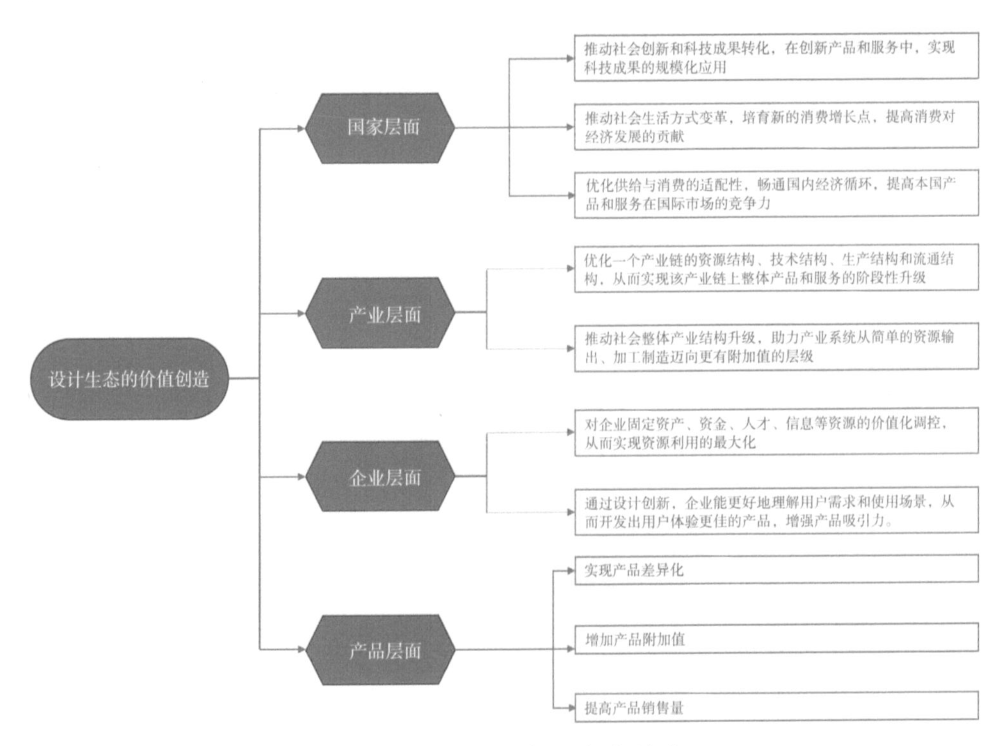

图 1-20　设计生态的价值创造

设计产业作为一个独立的系统(生态)，有自己的产业价值生产模式，并且伴随社会经济形态的高级化发展而愈加重要，结合设计产业的价值流运动轨迹，其支点为设计应用企业(以制造型企业为主)和设计服务企业，它们分别通过对社会资源的有效利用，以需求为导向为社会提供产品和服务，是产业价值输出的主体。围绕触点进行考察，设计产业的横向触点有政府主管部门、行业组织、大专院校、科研机构、金融机构和媒体机构；纵向触点有上游原材料供应商、元器件供应商、模具供应商、生产装备供应商，下游物流服务商、传播服务商、批发零售服务商、售后回收服务商；在价值创造的关键环节，还有生产加工服务商和贯穿全程的信息服务商；等等。价值流伴随产业链的纵向流动和各社会主体间的横向交叉，再通过产业支点向社会输出以产品和服务为载体的产业价值，如图 1-21 所示。

在设计生态中产业价值流运动的过程中，由于市场信号的局限性和产业演进的阶段性，往往会出现影响价值流运动通畅性、连续性、通达性的各种结构性问题，解决阻碍设计产业价值流运动的堵点、断点、盲点，同时提升支点的价值输出能力和触点的价值支撑能力，是实现工业设计产业系统高效运转的关键，如图 1-22 所示。

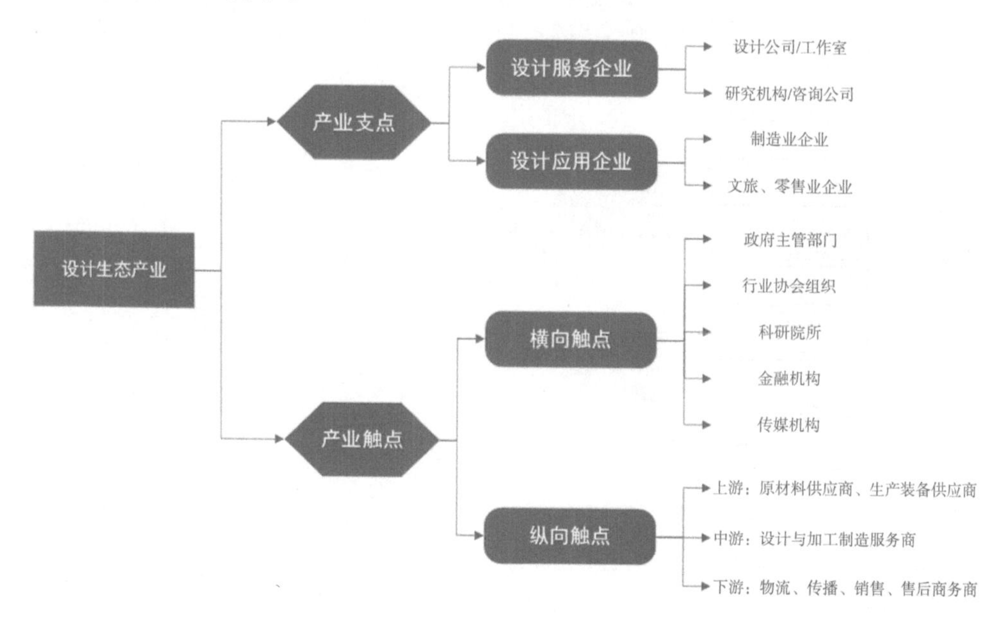

图 1-21 设计生态产业的支点触点

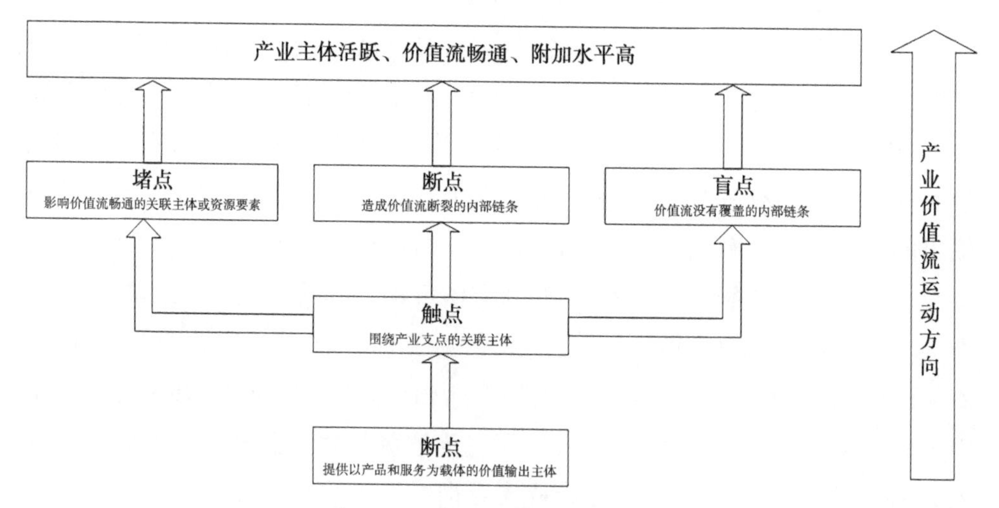

图 1-22 产业价值流运动方向

2. 大数据生态视域中设计管理创新研究的价值

设计管理创新的焦点集中于具体的设计策划、生产和市场营销管理环节之中，并根据主体的不同而变化，使其思考方式产生新的变化，从而达到设计生态与管理的正向结合。在大数据背景下，设计管理变革呈现出多元化的发展路径。在信息时代，设计行业融入大数据的实践结果从形态来看，表现出多样化的现象，为传统的设计管理工作带来了新的创新思路和方法，这既是机遇也是挑战。设计管理是涉及人、事务和环境等诸多因素之间在产品/服务设计开发过程中的相互关系，它既具有一般管理的特征，又有设计学科自身特点和规律性。设计管理不仅涉及理论上的探讨和研究，而且还需要实践上的运用，在许多方面是非常重要的。随着信息技术的发展和进步，从大数据生态角度来看，想增强设计管理的科学性，要重视数据的挖掘与在设计实践中的应用，需要从不同角度、不同层次来看待和分析数据，并通过设计实践重视各类数据资源的管理和应用，最后形成有效的设计方法，改善设计效果。

企业在设计管理流程之中，设计开发的产品/服务能否进入生产和营销环节，能否取得良好的社会和经济效益，关键在于企业如何通过设计管理的方法来洞察消费者真实的需求，精确地定位消费群体。要在大数据生态下有效利用数据资源细分客户，准确定位客户，并且针对不同类型的客户，制定个性化的营销策略，设计企业必须不断提升自身的管理服务能力，满足消费者多元化的消费层次需求，为客户提供更加优质的产品或服务，树立品牌竞争力，以吸引更多潜在用户群体。以大数据为基础，增强设计企业在管理过程中的科学决策性、严谨性，让生产定位更加精确、满足多元化消费层次的需求，从而为客户带来更优质、有针对性的服务。随着互联网技术和移动通信网络的快速普及，设计公司及个人可以通过数据驱动对情感挖掘方法分析和预测设计的“痛点”和机会点，提升设计效率，如图1-23所示。

生态视域下，利用大数据驱动设计策划，使得设计管理活动的决策更具有科学性和严密性。策划的过程是企业或个人为了生产生活中的具体问题，在行动之前科学规划的一个解决方案，它是管理科学的一个组成部分，能提高管理部门工作的效率和质量。大数据技术推动设计策划，使得企业在战略规划环节中、在内容与形式上都更加丰富。这个策划的依据是通过整个产业生态数据的综合分析与支撑获取的，具有较强的指导意义，能够通过模拟、预测和总结，有效推进设计定位的精准把握。因此，在大数据生态视域下进行设计的前期策划、制订设计战略具有很高的科学价值，并在设计管理活动的各项决策

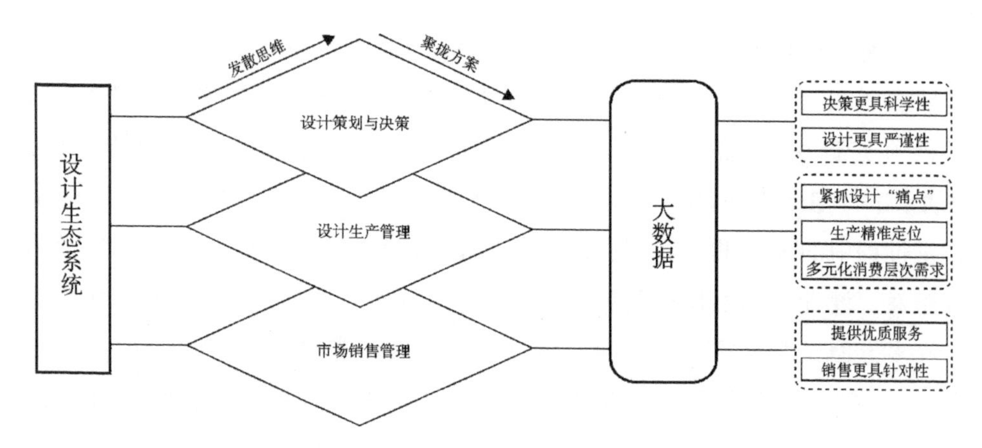

图 1-23　设计管理创新的内在机制逻辑

中起着关键性作用。

新的人工智能技术、用户信息采集技术让设计的展开更趋于科学化、个性化，也更具有价值性、体验性和互动性。大数据浪潮中，为满足广大消费者的需求，设计/服务正在走快速响应需求和个性化定制之路，与此同时，设计方案应该更加客观理性，大数据技术能够使方案的设计更契合市场逻辑，同时又给设计师带来一种全新的思维方式，让其更积极主动地去满足市场的需求，从而丰富设计的手段和方法。在此背景下，大数据使得营销手段和方法发生转变，为市场发展带来巨大机遇。互联网时代的到来，移动互联网快速发展，“大数据+精准营销”逐渐成为当下最流行的商业模式。精准营销是将目标市场和用户信息收集并转化为有效传播手段的过程，它强调以客户需求为核心，以精确分析客户需求，提供有价值的产品或服务为目的。设计管理面临着适应新技术生态环境，转变管理思考角度的新挑战，新兴的人工智能技术、大数据分析方法、数据挖掘和机器学习等技术手段，为设计管理者提供更为全面准确的信息，进而帮助其在管理决策方面作出更加有效的判断，实现大数据技术服务于设计的展开和过程的管理。

3. 现行产业生态中设计创新主要问题

由于目前我国的设计支点体数量不足，缺乏突破性创新的产品和服务，价值输出能力不够，同时产业生态和集聚发展偏弱，产业规划和政策扶持力度有限，产业链水平和整体发展氛围体系化支撑能力不足。

首先，产业支点的价值输出能力不够，主要表现为输出主体数量不足，缺乏突破性创新的产品和服务，价值输出的数量、质量、效率、效益都有待提高。设计服务能力整体偏弱，缺少专业化、综合性的设计龙头企业。对于制造业企业而言，特别是中小制造业企业，依然存在“重制造、轻设计”的现象，不少制造企业对设计创新在提高产品附加值、培育和创造新兴消费市场等方面的重要作用认识不足，对设计创新的认识还停留在外观设计等较浅层面，在产品功能结构及体验方式的深层次研发和创新上仍有较大欠缺。大多数企业仍然延续“引进—模仿—生产”的旧生产经营模式，产品同质化、品牌竞争力不足的问题较为突出，对制造业转型升级和高质量发展的支撑远远不够。

其次，设计产业触点的体系化支撑能力不足，主要表现在产业规划与政策扶持力度相对较小，产业生态和集聚发展偏弱，人才支撑不足，尤其是高端人才缺乏，产业链水平和整体发展氛围有待提高。据调查，近年来，我国逐渐重视设计创新，出台了相关政策文件和行动方案，举办设计大赛和论坛等活动，但与发达国家相比，设计产业的扶持力度相对较小，活动影响力、带动性方面差距明显，发展氛围不够浓厚，普遍存在园区规模小、产业集聚度不高、特色不鲜明等问题，存在产业链不够完善、行业配套不健全等问题，设计项目量产转化率较低，很多设计成果都只停留在图纸上，经验积累和创新能力提升十分有限；设计人才主要集中在产品外形设计、结构设计方面，缺少消费行为研究、交互设计、品牌设计人才，具有丰富设计水平及项目管理经验的高层设计人才更加匮乏。

由此衍生出的产业堵点、断点和盲点问题主要体现在，一方面，企业主动应用设计创新的意识较弱，企业资源结构对设计过程的系统支持不够，对设计生态的价值导入也大多停留在较浅层面，是产业的盲点，阻碍了价值流的纵向流动。另一方面，产业发展与技术链、人才链、传播链的衔接较弱，对设计产业没有形成有效的技术供给、人才供给和传播供给，造成工业设计价值流在技术口、人才口、传播口存在结构性断链，这个是产业断点。此外，还存在产业发展的盲点，由于缺乏科学的评价体系和对资本的覆盖太少，致使设计价值流的流动方向缺乏评价体系的牵引，同时，设计的价值流没有完全流入社会投融资体系中。

4. 设计产业生态的破局与思考

如今的产业生态,围绕设计系统中的各个要素之间的主要利益相关者展开,要求设计/服务的内容能够根据不同受众群体的喜好和偏好,以满足定制化、个性化的产品/服务来满足用户对产品的期望,在这种设计思维的引领下,在对设计生态产业的数理统计和量化评价中,不能简单地从设计公司产值、设计订单量、设计从业人数等显性的统计数据去评价一个区域设计产业发展的状况,而应从价值创造的角度,厘清工业设计产业发展的内生机制,由此构建定量和定性相结合的统计评价指标,正确评价和牵引一个区域设计产业的系统发展。在未来的发展中,设计管理需要以体系为支撑,构建以企业设计能力成长为核心的设计产业创新发展生态,培育设计驱动型企业群,以设计产业的发展推动我国整体产业基础高级化、产业链现代化的设计目标。

从设计管理的角度,产业生态升级优化路径主要从产业触点和支点的核心创新能力入手,通过牵动纵向触点主体协同,包括上游材料元器件模具生产装备、中游生产加工信息化系统、下游物流/传播/批发零售/售后回收服务协同,实现从资源驱动型加工驱动型迈向技术驱动型设计驱动型产业链升级。通过提高科技成果转化率、增加原创性设计来增强创新链,通过提升产品和服务的附加值水平,增加知识和智力密集型经济比重来提升价值链,借助提高国内大循环畅通,国际竞争力来增加供给与需求的适配性,如图 1-24 所示。

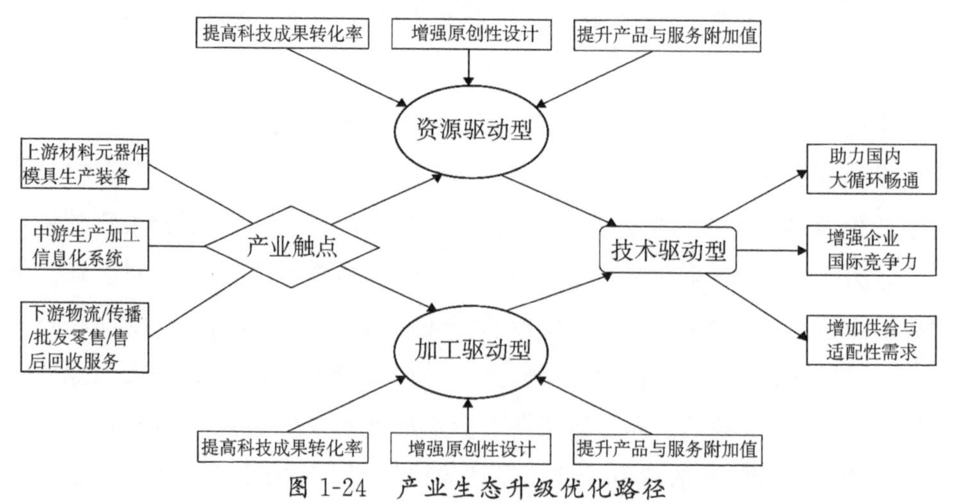

图 1-24　产业生态升级优化路径

最终建立设计驱动型产业生态，通堵点、接断点、补盲点，实现提升产业支点价值输出能力、产业触点价值支撑能力，在制造业重点行业诞生一批设计驱动型企业群。从"设计战略、设计投入、设计管理、设计效益、设计影响"五个方面系统提升，实现企业设计能力的体系化成长，增强产业生态价值输出能力，加强设计产业支点和触点之间的联系，横向上推动政府、高校、科研单位、金融机构、媒体等触点主体增加设计领域的政策供给、人才供给、技术供给、资本供给和传播供给，纵向上推动设计产业链关联的上下游整体升级。

1.4　产业转型中的设计管理

1.4.1　产业转型中的新发展格局

2019年中央经济工作会议强调"顺应新信息技术革命趋势，推动先进制造业和现代服务业深度融合，坚定不移建设制造强国"的理念。这一理念的提出，为中国推进经济高质量发展提供了前进方向。中共中央政治局常务委员会在会议上建议加快5G网络、数据中心等新型基础设施建设进度。"互联网＋"、大数据、区块链作为新一代信息技术的代表，拥有数字化、网络化、智能化技术特征，能有效地突破制造业和服务业的界限。我国不仅要肩负起新旧动能转换的任务和产业结构调整这一历史性课题，还要面临经济全球化过程中"高端封锁"和"低端锁定"两方面夹击的现实困境。在这样的形势下，我们要抓住下一代信息技术的发展大潮，利用它"高技术，强渗透，泛观众"的特点，促进先进制造业和现代服务业深度融合。

1. 产业转型中面临的问题

国外在产业转型升级中的创新机制、科研机构、产业化的应用等方面都有很多值得我国学习的地方，如美国硅谷高科技产业园、日本筑波科学城在高新技术产业发展上都达到了一个很高的水平。与国外相比，我国在产业转型升级中还存在着一些问题，现阶段我国产业技术水平虽已取得了长足进步，但是在一些关键性领域，例如高端芯片、基础软件系统、航空动力装置、核心发动机、数控制造、特种材料等领域，还存在着"卡脖子"技术短板问题。产业升级转型的背景,给企业带来一个很好的契机,去突破短板位置的关键技术,改变核心产业受制于人的现状。

从产业价值链的角度看,产业价值链整体偏低,亟待向全球价值链分工体系的上游发展。产业转型升级过程中面临新兴工业竞争的压力,在先进的制造业和高新技术产业等领域,与国外的科技城、高科技产业园区相比依旧存在很大的差距。国内产业转型升级中多数产品及技术大多居于全球产业链、价值链中低端位置,并且与国际产业相比产业链条接轨不足、匹配不够、融通协调性不足。部分产业的承载能力不强,难以支撑重大项目落地,解决不同产业链难点问题的针对性不强,此外,各产业转型中具有“链主”地位的引领性企业对产业链上下游的带动作用有限。另外,产业数字化整体发展水平较低,东中西数字化产业发展差距大。我国整体上已经拥有强大的数字产业部门,但是产业数字化发展水平较低。数字产业和龙头数字企业主要集中在发展水平较高的地区,数字产业分布不均匀,绝大多数地区的发展仍然以工业制造产业门类为主。

新发展格局下产业转型升级需加快产业向数字化发展的步伐,积极培育数字产业,构建数字产业政策,推动产业数字化与数字产业化转型。数字产业技术和产品的更新速率较快,存在后发产业发展优势,但关键技术何时突破时间的不确定性,使产业化阶段并不明朗。对于产业的数字化转型而言,切入的时机十分重要,过早投入意味着投入过高,过迟则可能错过机会。因此,产业营商的环境也需要改善,尤其是在政策体系的联动方面需要探索一条实践方法,产业营商环境是产业转型升级的核心“软环境”。在产业转型发展过程中,营商环境建设与国际先进营商环境水平有很大的差距,尤其是在全球价值链、产业链等方面服务水平亟须提升,纳税、跨境贸易、办理破产等指标排名比较靠后,产业营商环境自身建设不平衡、不协调,在产业转型市场化发展过程中隐形壁垒,不同地区之间落实效果分化明显。从地区分域看,东部与中西部、东北地区之间营商环境发展不平衡问题尚未得到有效改善,一些地方在基础设施、公共事业等领域存在狭隘的地方保护主义思想。

产业转型升级需依托企业的自主创新能力、产学研协同发展及高科技人才等因素的支撑,通过产业的科技创新推动发展。产业转型中的科技创新仍存在一些问题，比如宏观层面，关键技术研发整体投入不足、区域之间政策制定联动性不足、人才引进/企业入驻等方面的体制机制不完善，产业转型升级宏观顶层设计仍需进一步加强。企业层面，企业过于重视市场反馈，内部激励体制的不完善、对关键技术关注度不高、信息交流不通畅、创新成果转换有限，使得产业科技创新能力发挥不足，创新引领辐射带动能力极其有限。需要从产业和企业两个层面，将产业科技创新放在首要位置，共同为进一步提升企业自主创新能力发挥各自的作用。

2. 产业转型升级的对策

新发展格局为产业转型升级提供了新的历史机遇，针对我国产业转型升级面临的困境，借鉴国外产业转型升级的经验，我国进行经济高质量发展格局下产业转型升级的有很多工作可以去实施。如通过解决产业关键技术“卡脖子”的难题，实现科技创新自立自强，通过加快产学研协同过程，解决企业合作过程信息不通畅问题，进一步优化人才政策与制度吸引更多的中高端人力资源，通过强化产业链与创新链精准对接，推动上下游企业创新链产业链联动协同发展。通过加快推进产业数字化转型，加强产业数字化平台建设。这些措施能够实现企业技术自强，改善政策环境，不断优化产业转型升级营商环境。

在构建新发展格局的背景下，首先要掌握产业发展关键核心技术，产业转型升级需大力培育企业自主创新能力，借助大力推进企业科技创新创业，激发创新创业的活力，重点关注高成长型科技企业。大力推动战略性新兴产业与高新技术产业中企业的创新与发展，全面推进科技企业的发展和成长壮大，针对关键技术问题，需分辨传统产业、新兴产业与未来产业的发展要求，基于促进产业转型升级的视角，细致分类不同产业类型在关键核心技术问题上需掌握不同程度的技术水平，依据产业类型的分类管理，加强战略规划和微观配套，推动企业主体相衔接。通过搭建产学研合作的信息平台，加快产学研协同过程，提供相关科研需求与工具的配置信息，推动产业转型升级共性技术研发和应用的推广。新发展格局下的技术创新体系要以企业为主体、市场为导向，与产学研相结合。产学研协同过程中，以龙头企业为指引，要加强大中小企业之间的融通交流，不断关注新型研发机构在建设中的问题，在体制机制良好发展环境下，不断破解关键核心技术难题。

加大科技投入力度,提高科技奖励金额,增强对创新团队与人才资源的奖励力度,为人才提供良好的工作环境,使之共享产业发展的红利。加强高素质人才的资源供应,增强产学研合作力度,构建产学研合作教育平台,加强与高等院校和科研院所之间的联系,通过产学研合作,积极探索高层次人才流动机制,吸引更多的高素质人才,完善中高端人才发展机制,为高素质创新人才资源的发展提供多种渠道,提高对人才资源的配置效率。进一步优化人才政策与制度环境,通过科技创新能力建设,发展科技企业与科技产业,营造宜居环境,吸引更多的中高端人力资源。

产业的科技创新可使产业链弥补创新链,补齐创新链中的短板,外部产业科技创新可使创新链弥补产业链,促进产业链与创新链的有效联动,因此,要强化产业链与创新链精准对接,完善市场优化配置, 推动产业关键核心技术的发展,促进整体产业链的完整。通过信息传递和技术共享,互相汲取经验,促进产业链与创新链的交叉融合、相互补强。新发展格局下,要以产业链与创新链的相互带动,推动产业转型升级。在产业转型升级中,政府应提升产业配套能力,保证产业链上下游环节的配套,优化市场资源配置,对上游企业给予资金和政策支持,促进产业链与价值链协同创新发展:处于国际产业链上游的企业,要积极引导、帮助中下游的企业向高新技术等方向发展;处于国际产业链中下游的企业,要更加积极主动抓住构建新发展格局的战略机遇,不断与上游企业进行技术交流与合作,以高端技术充实企业内部转型升级,进而不断迈入国际市场,从而真正实现上下游企业创新链和产业链联动协同发展。

做好数字产业发展规划,加快推进产业数字化转型,向数字产业升级。不同区域产业的转型升级不可盲目地追逐技术热点与GDP发展水平,避免不同区域产业之间资源浪费与同质竞争。提升产业数字化发展水平,持续改善产业发展结构。针对产业转型过程中产业数字化薄弱的环节及时进行调整,促进传统产业与数字类资源的有效整合,推动数字技术与实体产业深度融合,提升实体经济产业的创新力和竞争力水平。产业转型升级要以龙头企业为牵引,搭建产业数字化发展的创新平台,推动上下游企业依托数字资源促进内部转型升级。利用数据驱动产业链与供应链的互联互通,推动产业转型升级中跨区域的产业协同。针对区域发展水平分化明显的状况,增强产业数字化发展的差异性和有效性。相较于东部基于产业发展规律的转型升级创新布局，中西部则可以充分利用空间特点推动数字化发展。对于数字化发展水平较高的地区，应制定有助于发挥辐射示范效应的规章制度与法律法规，完善数字产业化发展的监管体制；对于产业数字化发展位于初步发展阶段的中西部地区，应当加强基础设施建设，以产业互联网为核心，统筹推进5G网络、大数据中心、云计算、智慧物流等基础设施建设，持续发挥产业基础设施保障作用，将数字赋能产业，推动产业数字化发展进程。

为了激发产业转型升级中创新创业活力的营商环境，持续推动产业高质量发展。着力营造产业转型升级的良好创新氛围，改善创新金融环境，优化创新政策环境。以市场主体需求为导向，优化产业营商环境，让市场主体充分发挥主观能动性，推动市场规则更加透明、市场竞争更加公平、执法监管更加规范、办事创业更加便利，打造便利高效的政务环境、公正透明的法治环境、开放公平的市场环境。同时，统筹产业技术创新，项目建设、招商引资、人才引进、政府扶持等工作，为中小企业发展创造更多空间，促进产业转型升级。

1.4.2　协同创新发展理念的设计创意产业数字化转型升级

20世纪，新一代数字技术得到广泛应用，给制造业和现代服务业的发展带来了扩散和聚焦的双重影响。一方面，数字技术促进产业发展的跨设备、跨系统、跨行业、跨空间连通使各生产要素和服务资源得到更为广泛的扩散化分配，切实提高了经济发展的质量和效率；另一方面，数字技术把产业的生产和服务放在了设计的位置。就制造和管理而言，销售这样一个“单点”的领域开发，更加专注、更加准确、更加个性化。

1. 技术革新下的产业融合

在数字技术得到迅速推广与运用的今天，制造业和服务业越来越紧密地联系在一起，并且产生了重大和深远的经济效应。协同创新发展在产业融合发展模式和发展生态上表现出不少新的特点，新一代数字技术使产品和服务从“生产端”到“消费端”无障碍地联结，以及延伸生产链、价值链等措施，使制造业和现代服务业的界限越来越模糊，由此构成了一个新兴产业价值网络。

现代经济体系视野下，单纯的制造业或服务业，已不能适应消费市场层出不穷的新需要，尤其是由数字技术变革所引发的新业态、新模式，使行业之间的整合成为一种新的趋势。例如，将区块链和大数据技术融合，能够形成企业和用户的“数据穿透”现象，使用户需求透明化、数据化，终端认知、业务流程可追溯化；也使产品消费的终端用户能够融入企业生产链、价值链提升的整个过程，推动原有制造业企业批量生产模式不断革新，形成面向用户个人需求的格局的，日趋精细化、定制化、智能化的现代生产服务模式。在中国市场经济日益发达的今天，各种生产要素逐渐集聚到能挖掘用户价值，企业必须赢得生存空间，就要抛弃原来制造和服务相互隔离的发展思路，采取“制造＋服务”双轮驱动模式，使产品和市场需求有效衔接。

新一代数字技术得到广泛应用，帮助决策部门多维覆盖、动态监管和实时追溯，并据此制定出相关产业政策，为不同行业的良性发展保驾护航。例如，云计算、大数据在金融领域中的运用，能够丰富金融产品和服务的种类，拓展资金向实体经济的投放渠道，适应企业多元化融资需要。认知智能技术的同步进步、区块链技术具有不容易被篡改和可追溯等技术特点，有助于政府部门加强对金融业和制造业衔接过程的规范，使得资本要素“脱虚向实”，确保制造业和现代服务业良性互动和发展。

新业态模式下的发展，需要使产业设计开发流程和产品价值链相互关联，从而促进产业发展生态的改善。例如，借助物联网，大数据等技术的发展、多场景人工智能技术研究，使得制造业企业的信息流、知识流和价值流实现协同优化。新一代数字技术也起到资源的优化配置，帮助完善供应链管理，增强核心竞争能力，提高服务质量的作用。在企业设计管理中，生产、管理、销售等关键环节展开数字技术的应用，能够及时地发现工业流程的不足，减少资源的错配与浪费；还可以使企业对市场需求变化更加灵敏，从而适时调整和制定提升客户黏性等发展战略。以设计管理业务中的管理要素进度、成本、质量为管理基础，通过进行数字化的设计管理，使项目各环节的管理形成有效闭环，企业向设计管理精益化发展跨进。通过管理并平衡设计要素之间关系，实现资源配置的高效集约和共享，提升项目完成度，形成管理良性循环。

2. 设计创意产业与公共服务需求的融合

作为拥有五千年文明的中华民族，在实施国家文化数字化战略过程中，将设计创意产业与公共服务需求相融合，不仅是保存本土文化基因，向世界传播中华文化、增强文化自信的有力之举，也是在世界百年未有之大变局加速演进的当下，全面提升产业软实力、实现文化强国战略的必由之路。文化强国和数字中国两大战略，直接推动了新一轮文化产业的数字化转型升级。为应对第四次产业革命，我国及时提出了“数字中国”战略，强调推进数据资源整合和开放共享，保障数据安全，加快建设数字中国，需要大量的设计服务企业和人才参与。我国围绕加快数字化发展，围绕数字创意产业提出了加快数字社会建设步伐、营造良好创意文化生态、打造数字创意经济新优势等战略目标。

创意产业数字化转型升级涉及多方面协同发展，其制度建设要谋远略，把握转型发展与数字化治理的平衡点。按政府解决市场失灵的公共政策理论和提高数字化治理能力的公共治理理论，最大限度地协同调动社会力量，保障数字创意产业创新发展的市场环境，避免战略性新兴产业相关政策出现“碎片化”现象，在政策储备与决策建议中提供更具柔韧性、适应性的方法，既能协同保障创新发展环境，也要协同识别并解决数字化发展中的潜在风险。

设计创意产业数字化转型需要大量的高素质设计人才支持，需要理解数字化技术且具有公共服务意识与审美素养的高素质人才。“艺术＋科技”的复合型人才将直接影响设计创意产业数字化发展的未来。文化数字化战略发展的关键在技术的研发和人才的储备，产业升级转型中离不开专业教育。中央明确要求推进文化数字化相关学科专业建设，用好产教融合平台，在政府政策的大力支持下，企业、高校和科研院所三种基本主体可以共同进行技术开发的协同创新活动。目前，文化产业数字化发展的主要难点集中在如何提高数字文化体验的服务质量供给这一问题上，不仅涉及如何将设计创意数字化呈现，更重在消费群体的体验关注对设计人员的素质和能力要求极高。在这个转型融合过程中，需要根据每一个公共服务项目和技术的特色，扬长避短、整合创新，在产品推广与服务设计过程中，也需要从用户同理心的角度去展开设计，才能达到理想的体验效果。需要以融入公共服务为抓手，构建多学科融合的人才培养模式，打造多元情景的人才培养资源库，形成行之有效的高素质人才培养机制，扎根产业需求，为产业数字化转型培育更多储备人才，以满足日益更新的社会公共服务需求。

3. 产业转型中的数据市场与数据安全

传统商品是单向流动，卖方主导市场。在数字技术支持下，数字形态的产品/服务形态更为灵活，带来了更多供求互动，甚至消费者本身也参与到设计生产之中。用户的相关数据的大量累积提升了产品质量，但对数据安全提出了更高要求。新技术的不断迭代升级，对设计创意产业数字化发展治理提出了更高要求，设计创意产业需要不断更新数据安全技术，保障消费者权益，构建安全高效的数据安全体系，完善数据监管。加强数据安全与网络保障能力建设，国家层面强化对5G、工业互联网等数据安全保障，有预见性地研究配套法律法规，完善数据安全法治体系，促进行业健康发展，根据技术与市场发展完善监管能力，强化技术治理水平，行业层面是完善行业自律，关注产业发展进程，同步设计行业标准；企业层面是明确设计创意产业数据安全相关技术标准，提高网络安全监测、通报预警、应急响应与处置能力，发挥数字型文化企业技术优势，协同安全和发展并重的技术治理体系。

在鼓励数字化创新的同时，必须对创新产生的各种数据风险进行有效的规制。设计创意产业的核心资产是知识信息数据，数据安全应围绕数据与数据消费者开展。数字经济交易流通过程中，会产生大量的涉及公民/企业的数字信息和知识成果，为了保证这些数据的安全性，在设计方面，需要考虑各方面的数字安全，例如数字支付方式、身份识别与认证、传输保密性等，需要兼顾交易模式的便捷性和方便性，从设计保护的角度，让数字交易更安全省心，从而推动产业发展。

1.4.3 产业转型升级路径研究

中国经济已由高速增长阶段转向高质量发展阶段，正处于转变发展方式、优化经济结构、转换增长动力的攻关期。经济发展模式发生深刻变革，产业转型升级是实现经济发展质量变革、构建现代化经济体系的内生动力，也是推动区域经济一体化的关键举措。由于资源要素、产业政策、经济发展水平等因素制约，产业发展表现为较大的地区差异性。在此背景下，基于需求、供给和环境三个层面，厘清区域产业转型升级的影响因素及其作用机制，对加速我国产业转型升级、实现区域协调发展具有十分重要的意义。实际上，产业转型升级是多重因素相互影响、相互作用的过程。从组态视角下。产业转型升级的影响因素主要包括需求、供给和环境三个层面，这些因素之间相互依赖、共同作用，影响产业转型升级，如图1-25所示。

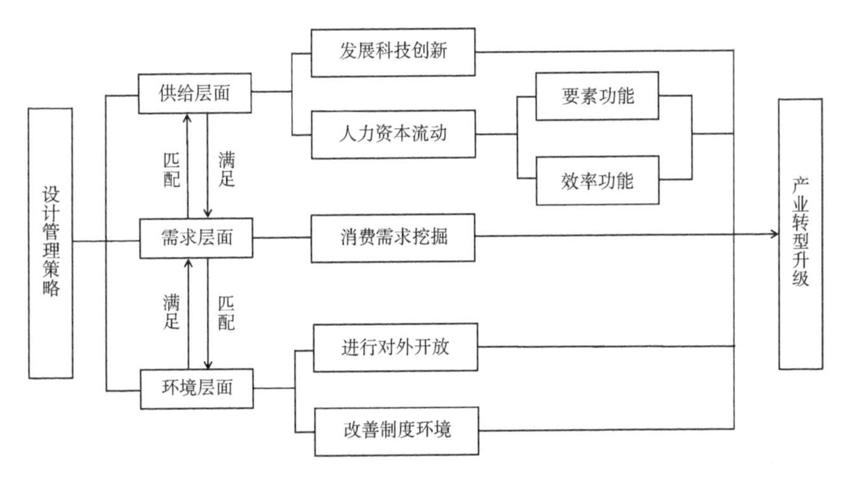

图1-25　设计管理策略路径

从供给层面来看，科技创新是推动产业转型升级的核心动力，对产业转型升级的促进作用。在产业层面，一方面，科技创新通过不断优化传统产业的产品质量、生产流程、管理模式等，提高传统产业的生产和管理效率，推动传统产业转型升级；另一方面，科技创新有利于突破各项技术瓶颈，吸引资源从低效率生产部门向高效率生产部门转移，提高人力、物质、资金等生产要素在产业间的流动效率，推动整体产业结构优化升级。人力资本具有特殊的要素功能和效率功能。要素功能强调人力资本存量增加给技术、资金等其他生产要素带来集聚效应，推动产业转型升级；效率功能强调人力资本作为技术进步的载体，通过实践中探索与积累、知识外溢等方式诱发技术创新，促进产业转型升级。在设计管理过程当中，可以将企业内部各部门之间的关系进行梳理分级，帮助企业开拓出一种创新的设计生态系统，促成项目内高效的交流机制，有利于优秀人才的能力发挥和技术的革新发展。设计管理渗透于企业转型升级的发展进程及企业核心竞争力的形成过程，最终推动企业的转型升级并提升企业的核心竞争力。越来越多的科技企业和传统企业都聚焦于机器智能、数据计算、机器人、金融科技等技术研发和产品创新研究板块，基于管理学角度和对科学、技术的研究开发，有效将设计与高新技术通过管理进行整合。随着人们对安全意识的提高，智能门锁这种新型产品被更多的消费者认可和需求。智能门锁区别于传统机械锁，通过指纹锁、虹膜识别门禁等用户识别 ID 的技术，替代传统的机械钥匙，甚至利用智能手机就能实现远程开锁，在用户安全性、识别、管理性方面更加智能化、简便化，给生活带来了更多的便利，不用再担心没有带钥匙没办法开门。

在需求层面上，消费需求是产业转型升级的基本动力，已有研究肯定了消费需求升级对产业转型升级的推动作用。随着人均可支配收入的提高，消费需求逐渐向绿色化、智能化等方面转变，通信升级和移动互联网信息技术，改变了消费者的消费观念和方式。基于新的消费需求，需要在设计管理过程中，重新梳理挖掘消费者消费需求，营造新的消费模式。设计过程中的高效管理有利于正确制订企业设计发展战略，能够高效促进企业产品与服务发展，推动设计和营销，能够有效地满足顾客的需求创造具有市场竞争力的企业品牌形象，进而推动产业结构优化升级。例如，为了满足用户在网络购物的过程中快速检索，找到适合自身的产品的需要，提升使用效率和体验感，阿里巴巴设计管理团队通过优化技术手段，改进图像搜索服务的技术，推出了“拍立淘”的功能应用。“拍立淘”是手机淘宝客户端的一个功能，直接拍照或者用本地图片就能搜索商品，主要功能是用于帮助消费者通过图片快速找到相似的商品，提升消费者的购物体验。另外，系统后台也可以依据手淘拍立淘流量数据页面进行访客统计，以作为下一步推送的数据参考，从而改进用户在操作过程中的烦琐性，提高用户使用体验。

环境层面，制度环境与产业转型升级密切相关，已有研究论证了良好的制度环境可有效促进产业转型升级。在产业发展过程中，制度环境具体体现在政府治理水平、知识产权保护力度、法治水平等方面。良好的制度环境则有利于形成公平竞争的市场环境，节约各项交易费用，提高技术创新扩散效率。对外开放也是产业转型升级的重要的环境因素，外商直接投资和进出口贸易都将改变产业环境，外商直接投资能够为产业发展提供技术、资金、管理等方面的支持，提高资源要素利用效率，进出口贸易能够形成产品竞争效应，倒逼产业降低生产成本、优化生产技术、改善竞争环境，不断提高产业竞争力，推动产业结构优化升级。为了使投资和政策扶持的服务流程能够得到优化，形成良好的制度和营商环境，从而更好满足企业和群众的需求，广东省政府进一步深化政务服务“一网通办”，推出了“粤省事”App 应用和小程序服务，是全国范围内第一个依靠微信创新推出高频集成服务的移动政务服务平台。用户只需要进行实名认证，即可在小程序上面办理多项便民服务。通过服务渠道和能力优势互补，更好地满足用户群体多样化需求。相比小程序，App 则更加多元，它可以让移动应用建设和政务服务接入更加便捷，其主要在功能和场景拓展上进行改进，从而深化移动政务服务平台的建设。

1.4.4　设计管理赋能高质量产业转型发展

在智能制造、移动通信和物联网等技术的支持下，工业 4.0 将带来开发周期缩短、个性化需求有效满足、生产更加灵活、产品和技术的生命周期更短、去中心化和提高资源效率等诸多变化。“并行工程＋集成产品”开发的设计研发、“技术＋设计”的高壁垒构筑、设计团队的综合管理能力提升，已经成为设计赋能制造业高质量发展的范式。在企业宏观的设计思维层面，生命周期思维超越传统制造思维，将产品在其整个生命周期中的环境、社会和经济影响包括在内，基于产品生命周期构建设计管理顶层思维，能够对产业高质量发展起到引领作用。以文化服务为导向的数字融合产品设计、虚拟工厂构筑用户参与式设计等产业模式已日趋成熟。需要企业管理顶层进行设计驱动思维的引领，让设计思想和管理思维在项目开发的各个层级普及。使各部门甚至各企业协同工作，实现产品各开发流程的同步开发，也能让企业以更有效的方式参与并考虑产品从概念到市场的所有关键因素，实现集成、协作和灵活性。

产业转型发展可以重点鼓励支持科技和设计创新，所以需要创造良好的创新环境，可以尝试以加大投入成本和引进国外的高质量优秀人才的办法来对一些核心技术进行创新。一些省份受到资源条件的限制，产业发展环境相对来说较差，针对这种现状，应该在供给和需求层面的基础上系统地整合优势资源。而其他产业发展环境良好的省份应该启动全面的设计管理驱动战略，在当地现有的产业基础上，加强自身优势区域，同时补足短板，充分利用区域经济战略机遇期，积极建立跨区域协同发展机制，并起到带动作用，从而促进各区域产业协调发展。随着国内企业的不断发展，不论是从微观的产品设计层面上，还是从宏观的企业管理层面上来看，企业都需要与时俱进地更新自己对于设计管理的认知，当下市场竞争愈发激烈的背景下，人们开始更加关注环保问题，企业针对于此进行着更精细化、系统化和可持续性的设计管理模式的探索。不同阶段企业面对的设计管理问题不尽相同，随着国内产业政策的调整和创新环境的逐步改善，对于设计管理发展模式的创新也将更加多样化、开放化和多学科化。

面对高端产业“回流”和低端产业“转移”的“双重挤压”，我国在企业发展中必须具备预见能力和危机意识，采取适当的设计管理策略。在未来，颠覆制造业的力量可能不是来自行业内的竞争，更多的是来自其他跨界赛道的冲击。设计可以助力“中国大供应链体系”的建立，赋能产业转型的高质量发展，构建设计管理意识有助于将企业从自主经营品牌模式转型成为全世界品牌提供服务的 OPM 模式，形成一条稳定的产业上下游供应链，行之有效地解决目前我国产业创新转型升级过程中所面临的问题。

第 2 章　设计管理理念提要

2.1　中国古代的管理思想

我国是一个历史悠久的东方文明古国，在社会实践中形成了倡导修身齐家、治国平天下的社会风气。这种管理思想主要包括宏观的“治国”思想和微观的“治生”思想两个方面，宏观层面主要是对财政赋税、人口编制、货币物价、国家行政等方面的管理，微观层面主要针对具体行业，如农副业、手工业、商业等生产和流通方面的经营管理。

2.1.1　系统管理思想

我国古代能集中体现系统管理思想的言论和实例很多，《道德经》中“道生一，一生二，二生三，三生万物”的思想，是尊重自然界统一性的表现，把宇宙作为一个整体系统来研究，如图 2-1 所示。《淮南子・天文训》中的“道始于一，一而不生，故分而为阴阳，阴阳合和而万物生”揭示了事物两面性，用阴阳二气的矛盾来解释自然现象。《尚书・洪范》中认为金、木、水、火、土是构成世界大系统的五种基本物质要素，提出五行的概念，通过“五行相生相克”解释自然规律，如图 2-2 所示。《黄帝内经》强调人体各器官的有机联系，身体健康与自然环境的联系、心理与生理现象关是一个系统和整体，通过系统平衡来维系身心健康。这些著作能够体现古人对世界观的认知，也是一种系统管理思维的体现。

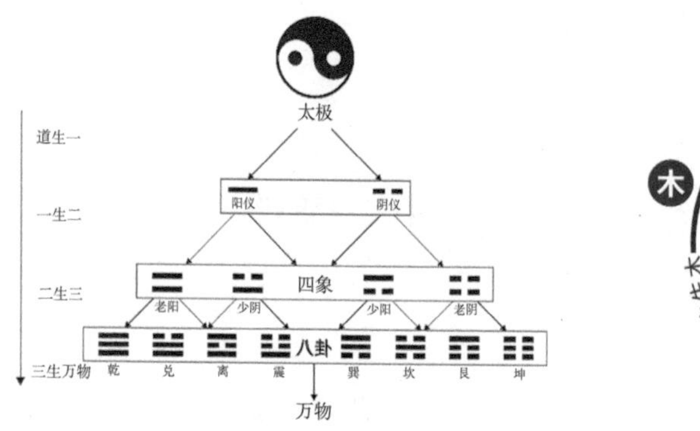

图 2-1　太极生万物的系统思想

图 2-2　我国古代“五行相生相克”的思想

2.1.2　制度建立思想

法家思想是以法制为核心的重要学派思想，诞生于我国战国时期诸子百家思想之中，也是最早提出制度化管理的学派。《韩非子·难一》中也提到“舜有尽，寿有尽，天下过无已者，以有尽逐无已，所止正者寡矣，赏罚使天下必行之”“著之于版图，布之于百姓”，强调“明法”，提倡通过制定公之于众的法规，违者依法纠正，方便治理国家。《韩非子·有度》也提出“刑过不避大臣，赏善不遗匹夫”的观点，强调“一法”，即管理规矩面前人人平等的管理思想。

百家争鸣中，除了对“法治”的管理，也倡导对“人治”的管理理念，老子在《道德经》中提出“城中有四大，而人居其一焉”，是对人因因素的重视。《管子·治国》中的“凡治国之道，必先富民。民富则国易治，民贫则国难治。民富则其安乡重家，敬上畏罪，故国易治；民贫则危乡轻家，犯上犯罪，故难治也”强调在管理过程中，注重民生及待遇问题。

2.1.3　组织构架思想

管理的组织构架方面，早期的记载出自《周礼》一书，其提出“惟王建国，辨方正位，体国经野，设官分职，以为民极”的置官目的，记载了周王室将周代官员分为天、地、春、夏、秋、冬等六官，六官下设中大夫、下大夫、上中下士等各有职掌，层次分明，职责清楚，如图 2-3 所示。

再之后中国古代历朝各代的政府官员组织构架，在不断地摸索中发展和完善，无论是魏晋时期的“九品中正制”还是隋唐时期的“三省六部制”，都是在管理实践中对组织构架的方法归纳,如图 2-4 所示。

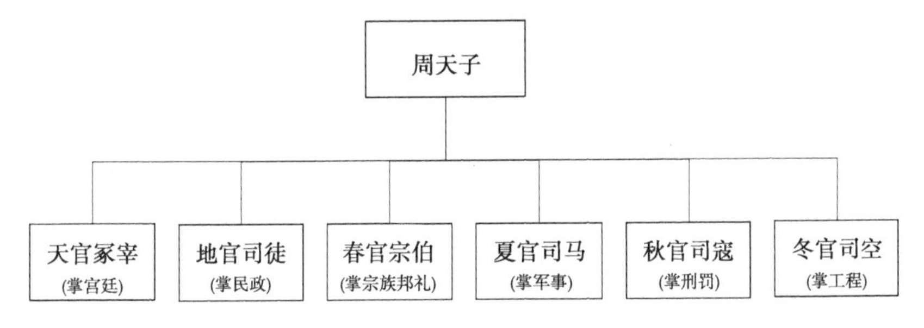

图 2-3　《周礼》中有关六官设置的组织构架

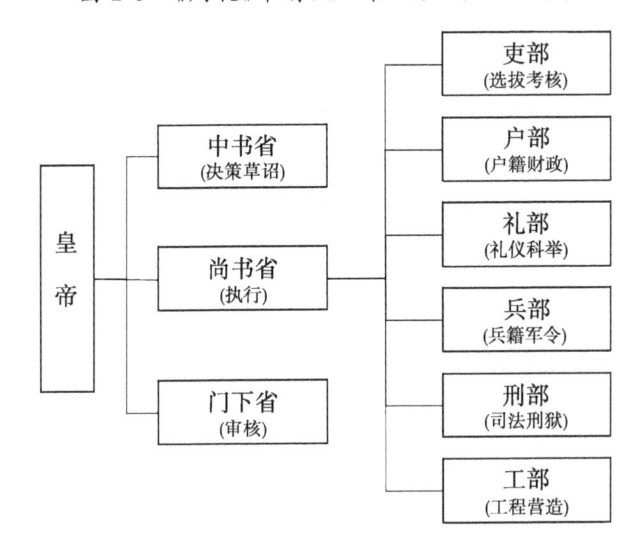

图 2-4　隋唐后成形"三省六部制"管理组织构架

除了官员的任用,我国古代还有很多大型工程的组织,如万里长城修建、大运河开凿,动辄调用几十万甚至上百万民工,是古代管理思想在劳动组织上的实践,也是那一时期的管理思路和方法的总结呈现。如在春秋时期,《墨子》中记载"譬若筑墙然,能筑者筑,能实壤者实壤,能欣者欣,然后墙成",提出了劳动过程分工的思想。《新元史·董抟霄传》中记载"百里一日运粮术"的操作,"人不息肩,米不着地,排列成行",意味着简省操作过程和时间,提高劳动效率,"每人行十步""负米四斗""轻行十四里",则强调如何减轻劳动者工作强度,减少不必要的停留时间,缩短操作过程,提高工作效率,这种办法符合现代流水作业原理。

2.1.4 生产经营管理思想

中国历来崇尚简朴,《论语·学而篇》中有"节用而爱人,使民以时",《墨子·辞过》中也有"俭节则昌,淫佚则亡"等描述,均强调节俭的重要性。《荀子·富国》中的"节其流,开其源,而时斟酌焉。潢然使天下必有余,而上不忧不足"主张富国与富民并举,提倡"上下俱富"。这些观点都说明开源节流和崇俭黜奢是我国历来倡导的理财管理思想。

在经营方面,《管子》一书有大量有关记载,如《管子·山国轨》中记载"不通于轨数而欲为国,不可""如若逆之,必怀其凶不可复振也",认为一切社会活动均有"轨"可循,同时"上下不和,虽安必危"也强调处理好上传下达的工作关系和气生财的思想。《管子·形势》中主张"言而不可复者,君不言也;行而不可再者,君不行也。凡言而不可复,行而不可再者,有国者之大禁也"的经营信誉观,还提出了"事无备则废""以备待时"的观点,主张办一切事情必须统筹谋划。《史记·货殖列传》中的"农而食之,虞而出之,工而成之,商而通之",记录了社会生产和流通活动在历史发展中的重要作用,认定发展商品经济,满足人们的物质需要和求富要求,是社会经济发展的自身规律,是对我国古代"治生"的管理思想有较为完整的理论体系记载。

除此之外,我国古代对生产管理还有一个指导思想——"利器说"。《论语·卫灵公》中"工欲善其事,必先利其器"的描述,《吕氏春秋》中记载"其用日半,其功可使倍",均指出使用"利器"的效果。宋代《营运法式》一书对定额管理、规范操作、财物保管和收纳支出制度方面早有系统记载。

我国古代的传统管理思想很多与哲学思辨结合在一起,理论与实践案例非常丰富,诸子百家和各学派的许多论点成为后世政治家、理财家以及企业管理者们的行为准则,对后世影响深远。我国古代思想宝库中的很多观点、理论和方法,对现代设计管理都有参考和启发作用。

2.2 设计管理在世界各国的发展情况

由于世界各国的地理环境以及人文历史有着不同的演变特点,各国在发展过程中，逐渐形成了其特有的设计风格，对设计管理的侧重点也有所不同。用现代管理的眼光来梳理欧、美、日等工业发达国家和地区产业与管理的发展历程，有助于促进设计管理未来发展和创新，在实践中探寻更多的路径。

2.2.1　德国的设计管理

德国属于欧洲的内陆国家，19 世纪中叶以前，地理位置的劣势让它的经济远远落后于英、法等欧洲大国。随着工业革命在德国境内迅速发展，德国新市场的开拓加快了速度，造就了德国对于管理人才和专业人才的需求与聚集。20 世纪初，德国成为欧洲的工业化龙头国家之一。从地域文化的角度看，德国受古希腊哲学理性和逻辑的影响较大，具有严谨、理性、思辨的民族特征。在这种思维的影响下，德国的设计师注重严谨的造型、可靠的质量、高度理性化的美学特征，德国的设计管理强调的是精工美学，其在 21 世纪以来提出“工业 4.0”的概念也对世界产生了很重要的影响。

德国设计管理的起源最早可以追溯到 1907 年德意志制造同盟的成立。德国的通用电气公司（AEG）是最早将关于设计管理的相关方法应用在企业中的公司。彼得·贝伦斯主持的 AEG 企业识别系统直接促成了企业形象系统设计理念和方法的形成（如图 2-5）。1953 年成立的德国设计委员会，是世界领先的设计中心之一，它支持各种商业设计，旨在通过设计提升品牌的附加值，支持全球的企业为增加品牌和设计的附加值而作出积极的努力和沟通，而不仅是关注产品本身这个设计将商业文化的要素进行融合。

图 2-5　贝伦斯和德国通用电气公司的标志

2013年的德国汉诺威工业博览会上提出了“工业4.0”的概念，认为人类将迎来以信息物理系统为基础，以生产高度数字化、网络化、机器自组织为标志的第四次工业革命，对世界各国的设计战略规划产生了深远的影响。“物联信息系统”是德国工业4.0的技术基础也是核心系统，它将计算资源与物理资源紧密结合与协调，使制造业向智能化转型，从而改变人类与物理世界的交互方式，是集成计算、通信与控制于一体的下一代智能系统，利用门户级网络媒体的商品推广解决方案(CPS系统)将生产中的供应、制造、销售信息数据化、智慧化，最后达到快速、有效、个人化的产品供应。近年来经常提及的创新转型、柔性制造、智能设计与制造都是在这个时期产生的。在工业4.0的推动下，产业逐渐呈现生产分散化、产品个性化、用户参与生产和设计的程度增加等特点。生产链由集中向分散转变，规模效应不再是工业生产的关键因素，同时产品发生由趋同性向个性的转变，未来产品可以按照个人意愿进行生产。产品开发过程中越来越多的开源窗口让用户实时参与生产和价值创造的全过程，互联、数据、集成、转型、创新等，成为工业4.0中产业的主要特点，如图2-6所示。这些变化给设计管理带来了新的范式。

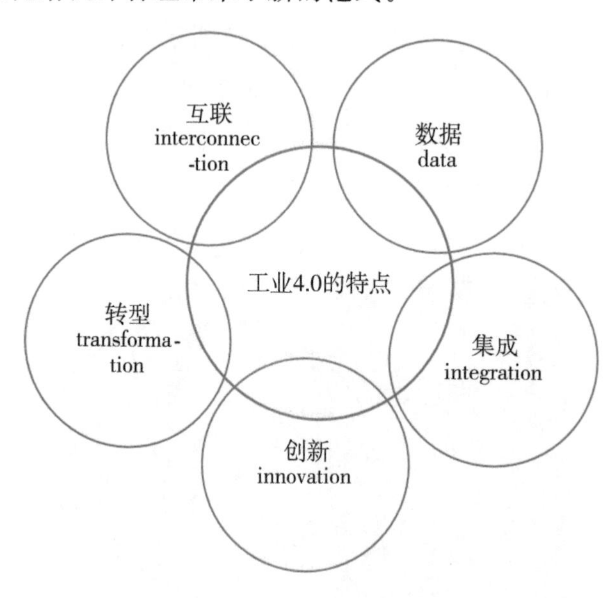

图2-6　工业4.0的特点

德国人的经济学追求两个要点：一是生产过程的和谐与安全；二是高科技

产品的实用性。因此，强调精工美学的德国工业企业一向以高质量的产品著称世界，提到德国的设计，首先让人想到的就是精密、可靠、耐用，如宝马、奔驰、博朗等知名品牌，都是“高质量产品”的代名词。博朗主张设计简而精的设计理念，在过程管理中倡导产品外形完全根据其预定功能设计，杜绝肤浅的花哨和与产品功能无关的时髦，追求明快、简洁与平衡的线条和高秩序的美感，如图 2-7 所示。

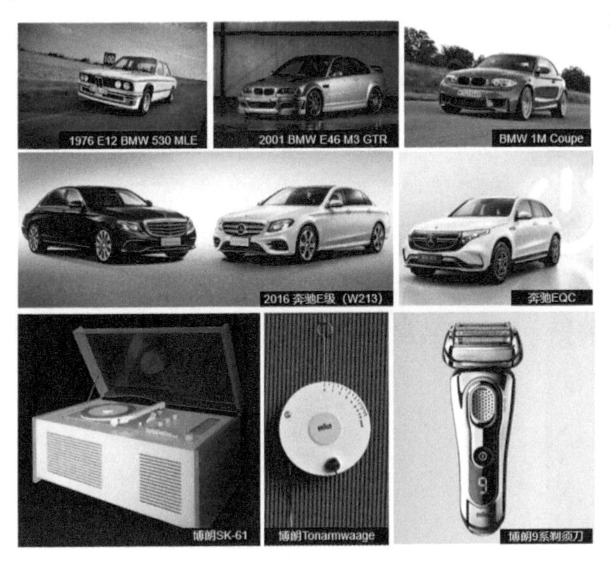

图 2-7　具有德国设计特色的产品

德国设计管理的代表人物迪特·拉姆斯主导博朗经典产品的设计标准，主张设计实用又美观的物品。20 世纪 80 年代，迪特·拉姆斯提出了关于优秀设计的 10 条标准，后被称为工业设计领域的“设计十诫”。

Dieter Rams的“设计十戒”

好的设计是创新的
Gutes Design solte inovative scin

好的设计使产品实用
Gutes Design macht ein Produkt brauchbar

好的设计是具美学意义的设计
Gutes Design ist asthtisches Design

好的设计让产品易被理解
Gutes Design macht ein Produkt verstindlich

好的设计是诚实的
Gutes Design ist ehrlich

好的设计是谦虚的
Gutes Design ist unaufdringlich

好的设计是持久耐用的
Gutes Design ist tanglebig

好的设计将一致性坚持到最后一个细节
Gutes Design ist konsequent bis ins letzte Detail

好的设计是对环境友好的
Gutes Design ist umweltfreundich

好的设计是尽可能做到极简的设计
Gutes Design ist so wenig Design wie moglich

图 2-8　迪特·拉姆斯与他的“设计十诫”

2.2.2　英国的设计管理

从地理位置上看，英国属于西欧岛国，临海且交通便利，启蒙运动配合着海上贸易推动了工业革命的变革，设计领域从管理意识的萌芽到设计组织，再到将设计管理和融入教育和创意产业，均在英国作了率先的创新性探索。对“现代设计”的思考首先出现在英国，成了欧洲现代设计思想启蒙的基础。受绅士文化和骑士精神的影响，在民族特性上，向往上层社会，重视文化教育，英国人工业革命之后，虽然产业一直在调整，但设计一直崇尚传统，浪漫又不失理性。创意的概念不仅融入产业和产品，也融入教育、社会、城市之中，这是英国在设计领域的一个典型特征。

英国对于教育的重视也使得英国成为将设计管理引入教育事业的首个实践者，成为最早将设计管理的概念引入大学教育中，形成一门专业学科并拥有了其教学体系的国家，从而探索出设计与生产、功能、美学等之间的关系，如图2-9所示。

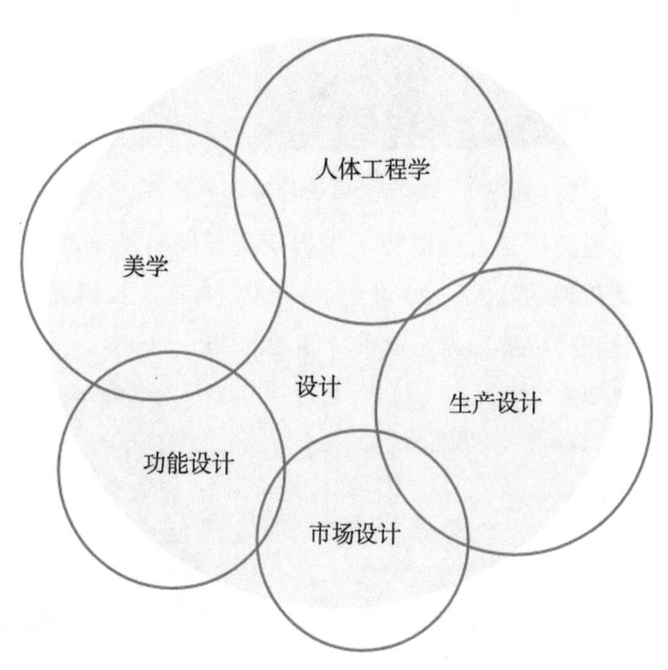

图2-9　设计管理体系构成

“设计管理”作为一个独立名词最早出现在 1965 年的英国，是当时为了加强设计、工业和商业之间的结合，在政府、企业、院校的共同支持下产生的重要研究贡献。在不同时间点，设计管理的指向和焦点不一样，其最开始指职能部门的管理、产品流程管理，现在已转向企业经营和全球化的管理。英国的一些组织和企业为了实现产品的最大附加值，研究设计与管理结合的重要性，围绕问题理论和方法的讨论，通过设计与经济、设计与决策、设计与组织管理、设计与项目管理、设计与人才管理等维度的探索，进一步形成了设计管理的基本理论和方法，如图 2-10 所示。

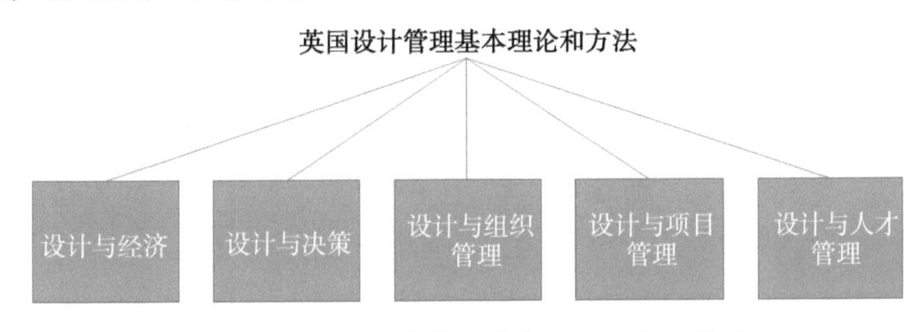

图 2-10　英国设计管理基本理论和方法构成

英国也是最早提出并定义文化“创意产业”的国家，其文化创意产业在政府有效的政策和可持续的市场下逐步发展成熟。这也是英国的设计管理一个非常显著的特征，是源于个人的创造力技能天赋，通过应用知识产权创造财富和就业的产业。创意产业的范围非常大，它的成形以创意者为基础、以科技对产品的再造为手段、以知识产权制度完整为保障、以广泛的文化消费市场为环境。其产业划分如图 2-11 所示。

英国政府也成立了针对设计行业的三级管理部门/协会组织，分别是中央政府部门（负责制定决策）、半自治非政府组织（负责打造文化智库）、各行业联合组织（负责培育管理人才和组织活动）。其中，半自治非政府组织也负责向政府提供信息、辅助出台政策，向行业组织提供咨询服务，如图 2-12 所示。

在英国的经济体系中，因为人力成本很高，土地资源也比较匮乏，所以开始调整经济产业结构，强调生产高附加值产品。在经济转型中，重点从制造业转型为创意服务业，英国文化创意产业有着自上而下的、非常立体的管理的体制，可以分为三个部门，自上而下分别是中央政府部门、半自治非政府组织、各

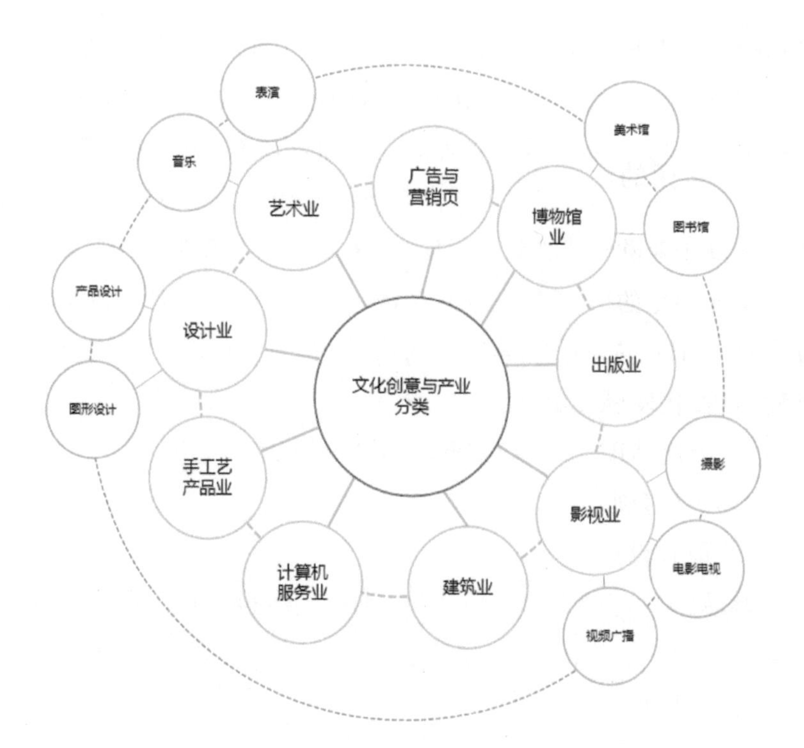

图 2-11 文化创意与产业划分

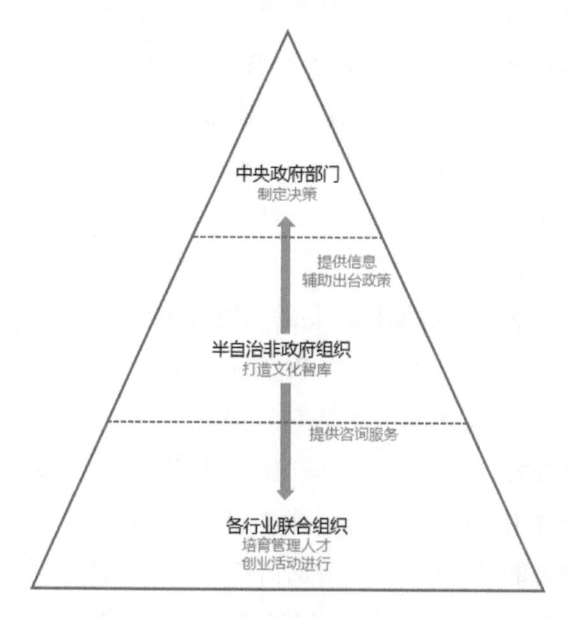

图 2-12 英国设计管理组织划分

行业联合组织。英国经济实现从“制造型”向“创意服务型”的转变，因此英国也是最早将文化产业作为发展战略的国家。

2.2.3 美国的设计管理

美国独立于亚欧大陆在大洋对岸，它是一个移民国家，因此其是一个地域文化相对多元共生的国家。回顾美国产业发展的历史，在产业发展的初期，主要建立在地方保护主义的基础上，独立后的美国受工业革命的影响，逐渐地向着工业化、机械化发展。罗斯福新政之后，内需扩大，加上两次世界大战均远离美国本土，因此其逐渐成为世界经济和科技的强国。美国是目前世界最发达的国家，现代社会很多的引领世界的技术革命都是在美国发生的。它的创新文化、商业模式设计、金融传播、新技术探索等领域的产品和企业都影响着世界经济格局。

设计与经济和技术的融合是美国设计管理的最典型特征，他的设计具有很强的商业气息，也善于与最新的科技紧密结合，连锁经营、工业互联网等新经济模式都是在美国产生的，从人工智能和工业互联网应用等新一轮工业技术革命，可以看出美国与其他国家拉开了很大的差距。

美国设计管理的发展可以追溯到工业革命时期，当时汉密尔顿强调通过强制性的关税保护政策来保护美国的新兴产业；到19世纪后半叶，“科学管理之父”弗雷德里克·温斯洛·泰勒提出了科学管理的研究；20世纪初期，大规模制造促进了美国的产业体系的发展，使现代科学管理理念逐渐形成。20世纪30年代经济大萧条，美国开始设立专门的设计部门，通过设计管理的方式，融入大的企业战略管理当中，最终形成了美国特色的设计管理发展理念，如图2-13所示。

世界闻名的美国工业设计师协会(IDSA)成立于1944年，由以亨利·德雷夫斯为首的几位在设计界卓有成就的大师共同创办，他们期望能够通过协会的工作培育有责任心的、高级的职业设计师，同时培育有品位的消费者，强调设计的大众普及教育。这一时期的设计人员掌握了设计的多种技能，充满热情，善于观察市场，加速了设计师职业的正式形成。1975年，美国设计管理协会成立，它致力于整合设计的“产、学、研”三个方面于一体，促进设计管理理

图 2-13　美国设计管理理念发展

论的多层次展开与应用，也使得设计管理研究重心从英国转向了美国。

美国在商业领域许许多多的成功的案例，最引人注目的是苹果品牌的产品设计，一方面，苹果公司善于将消费者的反馈纳入设计管理系统，把消费者的未来消费需求激发出来；另一方面，苹果公司坚持在消费者之前洞察其需求，并通过将技术与设计完美结合，这种设计管理是将前端的设计师技术和后端的商业完全打通，形成苹果产业生态链，如图 2-14 所示。

图 2-14　苹果公司生态产业链

除了手机、家用电器，在交通工具领域，特斯拉也是利用科技、商业和设计的结合，再次颠覆了传统对交通工具的认知，从最早的原型动力、人工智能应用、新产业生态链打造，都是一种革新性的开拓，如图 2-15 所示。

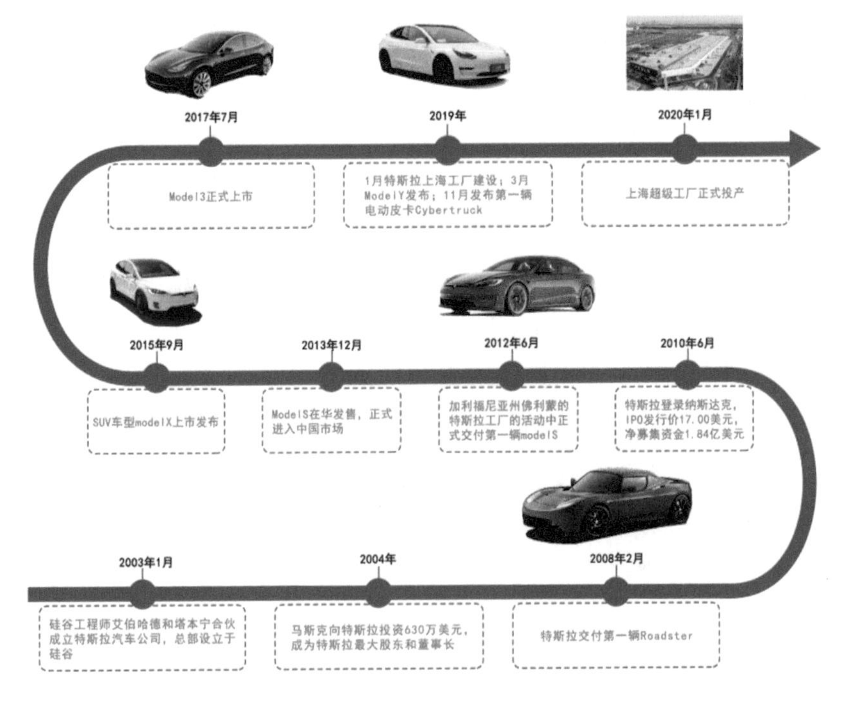

图 2-15　特斯拉汽车发展历程

2.2.4　北欧的设计管理

北欧是以斯堪的纳维亚半岛为中心的地区的统称，北欧设计以芬兰、瑞典、丹麦、挪威诸国为代表，因靠近北极圈而常年积雪，历史上物资相对匮乏，孕育出了极简、快速、高效的民族风格。特殊的地理环境，让北欧的设计师懂得从大自然中汲取灵感并有效利用资源，也促成了北欧设计极简、环保的特点。学术界有一种说法是北欧的极简风格区别于其他国家，与它自身的历史自然条件和发展水平有一定的关系，因此它的极简设计是来自民族的价值意识，而非刻意追求的。北欧倡导的是自由平等的可持续设计，区别于法国、意大利追求等级差异或者奢侈品，北欧的设计理念追求无差别的设计，为了服务于全体国民，以绿色设计、舒适为主。在关注大众利益的同时，北欧设计也没有缺失对小众的关怀。例如，消除残障人士在生活上的不便，为其设计便捷的人性设计，实现社会公平，也有学者将其总结为“民主设计”。

北欧的设计管理分两个阶段，第一个阶段是20世纪40年代以前，这个阶段以传统手工业为主，强调现代与传统相结合，注重使用功能和人文因素，形成富有人情味的斯堪的纳维亚风格。第二个阶段是20世纪50年代以后，受工业化冲击影响，也伴随设计管理体系和教育的成熟，通过一些组织来在促进工业发展的同时注重保护手工业，如1845年成立的瑞典工艺与设计协会，宗旨就是以设计为桥梁，将个人、文化、工业、社会联系起来，通过刺激扩大加深设计产业，激活更大的产业领域，从而促进瑞典经济的发展。除此之外，丹麦的手工艺和设计协会、芬兰设计协会、瑞典电器公司等组织和机构，都在各自领域倡导和协调的手工艺领域推动会员的职业和商业利益，以及促进制造商和设计师的合作，把社会创新的一些基本理念和方法融入商业创新，如图2-16所示。北欧设计一直贯彻的原则是满足当代的设计需求又不损害后代，是一种可持续性、包容性的设计，不仅关注个体的人，更加关注群体的人和社会的人，并具有很强的前瞻性。这与联合国后来提出的可持续性发展17个目标在很多方面是一致的。

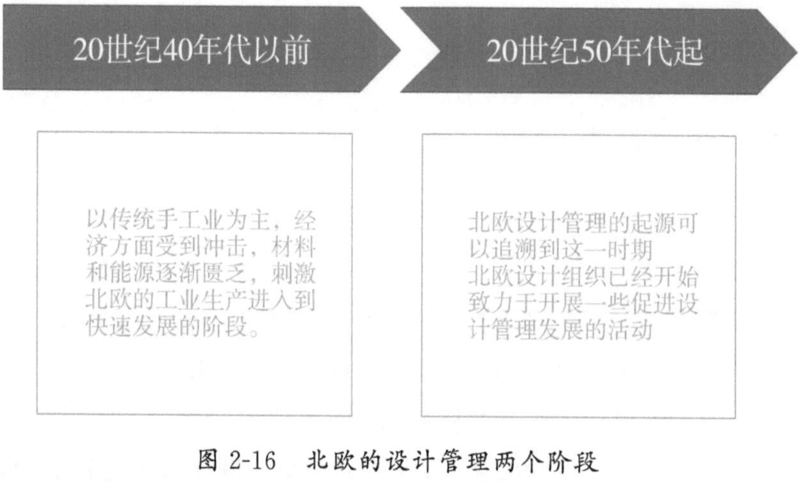

20世纪40年代以前

20世纪50年代起

以传统手工业为主，经济方面受到冲击，材料和能源逐渐匮乏，刺激北欧的工业生产进入到快速发展的阶段。

北欧设计管理的起源可以追溯到这一时期
北欧设计组织已经开始致力于开展一些促进设计管理发展的活动

图2-16 北欧的设计管理两个阶段

北欧的家具设计世界闻名，知名品牌很多，以宜家为代表，在世界范围内独树一帜。宜家的成功不是单纯的造型设计，它来自设计管理的三个视角：第一是产品的本体；第二是它的服务系统；第三是品牌和整个视觉系统。宜家将北欧设计和民族设计的理念融入产品设计，简约自然、清新实用，是一个非常典型的设计导向型的企业。比较有意思的是，宜家会创造一种理念——一种宜家特有的物流服务，在它的服务系统设计中要求客户自行购买、搬运和安装商品，用户也在这个参与动手的过程中获得乐趣。从设计管理的角度来看，它是以最小的综合成本来满足顾客的最大需求，让全世界的人都成为它的装配工和搬运工。随着时间的推移，宜家也经历了产品物流阶段、综合物流阶段、供应链管理阶段，实现了信息技术引领物流活动的整个过程，如图 2-17 所示。

	名称	时间	特征
第一阶段	产品物流阶段	20世纪60年代至70年代后期	注重产品到消费者的物流环节
第二阶段	综合物流阶段	20世纪70年代中后期至80年代后期	注重原材料物流和产品物流的融合
第三阶段	供应链管理阶段	20世纪90的代初期	信息技术引领物流活动的整个过程

图 2-17　代表北欧设计的“宜家模式”发展阶段

除此之外，北欧乐高玩具、原木玩具品牌 Architectmade 设计的小鸟玩具形象、Bang & Olufsen 视听产品均是产品享誉全球，Muuto 家具品牌等都是北欧设计的经典代表，秉承了北欧设计极简、民主设计理念和设计管理的核心理念，如图 2-18 所示。

图 2-18　北欧经典设计代表产品

2.2.5 日本的设计管理

日本属于东亚岛国，空间狭小、自然灾害频发、资源匮乏，让日本民众有较强的忧患意识，崇尚人与自然的共生，也更对物珍惜、珍重。在设计方面，其善于在狭小的空间当中寻找更多的可能，也正是因为这样的背景，不同于欧洲的情感化设计和功能化设计，日本的设计思想源于东方哲学的感悟和内化的一些细微的东西。受禅宗美学、极简主义影响，日本的设计观强调侘寂之美、精微之美。日本的设计管理的最大的特点就是精细化管理，尤其是在大企业的设计管理应用上，像索尼、丰田这些企业的管理体系，组织逻辑都非常严密，有适合自己的设计管理体系。

另外，日本在为了振兴社会经济大力推动设计产业，在设计文化的输出方面也做得很有特色，大力打造有世界影响力的设计师以及设计品牌，逐步构建了侘寂风格、无意识设计等设计理念，运营了 G-mark 这种世界范围内的设计奖，塑造了无印良品、优衣库等著名设计品牌，也打造了深泽直人、原研哉、黑川雅之等一系列知名设计大师，甚至通过设计师与品牌绑定的方式，让他们成为日本设计文化的代言人，进而推动强大品牌的产生。

图 2-19 日本设计品牌的打造

日本的设计管理也是从“二战”后引进欧美先进技术入手，结合自身特色摸索出适合自己发展的道路和模式，其中最具代表性的是提出设计与精益化管理紧密结合。日本的设计管理，不强调宏大的企业的策略，而是从细微处着手，通过潜移默化的过程去改变一个组织。以丰田汽车为例，通过实践探索提出了 5S 的管理方法，包含整理、整顿、清扫、清洁、素养等五个环节，而带来的是确保安全、扩大销售、标准化、客户满意和节约等五方面的收益，核心观点是安全始于清洁，终于整理整顿，如图 2-20 所示，通过这样的 5S 管理方法提升企业设计开发和生产中管理的效率。

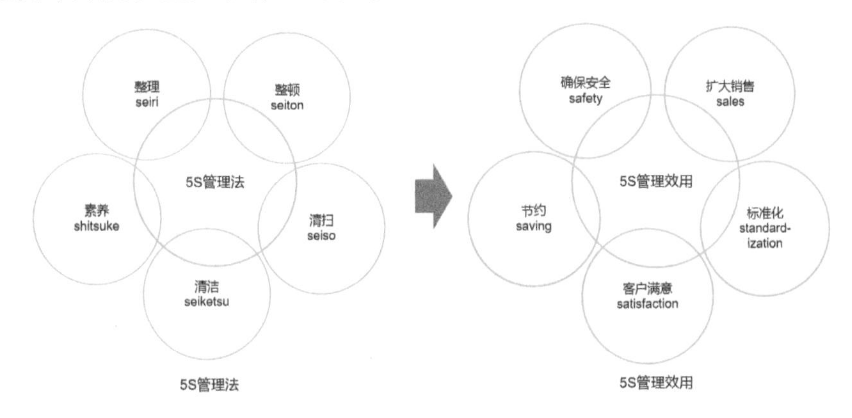

图 2-20　丰田 5S 管理法与管理效用

丰田公司的设计管理，强调对人的关注：对用户就及时生产系统快速响应，对员工重视基于员工本身工作出发的以人为本。另外，其将管理方法可视化，生产制度中有很多的辅助工具是可视的。目前，很多工厂的可视化、5S 管理，都是源于对日本精细化设计管理方法的模仿和学习。

2.3　影响世界进程的 50 位管理大师

百余年来，学术界、企业界中无数的管理者们前赴后继地摸索着设计管理与企业发展的方法和道路，大师们的创新和实践探索，为我们留下了丰富的管理智慧，让当今经济社会中的各类组织可以通过这些大师们流传下来的经典理论和案例参考，在管理中发挥更高效率的价值。

顶级的成功不是因为他们是谁，而是因为他们以什么方式思考、以什么逻辑行动，从而解决复杂管理问题。谨以此节梳理 50 位对世界设计管理影响颇为深远的知名管理大师，罗列了他们的主要贡献摘要，向历史上那些著名的管理大师致敬，如表 2-1 所示。也向没有被本文梳理出来，但在不同渠道为推进设计管理理论不断向前发展作出贡献的所有实践工作者们致敬。这些贡献和观点，能够为当今企业创新探索提供参考，将经典理论与当下的产业转型设计管理实践相结合。

表 2-1 对世界影响深远的管理大师及其主要贡献

序号	姓名	主要贡献
1	亚当·斯密 Adam Smith	英国经济学家，经济学的主要创立者。强调自由市场、自由贸易以及劳动分工，提出"共同利益"的观点；提出分工理论；被誉为"古典经济学之父""现代经济学之父"；著有《国富论》
2	罗伯特·欧文 Robert Owen	威尔士企业家，现代人事管理之父，人本管理的先驱。最早注意到人的因素对提高劳动生产率的重要性，倡导改善工人劳动条件、缩短劳动时间、提供厂内膳食等，摒弃过去那种把工人当作工具的做法
3	查尔斯·巴贝奇 Charles Babbage	英国发明家，科学管理的先驱者。主张体力和脑力劳动分工，进一步发展劳动分工思想；提出劳资关系协调概念；发明了计数机器；著有《论机械和制造业的经济》
4	弗雷德里克·温斯洛·泰勒 Frederick W. Taylor	美国管理学家，科学管理理论大师。提出管理要科学化、标准化管理概念；主张精神革命、制定工作定额、差别计件工资薪酬方式、职能工长制；被誉为"科学管理之父"；著有《科学管理原理》
5	亨利·甘特 Henry L. Gantt	美国管理学家，科学管理运动的先驱者之一。提出奖励工资制；发明了甘特图；著有《甘特图表：管理的一个行之有效的工具》《工业领导》
6	弗兰克·吉尔布雷斯 Frank B. Gilbreth	美国建筑师，时间和动作研究的先驱者。认为要取得作业的高效率，才能实现高工资与低劳动成本相结合的目的；发明了计时轨迹摄影技术；被誉为"动作研究之父"；著有《疲劳研究》
7	哈林顿·埃默森 Harrington Emerson	美国管理学家，传播效率主义的先驱者。提出效率的十二个原则、直线和参谋制的组织形式；被誉为"效率的大祭司"；著有《效率的十二条原则》《效率是作业和工资的基础》《个人效率教程》等
8	林德尔·厄威克 Lyndall F. Urwick	英国管理学家，国际管理协会的首任会长。对经典的管理理论进行了综合，提出了适用于一切组织的八项原则；著有《组织的科学原则》《行政管理原理》《管理的要素》等
9	卢瑟·古利克 Luther H. Gulick	美国管理学家。把关于古典管理理论系统化；提出了有名的管理 7 职能论和 10 项管理原则；著有《管理科学论文集》

续表

序号	姓名	主要贡献
10	赫伯特・西蒙 Herbert A. Simon	美国经济学家，20 世纪科学界的通才。提出了决策理论；同时获得过诺贝尔经济学奖和计算机科学图灵奖；著有《行政管理行为》《人工科学》《管理行为》等
11	库尔特・卢因 Kurt Lewin	德裔美国心理学家，拓扑心理学的创始人，实验社会心理学的先驱者，传播学的奠基人之一。提出团体动力学说、心理场学说理论、行为动力说等理论；提出"团体力学"和"非正式组织"概念；被誉为"社会心理学之父"；著有《人格的动力理论》《社会科学中的场论》等
12	莱曼・波特 Lyman Porter	美国心理学家、行为学家。提出期望激励理论和综合激励模型；倡导形成"激励→努力→绩效→奖励→满足"的良性循环；著有《管理态度和成绩》
13	维克多・维鲁姆 Victor H. Vroom	美国管理学家，曾任美国工业与组织心理学会(STOP)会长。提出激励的期望理论；编写、出版了上百部专著、论文，包括《工作与动机》《领导与决策》等
14	弗雷德里克・赫茨伯格 Frederick Herzberg	美国心理学家，双因素理论的创始人。提出双因素理论，促使企业管理人员注意工作内容方面因素的重要性；著有《工作与人性》《管理的选择：是更有效还是更有人性》《工作的激励因素》等
15	斯塔西・亚当斯 J. Stacy. Adams	美国心理学家。着重研究工资报酬分配的合理性、公正性及其对员工士气的影响；提出公平理论；著有《工人关于工资不公平的内心冲突同其生产率的关系》《社会交换中的不公平》等
16	哈罗德・孔茨 Harold Koontz	美国管理学家，管理过程学派的主要代表人物之一。强调管理的概念、理论、原理和方法；形成西方现代管理理论；著有《管理学原理》《管理理论丛林》《再论管理理论丛林》等
17	切斯特・巴纳德 Chester Barnard	美国管理学家，系统组织理论创始人。社会系统学派创始人，主要研究经理人员的职能、组织与管理；被誉为"现代管理理论之父"；著有《经理人员的职能》《非正式组织及其同正式组织的关系》等
18	斯坦利・西肖尔 Stanley E. Seashore	美国经济学家，现代管理学大师。将衡量企业组织效能的评价标准组合成金字塔形的层次结构，提出"组织有效性评价标准"，成为企业管理组织行为理论的重要组成部分；著有《组织效能评价标准》
19	伦西斯・李克特 Rensis Likert	美国行为学家，支持关系理论的创始人。发明了李克特量表；提出专制权威式、温和专制式、民主协商式、民主参与式四种领导体制，提出支持管理理论；著有《新型的管理》《人类组织》等

续表

序号	姓名	主要贡献
20	弗雷德·菲德勒 Fred E. Fiedler	美国心理学家，权变管理创始人。提出领导类型权变理论，开创了西方领导学理论的一个新阶段，从领导形态学理论研究转向了领导动态学研究；著有《权变模型——领导效用的新方向》《让工作适应管理者》等
21	保罗·赫塞 Paul Hersey	美国行为学家，世界组织行为学大师。提出领导行为权变理论；提出了情景领导力模型、领导生命周期理论；著有《情境领导》《组织行为学》等
22	弗里蒙特·卡斯特 Fremont E. Kast	美国管理学家，系统管理学派的主要代表人物。主张用系统理论原理来分析研究管理问题；提出卡斯特模式；组织变革的 6 个步骤；合著有《系统理论与管理》《组织与管理：系统与权变方法》等
23	詹姆斯·罗森茨韦克 James E. Rosenzweig	美国管理学家，西方系统管理理论与权变管理理论重要代表人物之一。主张将企业作为一个有机整体，把各项管理业务看成相互联系的网络；提出行政组织理论、组织变革论；合著有《系统理论与管理》《组织与管理：系统与权变方法》等
24	彼得·德鲁克 Peter Drucker	美国管理学家，经验主义学派代表人物，被认为是当代西方影响最大的管理学家之一。主张突破思想是从目标管理到管理知识工人的过程；著有《管理的实践》《管理：任务、责任和实践》等
25	彼得·圣吉 Peter Senge	美国管理学家，国际组织学习协会创始人。提出了学习型组织的概念及其操作要义；被誉为“学习型组织之父”；著有《第五项修炼》《变革之舞》《学习型学校》《三重专注力：如何提升互联网一代最稀缺的能力》等
26	威廉·纽曼 William Newman	美国管理学家，美国管理学会前主席，经验主义学派代表人物。认为人是管理的重要部分，管理是使一个人群团体努力朝某个目标前进所作的指引、领导和控制；著有《管理的过程：组织和管理的技术》《经济管理原理》等
27	弗雷德·卢桑斯 Fred Luthars	美国管理学家，权变理论学派代表人物，曾任美国管理学会主席。系统地介绍了权变管理理论；提出了用权变理论可以统一各种管理理论的观点；著有《管理导论：一种权变学说》
28	琼·伍德沃德 Joan Woodward	英国管理学家，组织设计权变理论主要代表人物之一。开创了公司生产过程类型的技术型模式；将技术根据复杂度，分为小批量与单位生产方式、大批量生产方式、连续生产方式三大基本技术群；著有《经营管理和工艺技术》《工业组织：理论和实践》《工业组织：行为和控制》等

续表

序号	姓名	主要贡献
29	亨利·明茨伯格 Henry Mintzberg	加拿大管理学家，经理角色学派的代表人物。主要针对人如何工作展开研究，是对管理者工作的分析；两次获得“麦肯锡奖”；著有《经理工作的性质》
30	埃尔伍德·斯潘塞·伯法 Elwood Spencer Buffa	美国管理学家，研究现代化生产管理方法和管理科学的著名学者，西方管理科学学派代表人物。提出决策的四种类型；著有《生产管理基础》《公司战略分析》等
31	爱德华兹·戴明 W. Edwards Deming	美国统计学家，对世界质量管理发展作出了卓越贡献。核心观点是系统地检查产品的瑕疵，分析缺点的成因并加以修正；提出了“质量管理”和质量管理十四法；提出了 PDCA 循环（戴明环）；著有《走出危机》。
32	约瑟夫·朱兰 Joseph Juran	罗马尼亚裔美国管理学家，举世公认的现代质量管理的领军人物。提出全面质量管理思想，质量三元论；把 80/20 原则引入质量管理；著有《管理突破》《质量计划》《质量控制手册》《朱兰质量手册》等
33	马文·鲍尔 Marvin Bower	美国管理学家，麦肯锡咨询公司创始人，现代欧美企业经营哲学的领导者。致力于有关公司文化和价值、团队工作和计划管理的商业管理顾问咨询服务；被誉为“现代管理咨询之父”；著有《高级管理者领导力的培养》《管理意志》《领导意志》等
34	大前研一 Ohmae Kenichi	日本管理学家，国家著名企业评论家。概括了新经济的四大互相影响的特征（有形、无国界、数字科技和高效益成本比）和应对战略；提出成功的战略和关键因素；被誉为“日本战略之父”；著有《战略家的思想》《没有国界的世界》《看不见的新大陆》等
35	汤姆·彼得斯 Tom Peters	美国管理学家，在美国被称为“商界教皇”，顶级商业布道师。提出创新是企业获得生存的唯一出路；开辟了商业书籍荣登畅销书榜首的先河；著有《追求卓越》《管理的革命》《解放管理》《重新想象》等
36	布鲁斯·亨德森 Bruce Henderson	美国企业家，波士顿咨询公司创始人。善于归纳和综合原本相互独立的概念，然后阐述它们对于企业经营的含义；提出了波士顿矩阵、经验学习曲线、三四规则理论
37	亨利·福特 Henry Ford	美国企业家，美国福特汽车创始人。提倡没有繁文缛节的无头衔管理；倡导生产流程的分解和优化；发明了大批量汽车生产流水线；被誉为“20 世纪最伟大的企业家”；著有《我的生活和工作》《福特：商业的秘密》等

续表

序号	姓名	主要贡献
38	盛田昭夫 Akito Morita	日本企业家，日本索尼公司的创始人之一。倡导突破性思想主导市场；善于创造市场、以新制胜；推出微机记事功能的电子记事本和掌心微机；著有《日本制造》《日本造：盛田昭夫和索尼公司》等
39	松下幸之助 Konosuke Matsushita	日本企业家，日本松下公司的创立者。提出水坝式经营理念；强调人员管理，注重团队凝聚力建设；创立"终身雇佣制""年功序列"等管理制度；著有《企业即人：松下幸之助以人为本的经营之道》
40	伊戈尔·安索夫 Igor Ansoff	美国管理学家，战略管理一代宗师。对战略管理学习构想作出系统阐述；提出公司战略概念、战略管理概念、战略规划的系统理论、企业竞争优势概念、权变理论；成功地把战略的理论方法与实践范式引进学术殿堂；提出战略化管理和差距分析及协同理论；著有《公司战略》
41	迈克尔·波特 Michael Porter	美国管理学家，全世界关于竞争战略的最高权威。提出决定产业竞争的同行业竞争者、供应商的议价能力、购买者的议价力、潜在进入者威胁、替代品威胁力的"五力"理论；提出总成本领先战略、差异化战略、专一化战略三种基本的竞争战略；提出价值链理论；提出价值医疗概念；著有《竞争战略》《竞争优势》《国家竞争力》等
42	加里·哈默尔 Gary Hamel	美国企业家，世界一流战略大师，Strategos公司创始人。提出了公司核心竞争力理论；被誉为"当今商界战略管理的领路人"；著有《公司的核心竞争力》《领导革命》等
43	理查德·帕斯卡尔 Richard Pascale	美国管理学家，曾任白宫劳工部长特别助理，对日本的企业管理深有研究。提出职业峰顶危机论、"周围走管理法"MBWA、积极的离经叛道者理论、7S结构等理论；提供了一种比较美国和日本管理的方法；著有《日本企业的管理艺术》《艰难的管理》等
44	阿尔弗雷德·钱德勒 Alfred Chandler	美国管理学家，企业史研究领域的开创人。主要研究战略与结构之间的关系、多事业部制企业的经营等问题，为管理学提供了现实的组织演变轨迹；著有《战略与结构》
45	埃德加·沙因 Edgar Schein	美国管理学家。率先提出了关于文化本质的概念，分析了文化的构成因素，以及文化的形成、强化过程；提出了"企业文化"概念；著有《组织文化与领导》《组织心理学》《互相帮助》等

续表

序号	姓名	主要贡献
46	华伦·本尼斯 Warren Bennis	美国管理学家，组织发展理论的先驱者，曾是四任美国总统顾问团成员。倡导在组织动力学框架下论述组织领导力；提出领导的本质、领导行为的特征、领导团体的信任关系；著有《领导者》《成为领导者》《七个天才团队的故事》《经营梦想》《组织发展》等
47	劳伦斯·彼得 Laurence Peter	美国管理学家，现代层级组织学的奠基人。研究的重点集中于企业和管理等级制度方面，描绘了职业晋升的瓶颈问题；创设了层级组织学；提出彼得原理；著有《彼得原理》《说明性教育》等
48	西奥多·莱维特 Theodore Levitt	德裔美国经济学家，美国研究院研究员，现代营销学的奠基人之一。认为企业优先考虑的中心应是满足顾客而不应是简单地生产商品，主导公司的应是营销而不是产品；重点理论在全球化和市场学领域；多次获得"麦肯锡奖"；著有《营销创新》《全球化的市场》等
49	菲利普·科特勒 Philip Kotler	美国经济学家，营销学领域的主要权威人物之一。提出优秀的企业满足需求、杰出的企业创造市场的观点，提出将市场营销看作经济活动的中心环节；被誉为"现代营销学之父"；著有《营销管理》《混沌时代的管理和营销》《科特勒营销新论》《非营利机构营销学》等
50	肯尼斯·布兰查德 Kenneth Blanchard	美国经济学家，管理寓言的鼻祖，情景领导理论的创始人之一。提出领导生命周期理论、伦理反思思想；提出命令型、说服型、参与型、授权型四种领导方式；著有《情境领导》《一分钟经理人》《领导者的智慧》等

2.4　国内外经典管理模型

在企业日常经营与维护中，管理的方法特别重要，所谓设计管理，就是根据市场需求进行管理，拟定有关规划与安排，以更好地对管理各项活动进行分析与研发。在现代社会当中，设计管理已经成为一项非常重要的工作，在提高工作效率、确保产品质量、促进经济效益等方面都有着非常显著的效果。其主要目的在于能较好地实现内容预期，再加上根据人的特定需求，创新地设计需要的产品，继而可以更高效地应用到人们的生活中。

对设计行业管理和现行经典管理模式进行了梳理分析，结合当前设计管理的现状以及面临的问题，在有共同合作和交叉基础上，延展更新管理方法，由此确立了以设计为导向的管理模式和思路，为设计管理提供了一些具有借鉴意义的依据，在企业设计管理中起到很好的指导作用，不管是管理的运行还是设计的质量提升，都具有关键性的引导。

2.4.1 阿米巴经营模式

阿米巴经营模式是日本稻盛和夫以稳固的经营哲学为基础、以部门独立核算为手段的精细管理而独创的一种经营模式，利用此经营模式他成功地运营了京瓷公司和第二电信公司 KDDI 两家世界 500 强企业。“阿米巴”(A-moeba)是拉丁语中“变形虫”的意思，因其身体可在各方向延伸为足，使得形体变化无常而得名。在阿米巴的经营方式中，企业组织可根据市场、产业等外部环境的变化，灵活安排组织构架和工作流程，就像变形虫一样不断地进行调整变形至最佳状态。阿米巴经营模式强调通过工作管理过程中单位时间核算制度，使各个部门和小组，甚至某个人的经营业绩变得清晰透明，让每个人都有明确的分工和责任，使之成为一个有机整体，从而达到提高工作效率、降低成本、增加收益的目的。

设计管理中的“阿米巴化”具体体现在通过组织变革、流程再造等手段对原有业务流程进行重组，实现资源优化配置。在经营过程中，把企业划分成若干个小集体，每个小集体都是以小公司的方式运作，独立核算，自负盈亏及对最小经营组织的绩效评估。这种经营方式强调企业各部门和个人之间相互依赖与合作，并通过相互沟通和协调来提高整个系统效率。在此过程中，人人都能开发其潜力，从而使得企业在总体上得到了更大的发展空间。通过赋权经营等，在企业内不断培养与领导思想一致的经营人才，实现全员参与，创造高收益、成就员工的经营模式，如图 2-21 所示。

阿米巴经营模式的本质是一种量化的赋权管理模式。它把组织内部所有员工视为一个有机整体，通过对员工进行培训、激励与约束来达到提升企业竞争力的目的。阿米巴经营模式是以领导力来发展的、现场管理与企业文化三个部分作为依据，在此基础上进行组织设计、生产安排、分配激励和考核评价。它的运作构成包括“哲学”与“实学”两部分：哲学中蕴含着经济哲学与人生哲学，每一个“阿米巴”就像是一个家，而企业犹如更大的家。它的核心价值在于

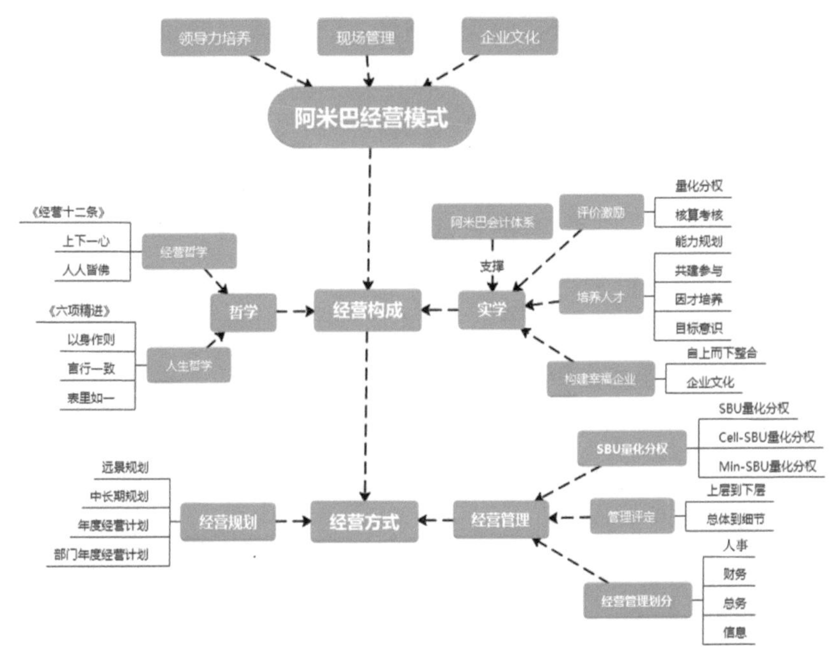

图 2-21　阿米巴经营模式

强调人与环境之间的关系，通过对组织中个体的授权来达到群体目标的最大化。实学方面则强调在实施过程中应遵循基本规律，从上到下从一而终、从小到大分层循序渐进，它强调团队协作精神与团队精神，注重发挥个体优势，重视人的潜能开发。

阿米巴管理法的核心思想是帮助员工树立“企业经营并不只是经营层所做的事情，所有企业员工也要参与到这个过程中来”的思想，它强调以员工为中心。把员工看作是企业的主人，并对员工的行为给予一定的约束与激励，它旨在期望以充分授权的方式，让雇员有充分的工作自主性，使其能独立地在自我调整中去解决复杂环境中的问题。这种理念强调的是每个人对企业的贡献程度不同，从而使整个组织形成一种良性循环机制，最终达到提升效率、降低成本的效果。每个参与者在企业设计管理经营中扮演主角，营造了全员参与企业经营的强烈气氛，在这样的一种文化氛围中，每个人都会积极地发挥自己的作用，为企业创造价值，共同努力实现企业目标。

1. 阿米巴经营模式价值优势

“谋求销售额的最大化，经费的最小化”是很多企业经营的原则和方针，在阿米巴经营模式中要建立各部门核算制度，这些核算制度和市场直接挂钩，在公司中采用这种办法有利于加强对企业经营活动的控制，以便在全公司范围将组织分成小单元，减少企业统一核算流程的烦琐，采用灵活的核算管理方法及时应对市场变化。同时，阿米巴经营模式借助积极推进以“自我激励”和“目标导向”为主线的改革举措，将经营权下放，让每个小单元负责人都能树立经营者的主人翁意识，继而萌发做经营者的责任感，尽量争取提高成绩。在这样的情况下，企业内部的分工更加细化，各部门之间的合作关系也变得更紧密，员工的被动工作立场将会转变为作为领导的主动立场，实现全员参与运作的经营管理策略。

企业管理是一种文化建设，也是一门艺术。阿米巴运营的根本目的在于培养人才，造就符合企业家理念的经营人才，不同部门的员工都能够在阿米巴经营模式下从自己的工作中寻找到快乐，能够感到实现自己的价值，去努力争取实现企业的共同发展。这种职场角色的变化，是经营者意识确立的起点，也促使设计管理者去思考如何激发所有员工共同努力，共同参与到设计业务中去，在自身成长的过程中，推进企业的成长，如图 2-22 所示。

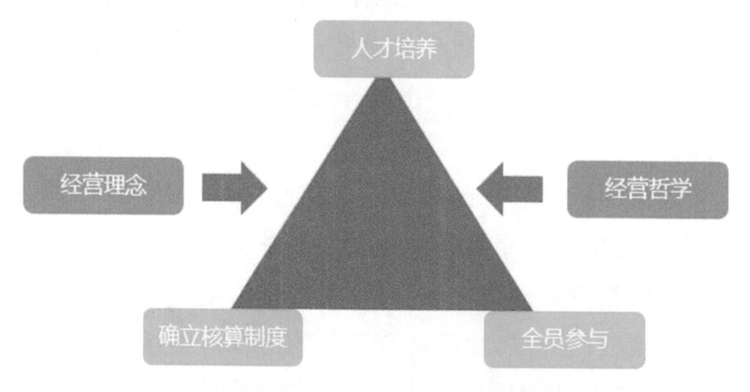

图 2-22 阿米巴经营模式价值构成

2. 阿米巴模式的实施策略

阿米巴经营并非一种纯粹的利润管理手段，其核心是要做到全员参与经营，员工可以通过这种方式建立起良好的信任机制，他们在自己工作期间能直接接触到公司有关数据和核心信息，从而使每个人都对企业有一种价值认同感，这样不仅可以提高工作效率，而且能提升管理水平。依靠单位时间核算来计量现场业绩，也能够激发员工的企业经营管理参与的积极性。

企业与员工之间的信任度是决定企业成功与否的关键因素之一，阿米巴经营模式要求不管是经营者还是员工，都要以互相信任为前提进行运作，实现共同利益的最大化。企业的发展要充分发挥员工主动投入与参与企业经营管理的积极性，这个过程中，经营者应该充分信任员工能力，给予其足够的施展平台和空间。在经营中，每个人都应该成为经营主体，阿米巴化管理要求对日常资料整理一丝不苟、精益求精，工作过程中，可以将工作团队、小组甚至个人，看作一个独立的"阿米巴"，各个"阿米巴"在处理工作资料时，一定要具有严格的、追根究底的精神。在这样的严格与追究之下，才能够更好地施展员工的智慧，实现阿米巴运营。经营者在工作中需要脚踏实地地去经营管理，通过自身的认真和严谨，以身作则带动全体员工在整个工作流程中始终保持严谨的态度和责任感，只有团队中的每个成员都具有高度的责任意识，才能达到阿米巴经营的最佳效果。

阿米巴的运作就是让在场的工作人员依据量化的指标来评判工作效果的系统，这样可以使组织中每一个成员都能清楚地知道自己所处的位置以及该如何去完成任务。在现场管理中，最主要的工作就是要对工作进度的数据进行实时收集和整理，并及时分析和决策。在现场中，存在着大量不确定因素和各种突发状况，而这些问题又都可以用量化的方式来反映，将前线数据及时反馈到管理现场，对于管理方面的快速响应和精准决策具有很大的意义。在这个过程中，如果能够全员参与式运作，管理的效率和效果将会翻倍。

现代企业经营愈来愈注重灵活性，为了适应市场环境的变化，阿米巴经营管理模式往往是一种动态的灵活组织结构，对应的企业员工技能知识储备也需要能够适应动态调整的需要。因此，一方面要经常检查阿米巴模式是否符合当前阶段的工作流程要求，该模式是否与企业自身员工知识的能力范围相匹配，另一方面需要企业通过多种途径对员工进行培训，使其具备主动应对产业变化和管理模式调整的能力和素养。在企业中建立起一个学习型组织是很有必要的，通过以实际案例为依托，强化现场教育，特别是引入"阿米巴"的初级阶段，在这个过程中，各"阿米巴"也要营造共同学习进步的平台环境，学会交流解题智慧。

3. 面向设计管理的阿米巴经营模式

作为一个典型的智力密集型服务行业，设计行业以“人员＋项目”为基础构架，项目对于设计企业来说是相当重要的，企业全体员工都是为项目展开而服务的。在设计管理中，如何把公司策略转变成设计策略成为一大难题。

目前，企业在设计管理项目实施阶段，往往遇到任务目标不清晰、激励效果有限等情况，由于企业文化差异较大，不同员工之间的价值观迥异，如果不能形成一个统一的思想共识，将会严重影响创新方案的输出和企业的设计工作效率。同样，设计项目是团队完成的，如果没有明确的赏罚制度，将无法有效地激励团队成员去实现他们的价值。具体如图 2-23 所示。

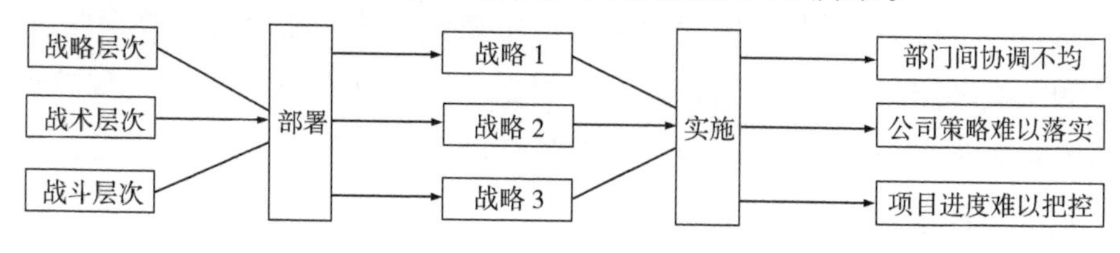

图 2-23　“项目—人员”的执行路径阻碍

阿米巴经营模式以各“阿米巴”的领导层为中心，依靠所有成员的智慧与努力去实现企业目标，它要求每个人都必须在工作中发挥自己的聪明才智，每个一线员工都能成为主角，积极参与运作，使大家齐心协力共同奋斗，才能达到全员参与运作的目的，进而实现提高工作效率和改善经营业绩的目标。很多公司在设计管理中采用阿米巴经营方式取得了良好成效，经典的“三人小组”经营模式，也是一种通过借鉴与改良而形成的阿米巴经营模式。这种经营模式将团队看作是一个有机整体，把每个人看成是一个独立的个体，强调团队的协作精神与团队精神，在管理上采用了集体决策、分工合理等一系列措施，厘清内部组织间交易关系、合作关系和竞争关系，实现对外部的变化能够迅速地作出反应。

4. 设计管理阿米巴模式的基础

阿米巴经营模式作为现代企业经营者必备的技能之一，最初主要用于制造行业的项目管理，逐步演变为一种更具有普适性的管理工具。目前，越来越多的企业经营者开始采用这种先进的管理思想来指导自己的管理工作。对该管理模式的接受和应用，首先要求高层管理者要有创新的思维和敢于尝试的精神，其次要建立有效的激励机制来保证员工的积极性，并通过加强团队建设以提升团队整体效能。

设计单位与其他行业一样也面临着如何通过有效管理和控制成本来提升自身竞争力的问题。从组织结构角度看，设计管理中的阿米巴经营模式按定位策划、设计展开、加工制造、营销与售后等细分成很多独立的业务，核算过程中也由若干个小集体构成，为设计企业将阿米巴植入项目管理打下组织结构基础。在管理思想上，作为一种新型的组织形式和管理方法，阿米巴的思路建立在灵活多变的组织需求之上，企业的经营多围绕项目展开，需要将其管理从职能部门向项目团队延伸，进一步细化衍生，其实质是一种量化放权的管理模式，如图 2-24 所示。

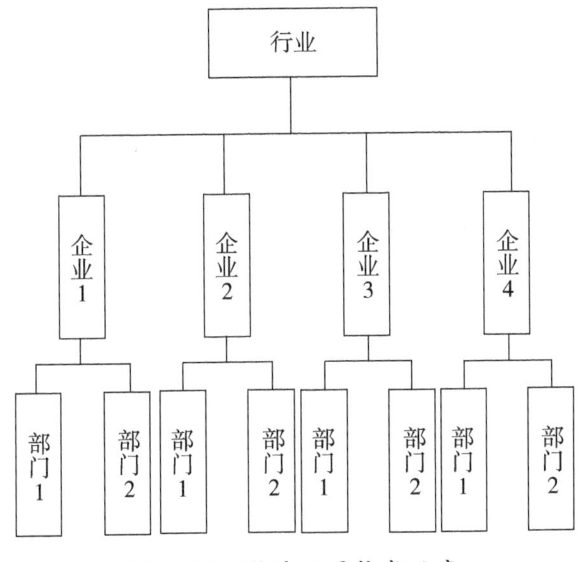

图 2-24　设计公司构成示意

传统设计管理中，企业重心在于对项目的进展情况的把控，通常包括产品设计生命周期和全产业链中的多个环节，经济转型背景下，要求项目管理更加灵活，需要更具有动态性和可应对多项目的现代化项目管理模式，这种以项目为中心的管理模式可以使企业在激烈竞争中获得优势，从而实现可持续发展。阿米巴经营模式中的概念和逻辑，是在设计项目的管理上高屋建瓴地从宏观角度对整个项目进行考察，自上而下、逐层深入，以总体为战略指导，对策略和组织进行有效的分解，通过在各“阿米巴”组织的有效运作，以实现最终的企业目标。阿米巴模式可以提高企业管理水平、增强核心竞争力，国内很多公司都尝试引入阿米巴经营模式。设计企业属于学习能力强，执行力高的人群，能创造出持续学习的氛围、不断创新的气氛，使企业有系统地学习、掌握与练习新管理工具的愿望与能力。

5. 面向设计管理的阿米巴模式创新

阿米巴经营模式是以各个“阿米巴”的领导为核心，让其自行制订各自的计划，并依靠全体成员的智慧和努力来完成目标。阿米巴模型能够让每一位员工都能成为主角，主动参与经营，进而实现“全员参与经营”。当前的阿米巴经营模式主要聚焦于商业企业经营领域，对于设计领域的应用较少，且缺乏对于“项目—人员”运营模式的了解，导致适用性较差。在对阿米巴经营模式的研究基础之上，围绕“全员参与经营”的经营模式方法，通过分析发现设计领域开展设计管理的战略、战术、战斗三层次的问题——公司策略难以落实、部门间协调不均、项目进度难以把握，对阿米巴经营模式进行创新。同时，基于设计管理活动的特殊性，考虑到经营管理的内容和个人负责工作内容灵活多变的特点，应提高对每个“阿米巴”的企业文化输入和激励，进一步创造全员经营的氛围融入，强化阿米巴经营模式实学和哲学两大体系的设计创新融合，提出面向设计管理的阿米巴经营模式创新。

面向设计管理的阿米巴模式创新，围绕战略—战术—战斗三个层次依序递进，层层划分具体的设计管理细则，以经营理念和经营哲学为基础，旨在构建企业设计管理的良好运作模型，提高设计项目有效推进和设计人员的自我活力。战略改善整体体制。通过经营哲学和人生哲学在内的哲学体系和围绕设计驱动、人才培育以及幸福企业构建的实学体系的二者结合，融入企业设计管理的远景规划中，可进一步提高企业文化内涵和企业活跃激励的契合度。通过远景规划、中长期规划，制订企业设计管理的全年度经营计划。战术改善整体体制。将经营企划的导入，在全年度经营计划内实施联邦量化分权的方式，将企业内部的经营管理内容（业务目标、文化理念等）具体划分到行政、人事、财务、设计等单位部门。再由部门依据事业量化分权的方式，划分部门责任、业务范围，并制订部门年度计划。战斗改善整体体制。部门之下的“阿米巴”们在功能量化分权的方法指导下，根据自身职能，合理分配自身的工作内容，并能根据市场变化、工作变化等客观因素主动且及时调节自身的工作，为公司发展貢献自己的一份力量。面向设计管理的阿米巴模式创新，进一步扩大了阿米巴经营模式的应用范围，调整了各个部门的协作划分以及个人的工作内容板块划分，提高了设计管理的秩序性和积极性，如图 2-25 所示。

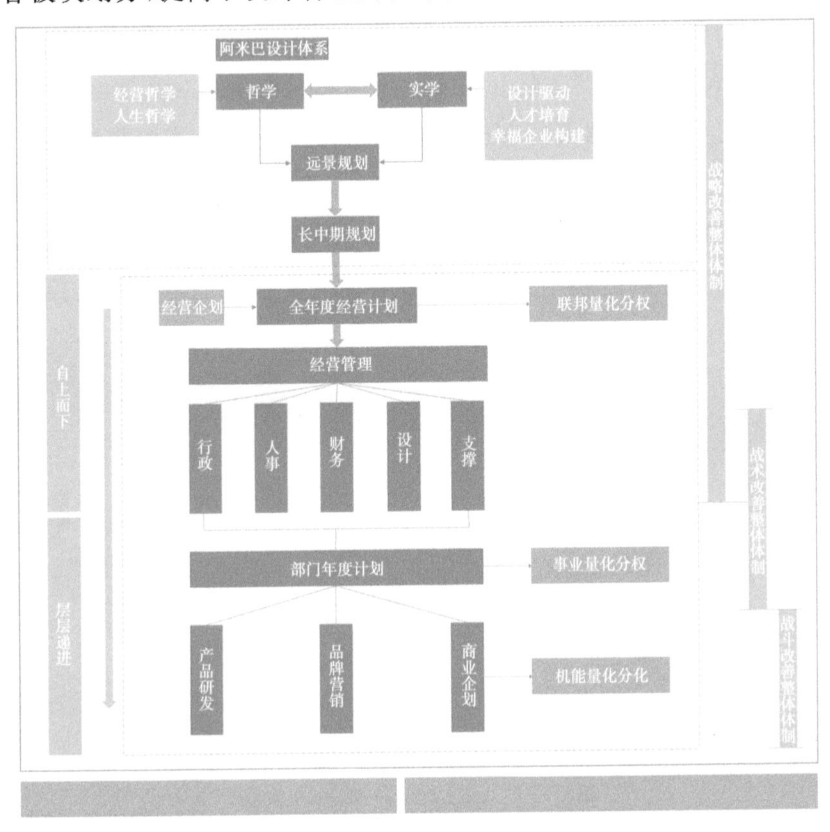

图 2-25　面向设计管理的阿米巴模式创新

2.4.2　BLM 业务领导力模型

BLM 业务领导力模型(Business Leadership Model)，源于美国商学院战略理论方面的研究成果，基于企业内部价值链和组织学习理论建立起来的新型战略管理模式，是企业战略制定与执行连接的方法与平台。它由 IBM 公司与美国商学院共同开发，并成为 IBM 公司由公司层面向业务部门的转变提供统一战略规划方法。

设计战略管理是一种基于价值创造的理念，它强调将企业作为一个完整系统来思考，主要是为了帮助决策者快速了解公司的内部条件及所处的外部环境，并根据这些环境变化作出正确的决策。BLM 业务领导力模型由五部分构成：顶层为领导力板块，公司战略制定和执行实施以企业领导力为动力。中间两个板块分别为战略与实施，这两个部分之间相互关联又相互影响，战略板块包括市场分析、战略意图、创新焦点和业务设计等内容；在执行板块，则包含关键任务、正式组织、氛围文化和人才几个内容。完整的策略蕴含着良好的策略制定，还必须具有很强大的实施保障：价值观为策略与实施提供依据，并且对各项业务的决策及取舍提供了原则和指导。整个模型执行过程需要通过领导力和价值观导向，帮助管理层根据市场结果探寻业绩机会，并定期制定战略、调整和实施追踪，对应企业战略目标体系中的核心能力、价值创造过程及实现方式三个方面的内容，如图 2-26 所示。

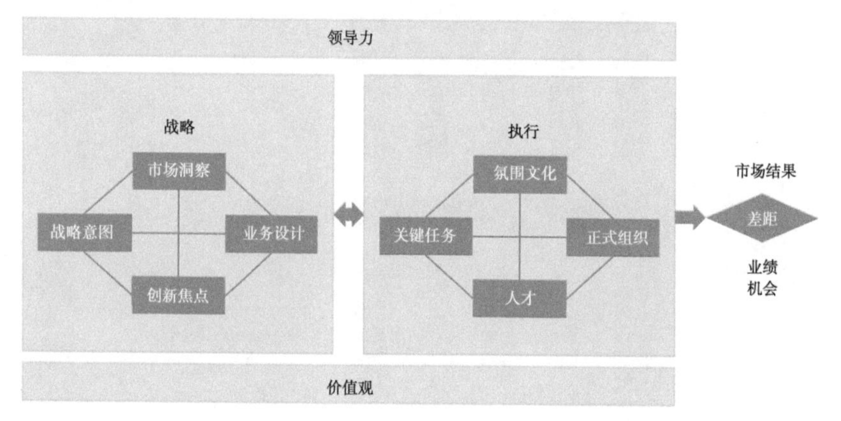

图 2-26 BLM 业务领导力模型

BLM 业务领导力模型认为企业战略的部署，是基于现状和期望业绩之间的差距展开的，是策略的诱因，也是模型战略制定与实施的产物，使整体战略管理构成闭环。

1. BLM 业务领导力模型战略核心

在战略板块中，市场洞察中包含了对行业结构、市场环境、客户价值、竞品动向、科技发展等因素，充分的市场洞察能够帮助企业了解市场宏观环境，掌握行业结构、供求关系及产业链信息，并开展竞争者和客户倾向预测分析，确定机遇与风险，并从客户价值创造、竞争策略、技术转变、行业结构与经济定位等角度拟定战略。

从战略意图方面来看，战略意图确定了一个企业的发展方向，也决定了企业的长远发展路径。企业远景规划、战略目标制定、战略里程碑和长期财务指标等内容均为战略意图内容，这个过程中，要求战略意图与企业的战略优先级和价值观保持一致并作出贡献。BLM 业务领导力模型认为探讨策略可行性，从注重“成长一成本”维度可将企业战略创新的焦点划分为产品创新、服务创新、市场创新三类，创新产品与服务的研发与推广聚焦在可能的业务设计、战略性业务组合管理、市场试验等方面。

整个企业经营中，业务设计始终处于核心地位，在 BLM 业务领导力模型的战略板块中无论战略意图如何、市场洞察带来了怎样的效果、用何种方法创新业务，最终归宿是通过业务设计来呈现，在设计管理过程中，顾客的选择、价值主张、价值获取、活动范围、持续价值和风险管理等维度构成业务设计的主要内容。

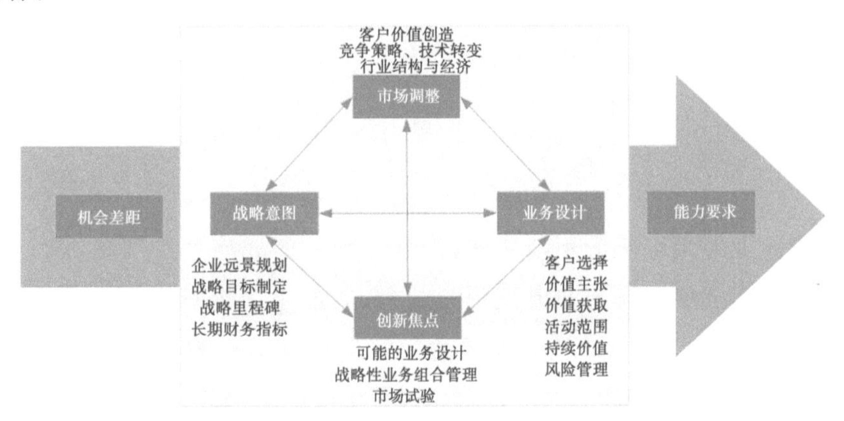

图 2-27　BLM 业务领导力模型战略板块

2. BLM 业务领导力模型执行核心

“业务设计”与“关键任务”是连接战略和实施的主轴。关键任务在战略规划的基础上进行了局部的呈现，为业务设计实现提供支撑。关键任务包括战略目标制定、目标分解、指标设定等环节，每项关键任务实施计划均需确定负责人及执行人，有必要澄清身份各异者在完成关键任务方面的作用、职责及其互相配合，也就是相互依赖关系。

让策略得到有效的实施，需要营造一个真正能促进关键任务高效实现的组织文化氛围，文化包括组织结构方面、管理与考核标准、选育留汰人才、组织文化等企业文化和价值观，高效的组织文化可以促进关键任务高效完成。

在执行板块中，正式组织为战略管理提供实施保证，对人员的激励与约束机制，要有一个清晰的架构、管理与考核标准。以保证关键任务与流程的高效实施组织。同时，BLM 业务领导力模型的执行板块需要人才支撑，企业只有拥有了优秀的人力资源，才能保证战略目标的实现。人才为组织之本，组织中的每一个成员都应具有一定的工作动机，并且通过不断努力达到预期目标。

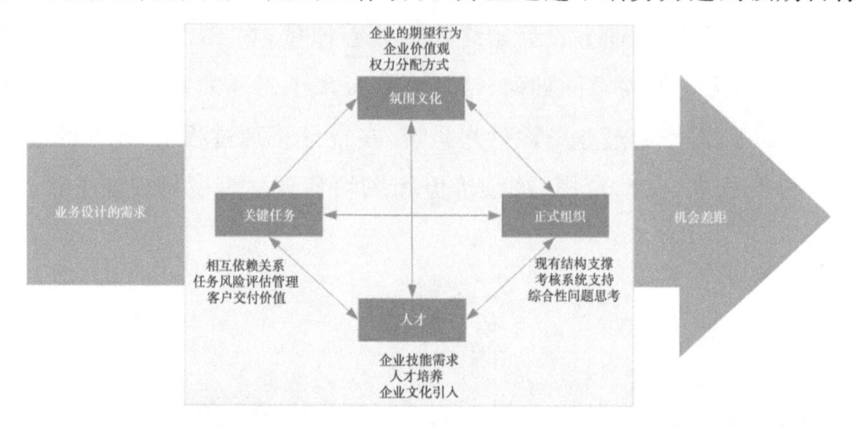

图 2-28 BLM 业务领导力模型执行板块

随着企业经营环境的不断变化，作为一种新的战略管理理念，BLM 业务领导力模型将战略管理与业务流程相结合，通过建立起一整套行之有效的组织架构来提升整个企业的核心竞争力。它把财务指标和非财务指标综合运用，将战略管理思想渗透于企业运营全过程的各个环节中，通过分析企业的内外部环境来制定出具有战略意义的战略决策，强调顾客和市场为中心，以价值创造为基础的战略管理模式，强调面向客户需求并关注竞争优势，致力于持续创新。BLM 业务领导力模型不仅适用于企业内部管理，还能指导企业进行外部合作。BLM 业务领导力模型将管理会计领域前沿的“平衡计分卡”原则应用于企业经营决策中，使企业能够通过业绩指标来衡量自己的总体绩效水平，为管理者对企业战略目标的实现进行有效的控制与评估提供一套手段，增强策略的执行力，由此推动企业目标最终达成。

3. BLM 业务领导力模型应用基础

在经济增长模式不断变化的背景下，技术进步的推动、信息化促进产品设计升级，企业在 BLM 业务领导力模型的应用中，首先需要健全内容的部门管理体系是 BLM 业务领导力模型的组织基础，打造一支科学高效的工作队伍，缩短研发周期，降低生产成本，完善激励机制，建设有效的沟通渠道。同时，基于知识创造的能力提升基础，提升产品开发效率、优化资源配置、提高工作效率和市场竞争力。

以产品生命周期为中心的研发活动，需要通过运用现代信息技术，强化对产品全寿命周期的监控，在企业内部建立信息平台，将产品开发设计的过程、成果、数据等集成起来，形成完整的开发体系和流程，进而提高产品质量水平，降低产品成本完善和提升已有的产品，使之适应市场需求。这些都是实施 BLM 业务领导力模型的运作基础。

4. 面向设计管理的 BLM 业务领导力模型创新

目前，我国设计产业发展中自主创新能力有限，由于设计企业缺乏宏观战略把控，对于市场与需求的把控不足，设计项目的供需双方之间的信息失配，专业人才匮乏。利用 BLM 业务领导力模型，可以从设计管理的多个环节逐步划分，为企业管理层提供实施策略的依据支撑，但很多在实际的战略管理中，许多公司面临着相同的难题，即部门之间因为业务战略规划常常经过讨论而导致执行力有限。

BLM 业务领导力模型认为企业战略的制定和执行包含八个相互影响、相互作用的方面：市场洞察、战略意图、创新焦点、业务设计、氛围与文化、关键任务、人才及正式组织等。BLM 业务领导力模型是一种帮助管理者更好地管理员工及组织的工具，其将战略制定问题和战略执行问题划分为两大板块，通过步骤实施来对公司整体战略管理进行梳理，分析出战略竞争差距的关键问题。

面向设计管理的 BLM 业务领导力模型创新，结合设计行业管理特点，对于 BLM 业务领导力模型展开延展，在以机会差距和业绩差距组成的差距分析结果下，通过四大板块、九大细则实施转化策略。关键客户是设计管理中必不可少的重要部分，良好的客户关系能够有效保障设计管理的顺利进行，包括客户的需求合理转化、有效沟通的信息交换效度提升以及各实施部门的合理协作。业务是企业运营的核心工作，从战略层面的三个时间维度对设计业务展开划分，对于已有业务全面改革，对现有业务合理改良，对未来业务规划发展。在公司的创新设计中，不应仅仅是管理层清楚地了解公司的产品和设计在其中所起的作用，开发、市场、销售这些团队也同样需要认同。设计上的成就依赖于许许多多不同的团队对同一个目标的认同，以及这些部门员工在解决同一个问题上的努力，这就是设计驱动。因此，设计驱动坚持以技术创新为主线的设计管理，聚焦核心人才的培养，并针对设计模式进行适当改善。在业务发展中，继续深化设计驱动主线，进行设计创新的发展，建立各部门的研讨交流机制，深化各个部门的协作深度，并在面临突发状况时，建立针对市场等因素的新机制或单位。

通过聚焦差异结果的处理，对 BLM 业务领导力模型的创新进行了延伸创新，可有效对差距进行合理转化，在应用领域增强的同时，在关键客户、业务变革、设计驱动以及业务发展四个环节的交融并行下，提升设计管理战略的制定决策，对业务模式和组织架构进行重新调整，从而达到在激烈市场竞争中保持竞争优势的目的。具体展开路径如图 2-29 所示。

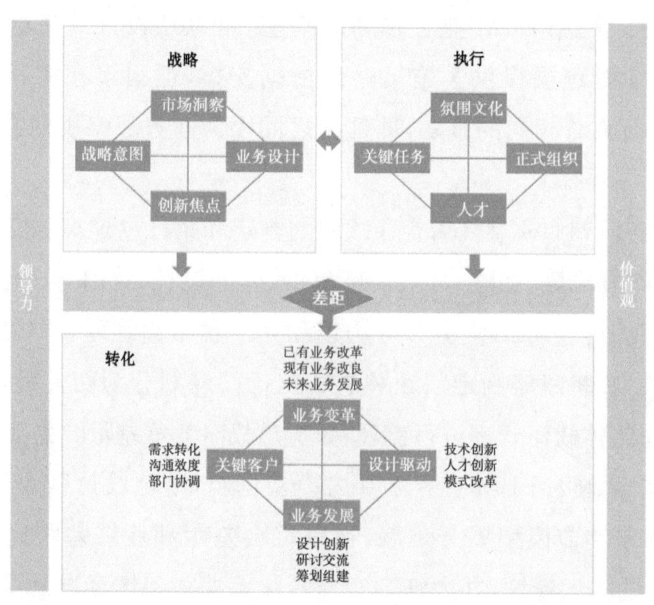

图 2-29　面向设计管理的 BLM 业务领导力模型创新

2.4.3　PDCA 循环模式

PDCA 循环是由美国质量管理专家沃特·休哈特提出的，因为被戴明所采用推广，因此又叫戴明环。它作为一种科学的科学管理理论被广泛运用于各行各业的生产过程控制之中。它以“持续改进”为核心，强调通过循环验证的方式，对问题进行分析找出原因，并有针对性地采取纠正措施来解决问题，不断提高产品质量和生产效率，保证企业在市场竞争中立于不败之地。

PDCA 循环的含义是把质量管理分为四个阶段，即 Plan(计划)、Do(执行)、Check(检查)和 Act(处理)，要求各项工作按照作出计划、计划实施、检查实施效果进行，然后将成功的纳入标准，不成功的留待下一循环去解决。这一工作方法是质量管理的基本方法，也是企业管理各项工作的一般规律：在计划环节规定了方针目标和活动规划。执行环节借助已知资料，设计解决问题的具体方法、规划与计划布局，在检查环节，通过总结实施过程中的经验发现问题所在，最后在处理阶段将证实了的成功经验标准化处理，将错误原因分析清楚，加以总结和注意并提出改进措施。这四个过程不是运行要循环往复，而是当一个轮回结束后，解决了的问题将作为经验积累，未解决的问题则交到下个 PDCA 循环周期继续解决处理，如此循环往复，使企业不断发展进步，从而实现效益最大化，如图 2-30 所示。

PDCA 循环是一个科学程序，它是在一定的方针指导下，对整个工作系统所实施的一个循环往复性运动。在设计管理活动之中，要求将工作按所做的规划方案去执行，根据考察执行效果，在这样循环往复的优化中，达到预定目标。在执行时，需要按照步骤和程序来完成，并注意及时地纠正偏差，使之达到预定目标。

1. PDCA 循环的价值优势

PDCA 循环能够让我们在思想方法与工作步骤上更条理化、系统化、图像化、科学化。战略执行过程中必须有一个核心价值观来指导行动，PDCA 循环是适用于企业及企业内部各部门以及不同阶段的设计项目开发，各级各部门按照企业方针目标，围绕 PDCA 循环模型体系，构成了大循环套小循环，在小循环内再套入一个较小圈。这种大系统与小系统之间相互影响，构成了一个

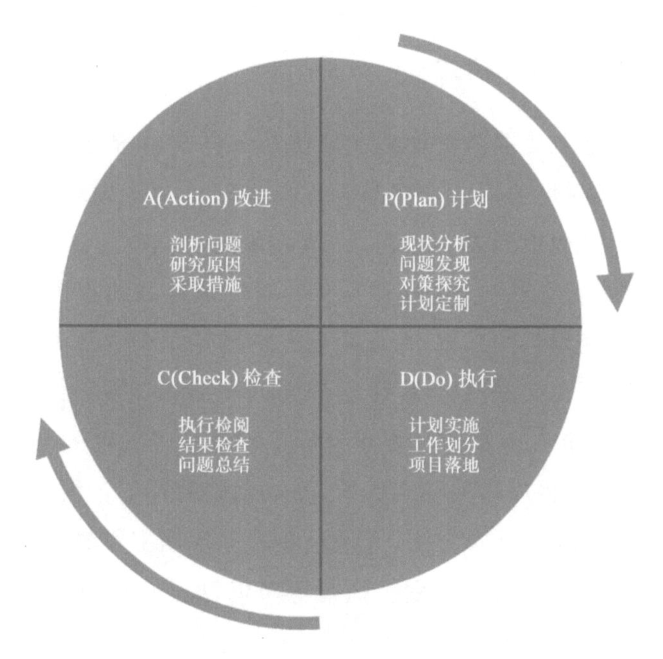

图 2-30 PDCA 循环模式

有机整体,各职能部门的小循环按照自身职能活动进行,并按一定程序组织实施,围绕企业总目标同向旋转。通过循环,将企业上下级之间或者工程项目之间的工作有机衔接,相互协同、相互促进,如图 2-31 所示。

PDCA 循环为爬楼梯上升式,能够促进项目开发继续向前发展和完善,循环体系具有综合性,四个阶段中从一个环节到下一个环节并不完全分离。因为 PDCA 循环并不处于相同的层次,每个周期都会有部分问题得到解决,得到的部分结果无论好坏总能将工作向前推进,所以,每个阶段的活动不能重复。每通过一次 PDCA 循环,均应加以总结,提出新的目标并再次实施 PDCA 循环,每个周期都进一步提升了品质水平与治理水平,如图 2-32 所示。

2. PDCA 循环的实施步骤

PDCA 分为计划、实施、检查、处理四个阶段,每个阶段都有相应的具体内容和要求。在执行过程中,可以细化到八个步骤,每个步骤都有明确的目的和具体要求。

第一步分析题目的条件,通过对所给的材料进行全面深入的调查研究,找出题目与相关知识之间存在哪些联系和区别,从而明确要解决什么问题,并确

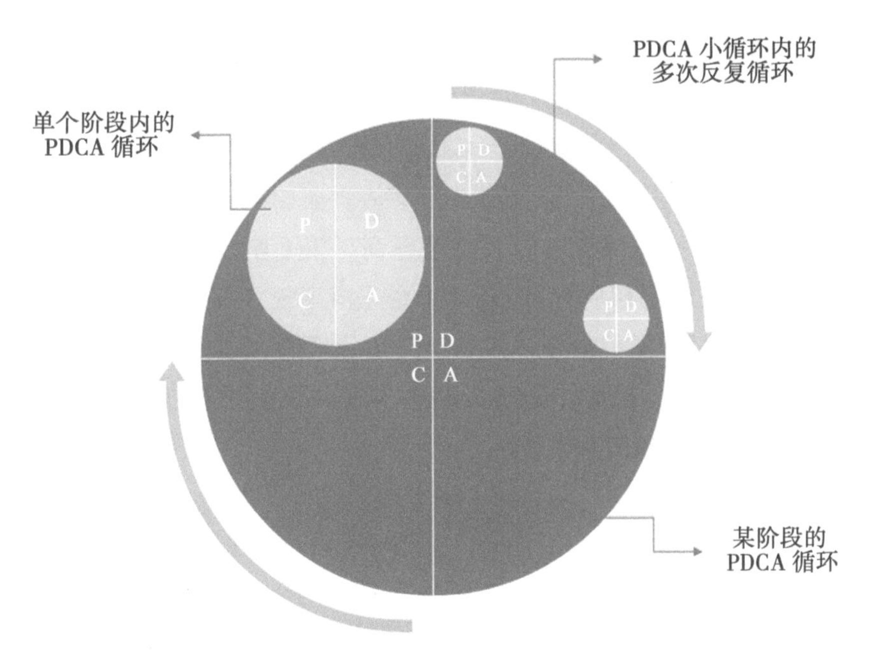

图2-31　PDCA循环的价值优势方式

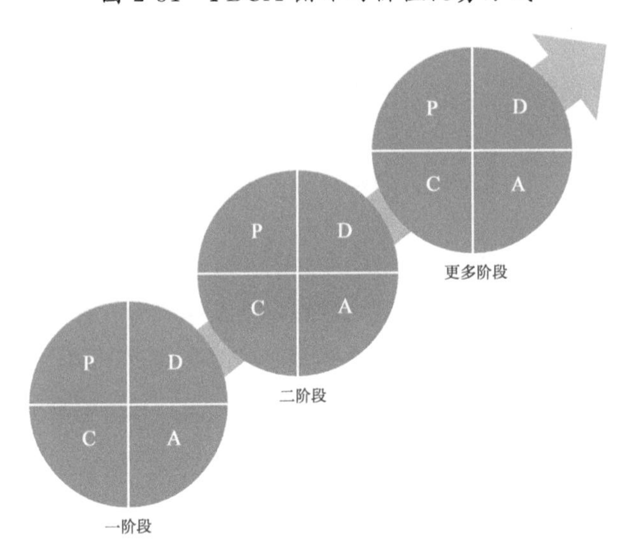

图2-32　上升式PDCA循环推进方式

定具体解决问题的措施。第二步分析题目出现的缘由，找出影响解题的主要因素和次要因素。分析目标的关键成因，采用各种集思广益的科学方法，找出问题出现在哪些方面，从而确定解决问题的办法。第三步明确问题解决方案，根据问题发生的不同原因来确定对策或方案。第四步拟定措施和方案，明确目的和责任是提高执行力的保障。通过对企业执行力问题进行分析并提出对策,可以提高执行力的效果与效率,为提升组织整体竞争力奠定坚实基础。第五步落实计划,根据实施措施,展开实施实践,这个过程中有效的执行力对于一个组织实现其目标至关重要。第六步评估验证,通过评价成效进行检查验证、评估和改进,才能够保证执行力持续提高。第七步标准化制定,根据验证结果总结经验,并制定相应标准,要维护企业治理现状不下滑,经验积累与沉淀是提升企业治理水平的最好方式。第八步处理遗留题目,在 PDCA 循环中不可能解决全部问题,遗留问题将自动进入下一个 PDCA 循环中,周而复始地螺旋式上升,具体如图 2-33 所示。

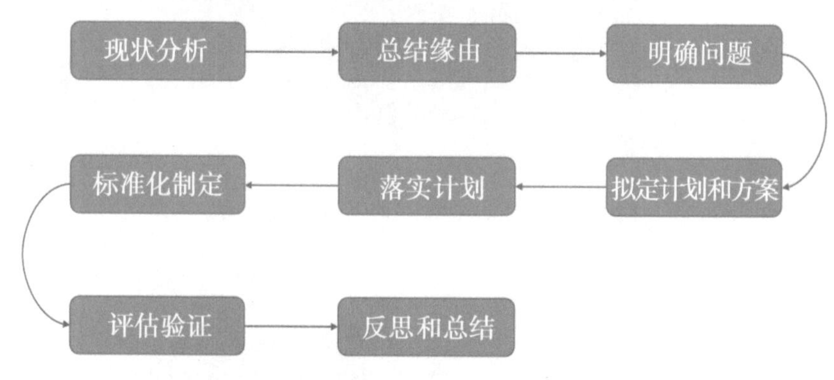

图 2-33 PDCA 循环的实施步骤

3. 面向设计管理的 PDCA 循环

现代管理理论认为有效地开展管理活动应该是一个闭环过程,并且是一个持续改进与提高的过程,PDCA 循环理论是一个很好的印证。针对设计管理问题,企业应建立一套适合自己的绩效评价体系,以便更好地促进其管理工作的开展。为了获得可持续发展,企业必须重视综合评价其经营与管理水平。企业绩效评价过程是指在企业内部组织实施绩效目标时,所形成的一系列相互联系的程序和方法。对企业进行绩效评价的过程管理,其流程是基于企业绩效目标、绩效评价指标的设计,通过对方案实施效果的考察,发现其中存在的问题,有针对性地采取措施,解决现存问题,并将未决问题留待下一个循环解决,循环往复之后,不断提升企业绩效水平。通过实施这一方法,可以有效地促进企业的管理能力提升,如图 2-34 所示。

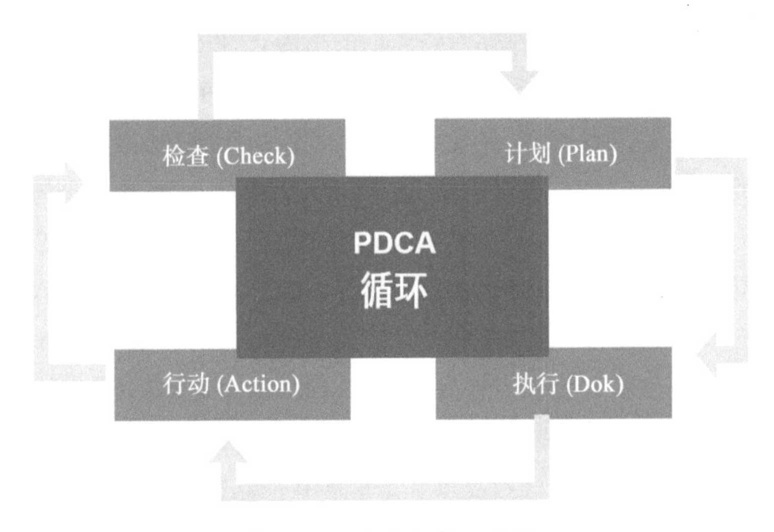

图 2-34　PDCA 循环路径

显然，对企业业绩评价流程的管理与 PDCA 循环理论具有逻辑一致性，PDCA 循环的主要目的就是使每个人都有明确的责任分工，并通过相互监督、指导与帮助提高产品质量。将 PDCA 循环应用于企业绩效评价及过程管理具有可行性。

PDCA 以持续改进为宗旨，通过一系列措施保证企业目标实现，达到既定目标后再去修正新的方案或采取措施来保持系统状态不变，直至达到目标为止。设计的开发周期对应 PDCA 循环周期，每项设计环节都可以围绕"设计定义一设计展开一设计评估"的流程展开，并循环式地调整优化和持续完善。对于设计管理者而言，合理运用 PDCA 模型可以成为管理过程与对设计质量进行有效管控的利器。它既可用于方案评估工作中，也适用于企业经营决策中。

4. 面向设计管理的 PDCA 循环创新

高质量的管理结果并不是一蹴而就的，而是来自对管理过程的不断改善。PDCA 循环是能使任何一项活动有效进行的一种合乎逻辑的工作程序，特别是在质量管理中得到了广泛的应用。作为一种开展所有质量活动的科学方法，可以有效地改进与解决质量问题，赶超先进水平的各项工作，能够通过阶梯式设计管理的不断反复验证和改进，提高产品创新的质量和效果。不论是提高产品质量，还是减少不合格品，均需先提出目标计划。这个计划不仅包括目标，而且也包括实现这个目标需要采取的措施。计划制订之后，就要按照计划进行检查，看是否实现了预期效果，是否达到了预期的目标。通过检查找出问题和原因。最后进行处理，将经验和教训制定成标准、形成制度。

结合设计领域的产品提升策略，将 PDCA 的实施过程进行具体划分。当提升管理计划开始实施后，计划阶段进行现状分析、问题提出、提升目标规划以及提升策略的制定，并以策略达成为目标。在计划阶段的完成后，执行阶段依据设计创新产品开发流程，遵守设计管理进程把控的原则下，逐步开展意向讨论、概念设计、工程开发。工程发布后，进行产品验证和执行审查，产品验证包括质量检测、市场试运营、售后服务反馈等，执行审查则是执行环节的验证工作。随后结合初期规划目标或提升需求展开产品讨论，并进行处理阶段，对已有产品问题或设计管理执行环节重新制定标准，并反省在全过程中的自身问题并总结。PDCA 循环每转动一周，质量就提高一步。在之后的循环中，依据大环套小环，小环保大环，互相促进，推动大循环的原则，实施多个 PDCA 阶段循环。

面向设计创新的 PDCA 循环，增强了面向设计创新产品的设计管理开发领域的适用性，在具体细则上进行了创新改良。通过循环上升的产品改善方式，帮助企业产品在设计管理当中，更好地提升产品质量，在发展的过程中不断地总结和完善自身，实现企业到个人的双向发展，如图 2-35 所示。

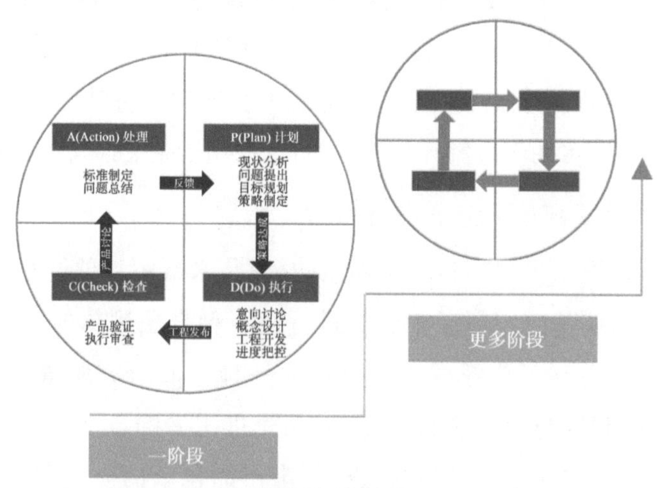

图 2-35 面向设计创新的 PDCA 循环

2.4.4　GROW 模型

GROW 模型是约翰·惠特莫在 1992 年提出的，该模型源于决策四阶段模型的英文简称，即 Goal（目标）、Reality（现状）、Options（方案）、Will（意愿）是英文单词中的 4 个首字母。该理论以系统动力学作为分析工具，通过对影响决策过程的变量进行系统分析来描述组织内部的复杂行为和关系，从而使管理者能够更加清晰地把握自己的行动方向。它最初广泛应用于企业教练方面，是一个以帮助员工能力成长为主要目的的四步决策的管理学模型，以“学习”作为基础，通过不断地对现有资源进行分析整合，从而达到提高组织绩效的目的。随着该理论在更多领域的推广，GROW 模型也将企业中所有的管理行为都视为一种过程来分析与处理，并通过对每一阶段所需要解决的问题进行描述和解释，从而实现企业战略及经营方针的制定和实施。尽管 GROW 模型的形成和发展历史并不算太长，却因其灵活的特性迅速成为西方各大企业提升自身竞争力和生产力的有效手段。

1. GROW 模型的发展

随着西方企业管理过程中大量推广和应用 GROW 模型助力企业成长，学术圈也有很多学者以 GROW 模型的探索应用为对象进行深入研究，根据不同的使用场景，具有各种不同的用法，在 GROW 模型的应用中，首先，从目标的确立入手，在采取行动前要考虑到必要的因素，以目标为总的行动路径。其次，明确完成目标的具体指标，即为实现目标需要完成的任务时间进度安排、质量要求、成本效益、相关责任人员等，这些都属于具体目标的具体化内容。在确立了整体目标之后，依据设定的目标对所处的环境和目前的“痛点”进行分析，对当前所处环境与状况进行分析判断，根据当前形势调整工作目标定位，选择实施路径，以适应现状，方便后续工作更顺畅地行进。依据目标形势、方法和愿景进行展望，考虑还需要什么样的外部条件和资源，并最终付诸行动，如图 2-36 所示。

图 2-36 GROW 模型

2. GROW 模型的商业实践应用

GROW 模型在早期主要用于员工培训，为教练员提供一个结构化的教育管理框架，以根据培训中遇到的困难程度和需要解决的问题类型来确定相应的学习进度，并对学习内容作出合理分配，使得培训的方向不会背离预定目的。这个理念与设计管理中根据设计目标定位，解决设计开发过程中的各种突发事件，整合资源和调整设计进度的方法是一致的，因此也广泛应用于设计管理之中，GROW 模型有助于我们按步骤来执行设计方案，这个模型运用的关键在于在各个步骤环节中依次集中精力。同时还可根据设计项目特点选择适合的方法来解决具体问题，并将此结果作为下一个工作的参考依据。通过对 GROW 模型中各个阶段的有序安排，有助于提高设计管理者的工作效率，方便设计和管理。现代设计与企业和商业之间存在着千丝万缕的内在联系，明确设计为商业服务的目的，对于制定设计目标和路线是十分关键的一点。设计管理的核心在于对具体问题进行有效解决，并将结果以具体的产品/服务为载体呈现。设计本身具有很强的逻辑性和系统性，需要从宏观上把握整个过程并有清晰的思路，GROW 模型的第一个关键要义是整体目标的设定，按照确定目标开展后续工作，如图 2-37 所示。

随着市场经济的逐步建立及全球经济一体化进程的加快，国内企业面临着更多的挑战，设计管理水平的高低已成为决定企业核心竞争力强弱的关键

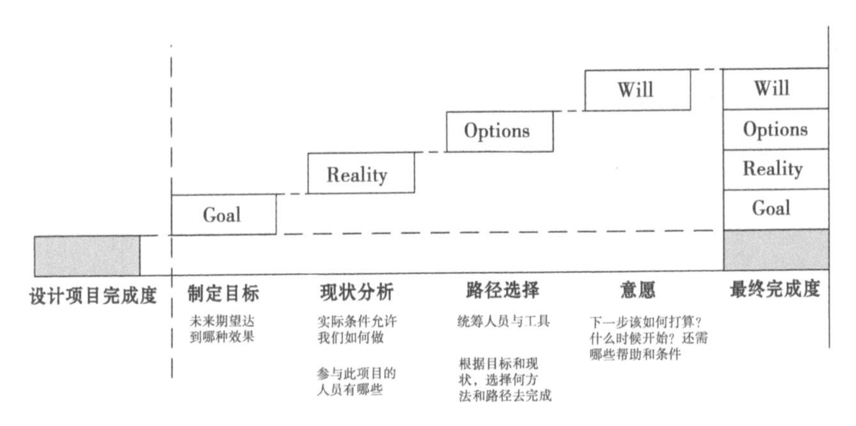

图 2-37　GROW 模型具象表达

因素之一。很多企业在很长时间内，把主要精力都投入原始资金积累和技术更新，工业经济时期粗放的加工生产模式不注重消费需求以及不重视对知识产权的保护，使企业在发展中把注意力更多地放在通过成本控制抢占市场份额上，在实际运作过程中也未能形成一个完整而有效的管理体系，致使设计管理认识不到位，设计效率低下，资源浪费严重，影响了企业经济效益。

3. 面向设计管理的 GROW 模型

根据设计管理最早的定义，“设计管理是在界定设计问题，寻找合适设计师，且尽可能地使设计师在既定的预算内及时解决设计问题”。这个观点强调以企业或公司为核心来开展设计管理工作，设计管理工作可理解为是以产品/服务开发为目的，由不同的部门、机构和个人参与的复杂系统，它包括从设计阶段到最后产品投放市场的产品开发周期内，与设计有关的一切活动。目前，国内设计管理一般将其分为两个部分：一方面，来自企业的组织层面，设计战略的拟定以及协调内外部资源等各项有关工作，在企业管理层面根据项目进行团队组建，调度资源为用于新产品设计开发作好负责铺垫工作，保证设计人员及团队能够将项目正常推进；另一方面，来自具体设计项目任务，对其设计流程方法以及执行过程的项目沟通等方面的优化管理。通过对设计流程进行优化，实现设计与制造协同等方式，从而提升整个系统效率。随着时代的进步，设计管理已逐渐成为企业实施战略必不可少的环节。

现代设计最核心的是对所提问题进行方法上的求解。现代设计的总体过程和 GROW 模型中的四个步骤具有很高的一致性。设计过程中要达到问题求解目的，就必须整合资源配套入手，按照所选方式展开设计实践，这就为GROW模型和设计行为相结合提供了机会。从流程上看，现代设计管理思维中，设计需求的输入设定，是GROW模型逻辑下“Goal目标”需求；设计前期的调研和相关影响因素分析，是模型中“Reality(现状)”步骤所做的主要工作；根据调研结果进行设计目标定位并展开可行性分析，是模型中“Options(方案)”板块内容；最后拟定设计开发计划，并协调内外部团队资源，正好符合模型中“Will(意愿)”的任务要求，如图2-38所示。

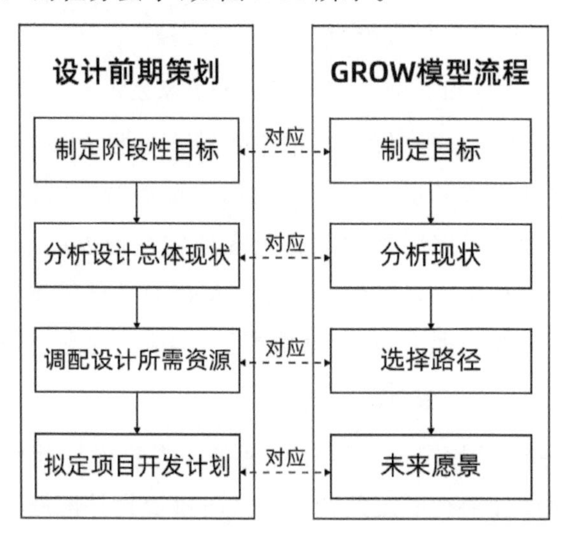

图2-38　一般设计流程对应的GROW模型步骤

4. 针对设计管理领域GROW模型的创新

梳理完传统的GROW模型后，发现传统GROW模型与设计管理结合方面存在一些欠缺和可优化之处。在此基础之上，笔者就GROW模型如何创新应用于设计管理领域这一问题展开新思考，并依据设计管理的特殊性对传统GROW模型的某些方面进行延伸，最终得出适用于设计管理领域的GROW模型。

原始的GROW模型总体步骤分为四个，即制定目标、分析现状、路径选择、未来愿景。基于以上特性，结合当前设计行业的实际状况，适用于设计管理的GROW模型应该具有连续性、延展性，步骤元素应划分得更细致。创新的GROW模型与传统的GROW模型四步骤相比，将制定目标和未来愿景变为阶段性目标、使现状分析与路径选择更多地偏向于设计资源和人员的统筹。原始模型更加侧重于帮助企业或个人理清思路并快速加以解决，而设计管理的过程是阶段性与连续性的统一，针对其特性，创新的 GROW 模型使第一步制定目标和第四步未来愿景相衔接，形成能够不断实现阶段性目标的螺旋式上升流程，在阶段性目标实现的基础之上重新分析现状、选择路径并提出新的阶段性目标，为 GROW 模型增添连续性。

创新的 GROW 模型在步骤方面，仍是制定目标、现状分析、路径选择和未来愿景，但其具体步骤更多地聚焦于阶段性规划、可行性分析、实际行动、继续规划的良性循环上。通过不断循环进而优化设计管理过程，实现企业中设计管理的快速反应，以达到提高设计团队效率、缩短产品开发时间、降低产品研发成本等目的，如图 2-39 所示。

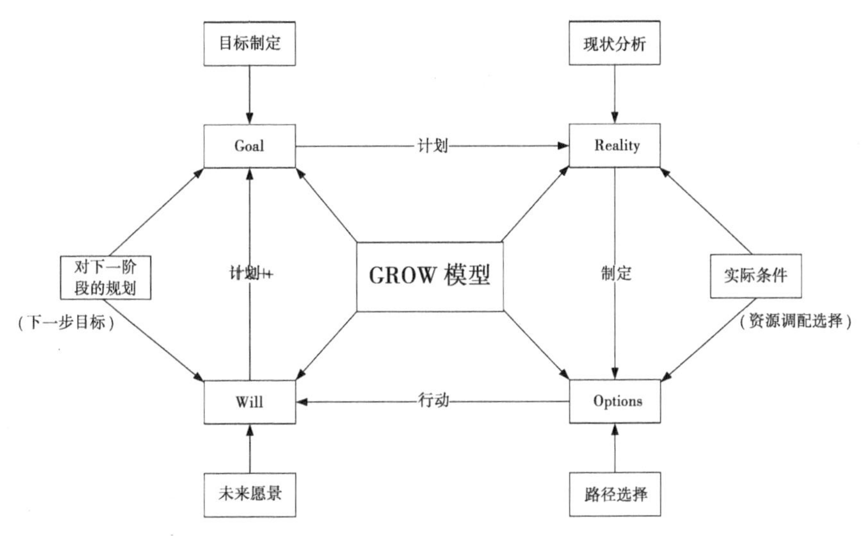

图 2-39　面向创新的 GROW 模型

2.4.5　胜任力模型

胜任力这一概念产生于 20 世纪初，是“科学管理之父”泰勒进行时间动作研究时，基于对企业中最基层的管理人员的观察、分析而提出来的“管理胜任力运动”理论。泰勒意识到优秀工人和较差工人完成任务是有区别的，在此基础上提出了关于胜任力理论的观点：“人是有个性的机器，具有独特的行为方式和思维方法。”他提出，管理者应该使用时间与动作的分析方法，去定义工人胜任力所包含的主要要素。同时，该理论认为可以利用系统培训与开发活动来提升员工胜任力，继而提升组织效能。有关胜任力的早期研究主要是以心理学为基础，侧重于对行为结果的分析，而后来的研究者开始关注人自身因素的影响，特别是将其引入人力资源管理领域。研究胜任力是现代职业教育中所说的“学习－行动”模型。泰勒认为，管理人员的责任是细致地研究每一个员工的性格、脾气和工作表现，并以此为基础找出他们的能力，更重要的是发现他们向前发展的可能性，并通过逐步的、系统的训练，帮助和指导每个工人，激发其内在潜能，为他们提供上进的机会，使员工在所在企业能担任最适合他们能力的工作。

1. 胜任力模型的特色优势

胜任力模型就是针对组织或者企业的某个岗位，根据员工自身职责要求而产生并集中表达履行这一责任所需能力的支撑要素。胜任力模型在人力资源管理领域应用广泛，它可以清晰地反映工作人员需要哪些能力来匹配岗位职责要求，也是针对员工自我能力发展与规划的指南。企业管理者可以根据这一模型，为不同岗位筛选员工，并提供针对性的在职辅导。建立胜任力模型，可以帮助管理者了解到各部门或单位员工应具有哪些素质与技能，从而制定出适合每个岗位特点的人才选拔标准和培养方案，也可成为人力资源管理工作者为员工和从事这一岗位工作的人员制定职业生涯规划的依据，作为培训规划制定的基础和信息来源，以便让担任这一职务的人了解并提前具备工作中的必要技能。胜任力模型是依托于人类行为方式对特定职位所需的关键能力进行界定与描述，可以分辨出具体工作岗位、组织环境下绩效水平等个体特征，确定工作岗位所需要的核心能力要求，这些能力表现具有稳定性、可测性、可观察性、可培育性等特点，归纳和量化这些能力要求，是企业对岗位人才进行考核的一种方法。因此，胜任力模型往往融入企业人才遴选体系，设立能力要求准则，按需甄别与具体职位相符的潜力人才。

胜任力模型是在传统能力模型基础上发展起来的一种新型人力资源管理工具。除用于企业在人才筛选时作为参考外，也能够在业绩管理体系中展开应用，评判员工是否具备能够胜任所在岗位的工作能力，并展开针对性指导与反馈。在胜任力模型指导下，新入职员工能迅速发挥最大生产力，获得对企业文化的认同感，减少企业离职率。由于所处的组织环境、管理理念等因素的差异，不同企业胜任力的要求和目标存在很大差别。在组织内部，不同职位的岗位需要员工胜任力的内容与层次也不一样，同样的工作岗位，员工自身能力素质也存在差异。在设计企业的管理过程中，更好地理解和应用胜任力非常有必要，根据设计项目需要，建立相应的模型来分析和研究不同环节岗位上的能力要求、素质目标以及工作绩效考核等问题，通过对特定行为在不同能力素养要求层面上的刻画，以岗位需求的能力为基础形成一个整体模型框架，从而实现对个体工作业绩的预测和评估。

2. 胜任力模型在企业方面的运用

胜任力是指个人或群体能够成功地完成特定工作任务的能力，也就是指个人所拥有的知识和技能以及这些知识和技能的整合运用能力。企业胜任力模型是企业制定人才筛选标准，影响企业招聘、培训、绩效考核、定薪定岗等重大的人事决策。在实际运用中，首先要确立以胜任力为基础进行职务分析，把胜任力作为职务分析的基本构架，一般可以从员工关键特征、组织环境和组织变量三个层面进行分析，识别岗位胜任要求，以组织环境为背景，从员工的胜任力水平、员工行为和员工绩效等几个方面，通过员工现状和理想状态的比较，通过组织变量归纳胜任力和行为、绩效之间的逻辑关系。这样识别出的岗位胜任力要求，一方面，可以满足目前组织对于设计工作的岗位要求，使企业的人力资源得到合理、有效的利用，从而实现人力资源管理战略中的战略目标。另一方面，也能在一定程度上弥补现有管理理论的不足，从可行性、有效性以及可操作性的角度，满足组织发展对人才的要求，方便企业根据自身发展的需要，重新构建岗位职责与任务要求，实现设计管理中对人和岗位的科学分配，如图 2-40 所示。

胜任力模型以工作岗位上的绩效评估为基础，以能够获得这种优异绩效者的胜任特征与行为表现为测评指标，围绕胜任力模型为基础可以甄选岗位工作需要的人才，如图 2-41 所示。处于胜任特征结构表层的知识和技能，是员工的业务能力，可以通过一般培训改进和提升；而处于胜任特征结构中层的是社会角色和自我概念，决定员工的态度和价值观，这个是在工作过程中，可

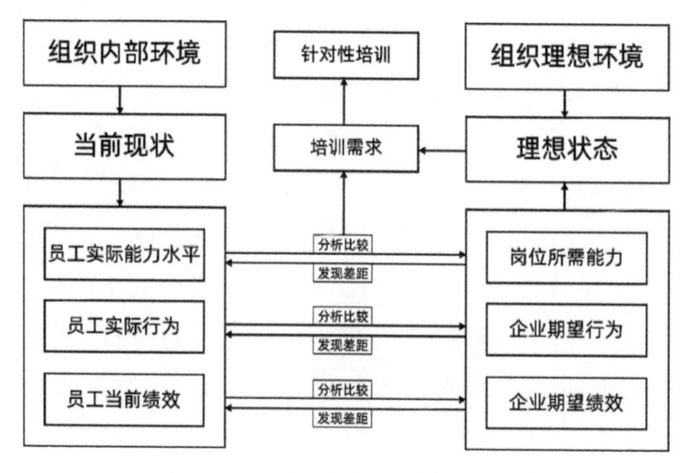

图 2-40 面向创新的胜任力模型

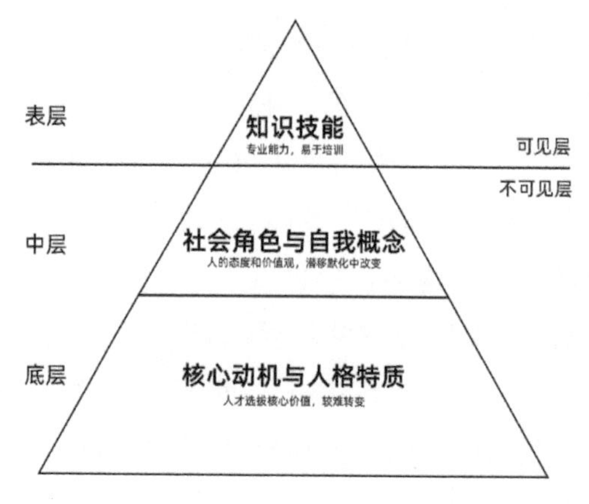

图 2-41 胜任力特征结构

以通过继续教育或者企业文化潜移默化改变和提升的；而处于胜任特征结构底层的核心动机和人格特质，则难于评估和改进，它的选拔经济价值最高。通过对目标人员的价值观和过往表现，比对所在岗位的胜任力标准，可以对目标人员当前能力的高低进行评价，甚至对其未来在本职岗位上的业绩进行预测，对该人员聘用、选拔和晋升作出相应的决策参考，在后期的入职培训中，有针对性地进行培训内容的设置。在企业管理的激励机制方面，也可以以胜任力为核心，构建一套既包括合理公正的绩效管理体系，也包括与员工需求相配合的价值体系。这种基于胜任力分析而设计的人才选拔、储备和激励机制，要求在企业发展过程中，形成企业与员工之间以劳动和心灵双重契约纽带的共生关系，形成员工与企业共同成长和发展的企业氛围，这样不仅能为组织成功储备人才，同时也能够有效引导员工的成长，在价值认同的过程中，有效减少优秀人才的流失。

3. 胜任力模型构建流程

在企业管理实践中，由于情景因素的复杂性和不确定性，同时员工行为往往是由人本身特性决定的，所以一般很难准确地描述出具体岗位上每个员工的综合素质状况，因此基于情景分析的企业管理类岗位胜任力模型构建过程分为职业序列划分、能力要素提炼和能力素质评级三个步骤。

第一步是划分职业序列。根据岗位任职资格标准来划分职务类别，由于职责的难易程度、轻重尺寸和要求等资格条件各不相同，每一个序列都有对自己特有能力与素质结构的描述，这些划分中，将能力相关或相近的工种进行统一归类，方便在管理过程中，对任务工作进行考评，胜任力模型中对职业序列的划分，就是把在现有组织结构内专业资质需求相同或者相似的岗位归并为一个岗位群组，如高校教师分教学科研、行政岗位、教辅实验等不同的序列，设计企业一般也包含策划文案、设计师、工程师等不同的职业划分。

第二步是根据职业序列划分提炼能力要素。这个环节主要通过建立基于胜任力理论的能力素质模型来描述员工的职业发展过程中各阶段的关键能力特征。一般情况下，对于目标员工的能力描述包括核心能力素质、通用能力素质和专业能力素质三个部分，根据企业发展特征及岗位需求确定所需的能力素质内容，并形成系列标准和素质库。这些能力素质建立在企业的核心价值、企业文化和战略愿景之上，能力要素提炼也会围绕着这三个环节展开。不同的职业序列对专业能力素质要求不一样，需要基于胜任力理论的职业发展路径图，在管理过程中进行甄别和筛选，对这些能力素质要素进行提炼形成“能力一素质”模型映射，方便后期的标准数据库建立，如图2-42所示。

第三步则是围绕前两步提炼出能力要素目标，制定岗位人员的能力素质评价指标。这个过程需要考虑到各岗位工作任务特点以及组织结构安排，可采用行业共性分析的方法、企业资料分析与企业调研的方法，确定评价对象、评价目标、评价标准、权重、评价步骤等，将人员的行为表现、工作绩效与对应的能力指标相结合，将绩效行为表现进行评价的量化描述，通过心理“黑箱”捕捉影响具体岗位绩效优劣的内在关键胜任力，以绩优者的行为表现为参考，制定胜任力的内容与等级，如图 2-43 所示。

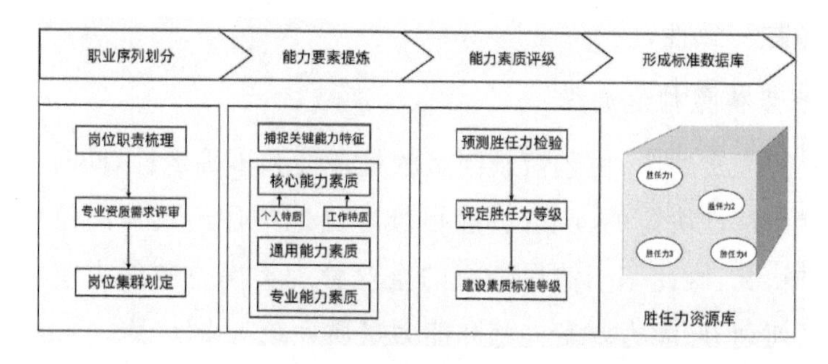

图 2-42 胜任力能力要素构成

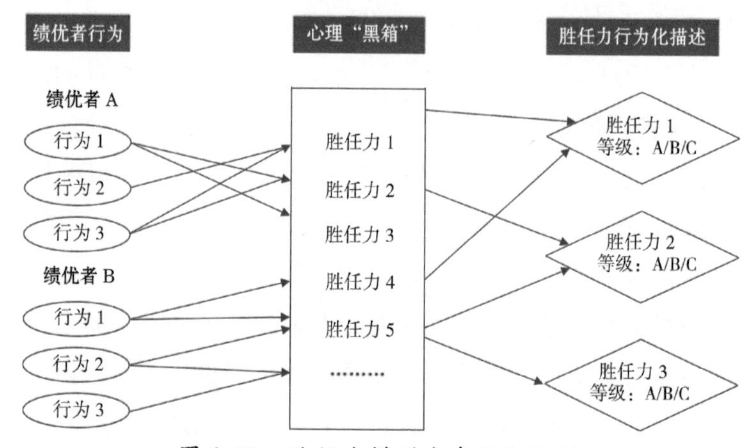

图 2-43 胜任力模型内在匹配机制

4. 面向设计管理的胜任力模型

企业的生产经营活动的实质都是围绕着提高绩效的目标而展开的，胜任力模型是企业由“人事管理”向“人才管理”转变的主要标志，胜任力模型的可贵之处在于它是建立在对现有职位行为模式的观察和分析基础之上，开发了具体职位需要具备的品质和能力，把岗位适配程度与知识技能、能力特质等相互关联。要想有效地对设计人员资源进行合理的开发，适配人员和岗位需求，要求我们必须从更广泛的角度出发去探索，建立起一种全新的基于胜任力来评价员工绩效的方法体系，探索出能够使员工个人发展，更加符合企业需要的管理方法路径。

“设计”和“管理”是现代经济生活中常出现的两个词汇，是企业经营战略中最主要的内容，对于一个设计单位而言，设计管理的主要目标就是通过设计来实现企业价值最大化的过程。企业以设计为目的的管理和公司管理流程的设计具有内在一致性，设计管理工作作为一个复杂且充满挑战的系统工程，设计项目在推进过程中，涉及了人、技术、组织以及环境等多个方面的要素，这些设计开发环节需要面对设计人才的参与和遴选问题，项目的参与者能否胜任相关的设计岗位，直接影响着设计项目的开展和实施。胜任力模型的目的是通过对绩效卓越者行为进行研究、分析获得关键能力指标，最后采用行为化描述方式对等级进行描述，然后构成胜任力模型。在设计企业发展过程中，胜任力可以成为一种新的战略工具和管理工具，用于设计开发和管理应用，有助于管理者跳出传统人事管理的思维逻辑，从设计项目中的资源管理向优化最佳配置转变。

5. 针对设计管理领域胜任力模型的创新

胜任力模型能够快速帮助企业确立某一具体岗位所需要具备的能力、性格以及其他影响因素，也能帮助企业确立某员工具体适配什么岗位。这是企业内部管理经常使用的一种手段方法。但由于胜任力模型往往是针对某一具体的人或岗位的，有着很强的局限性，企业并不能将胜任力模型灵活地运用于各个情景之中。

不同的胜任力模型的侧重点不一样。在设计管理领域中，胜任力模型无法准确快速地判别出所需的胜任力，传统的胜任力模型通过对某一具体职位的绩优者进行行为观察与比较，得出这一岗位所需的普遍胜任力，再根据此胜任力寻找合适的人选。由于某一职位所需胜任力通常是多样化的，这种模式难以同时甄别职位所需的多种胜任力，而且每个具体的人都存在一定的差异，所以胜任力模型可能会难以看到真正影响其绩优的内层要素。

因此，创新的胜任力模型摒弃对具体职位的分析，转向研究具有普遍适用性的标准模型。首先在原有的胜任力模型判别标准基础上建立一个胜任力资源库，并且在企业使用过程中始终进行更新优化，在具体岗位胜任力评判时，依据对绩优者的行为和意识两个层面的观察比较，将胜任力资源库中的元素反向与绩优者行为意识对照，直接得出职位所需胜任力。这种模式相较于传统的优势在于，通过从胜任力资源库反向对照能够同时定位与把握职位所需的多种胜任力要素，且适用性广泛，能够被多种岗位所使用。每个公司都有着独特的企业文化与价值观，不同企业的管理层所需的胜任力与性格也不完全一样，通过对本公司内部管理层绩优者的长期观察比较，运用胜任力资源库能够十分轻易地准确定位到职位所需的能力要求，如图 2-44 所示。

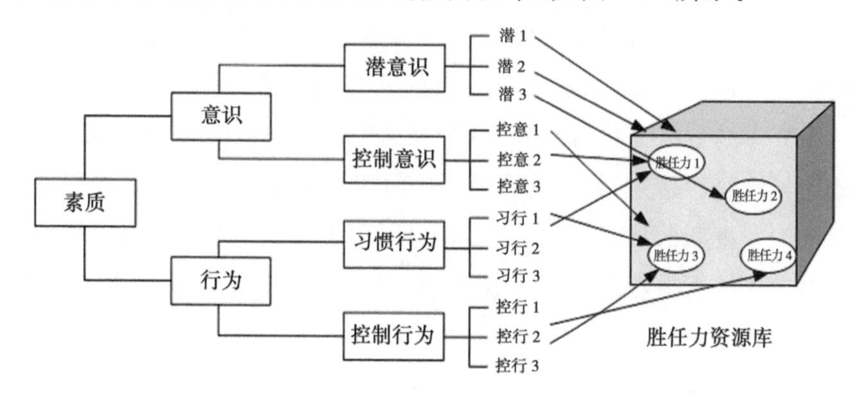

图 2-44 设计管理胜任力模型内在匹配机制

2.4.6 SCM 战略钟模型

SCM 战略钟模型是由克利夫·鲍曼提出的一种分析企业竞争战略选择的工具，这种模型为企业的管理人员和咨询顾问提供了思考竞争战略和取得竞争优势的方法，强调以消费者需求为导向来确定公司的营销策略，把产品/服务价格与产品/服务附加值结合起来考虑，把企业的经营行为划分为八种途径，使企业从一个更高的层次来审视自己，以确定未来的发展方向和目标，从而实现战略目标。

1. SCM 战略钟模型的应用价值

SCM 战略钟模型是一种有助于企业对市场环境进行分析的模型，是对企业市场战略进行理性选择的手段，重点考虑了成本与价值两个方面，推衍出企业的市场生存位置，并且为企业考虑竞争战略，获取竞争优势提供了一条途径。在 SCM 战略钟模型中，有很多不同的策略可供选择，这些策略可以产生多种结果，如图 2-45 所示。但需要注意的是，在这些根据成本与价值确立的多条路径中，各有其独特的使用情景，且有些可能会导致企业的失败（尤其是使用提高价格标准价值、提高价格低价值、低价值标准价格三种战略时）。也就是说，某种策略可能在这个企业会获得成功，在其他企业则会导致失败，SCM 战略钟模型的使用是具有一定使用局限性的，要根据具体市场情况而定。因此，运用 SCM 战略钟时，企业必须先清楚界定自身方向，身处在宏观市场还是细分领域，通过明确了解特定消费者需求和价值取向，对特定市场进行分析和调查，有助于企业根据模型确定战略目标，思考其战略路径是否适用。SCM 战略钟模型整体呈现出附加值和价格的正相关，随着价格的不断提高，如果产品附加值仍旧不变或降低，就有可能导致该战略的失败。因此，一般企业在使用 SCM 战略钟时，不仅要对自身企业进行定位，还要对即将上市产品进行附加值和价格的比对，通过定位比较选择适合于企业的战略路径。

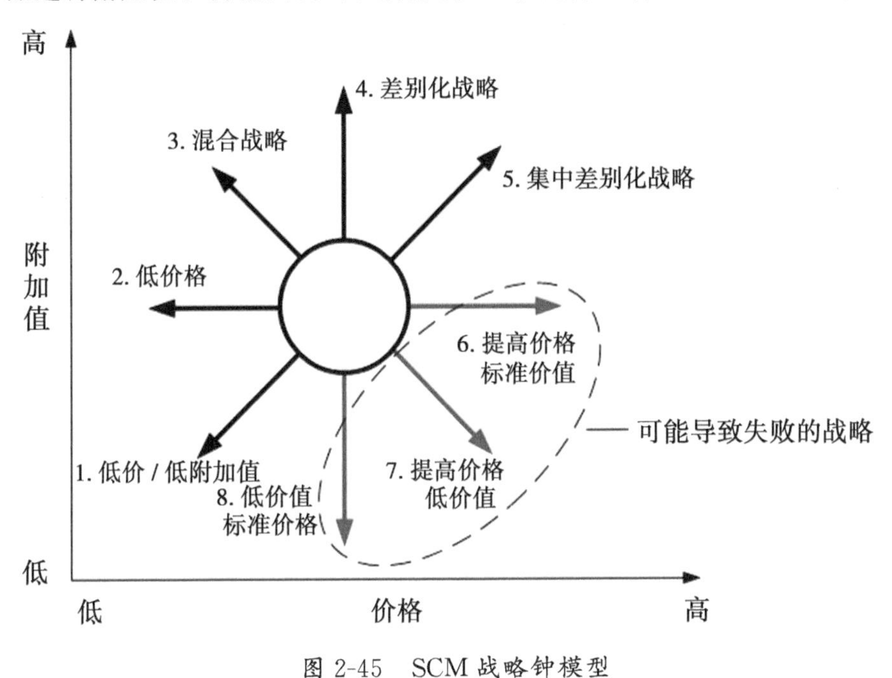

图 2-45　SCM 战略钟模型

2. SCM 战略钟模型策略路径

从企业的角度，大型企业的内部组织架构及在市场中所处的生态位已定型，一般处在市场生态高位，具有相对稳定、产品竞争力强、研发能力强等特点，在市场环境中这类企业的企业文化与价值观往往已得到社会的广泛认可。因此，当大型企业推出新产品或服务时需要对消费群体进一步细分，以求占领更多市场。在 SCM 战略钟模型下，可以选择差异化战略或集中差异化策略路径，通过自身的高研发能力提供具有更大差异化的产品，谋求更多利润。中型企业一般处在发展上升期，这一时期的企业通常内部运作迅速，依赖不断快速研发上市来占领市场，具有发展节奏较快的特点。在市场环境中，这类企业非常依赖于以高性价比的产品树立企业形象。因此，在SCM战略钟模型下，可以选择注重区别于竞争商品的差异化战略，也可以选择通过低价格与较高的产品附加值打通市场的混合战略。小型企业在市场中处于生态位底端，具有产品竞争力不足、团队人员更替较快等特点，这类企业在市场环境中无法与大型企业正面竞争，一般依赖于产品定位在大型企业尚未涉足的领域求得生存。因此，在SCM战略钟模型下，可以选择低价/低附加值策略或者低价格策略路径，通过附加值控制成本、压低价格的形式不断发展。

从单项产品设计开发的角度，传统型产品具有消费群体稳定、规模较小、产品成本偏低等特点，为了拓宽市场与消费群体，其在市场环境中一般需要进行集中规模化销售。在SCM战略钟模型下，可以选择低价格战略路径或低价/低附加值战略路径，通过价格优势与数量占领市场，起到潜在的宣传作用；新兴产品具备新颖、产品附加值较高、产品形式受众群体广泛等特点，由于新兴产品诞生较晚，相应的加工形式、所用技术较新，因此在市场环境中通常能够快速吸引消费者，基于此特征，在SCM战略钟模型下，可以选择集中差异化战略，提升产品价格与附加值，树立产品口碑。此外，有些特殊的传统产品，如老字号品牌，本身既是产品也是一种文化的象征，在新消费驱动下，老字号的发展的关键在于"历久觅新"。因此，需要在新环境下塑造新的产品形象，可以选择差异化战略路径，通过设计给予老字号品牌附加值，使其在市场环境中获得新的活力，结合自身产品深厚的文化底蕴，做到产品的差异化，在商业竞争中脱颖而出。

3. 面向设计管理的SCM战略钟模型

SCM战略钟模型是一种基于对当前目标市场模拟，结合市场蓝海值程度，进而帮助企业作出市场战略决策的手段。根据质量与价格的增减，大致可分为低价低值战略、低价战略、混合战略、差别化战略、集中差别化战略、高价撇脂战略六种形式。在企业开发某一产品或售卖某些服务时，难免会遇到如何进入市场、何时进入市场等问题，面对这些问题，企业通常会运用一些管理模型进行市场分析，得出自己想要的答案。在公司进行决策时，引入 SCM 战略钟模型能够比较清晰地回答以上问题。

就具体的设计项目管理而言，市场分析环节是产品开发全过程中的一个重要前提条件，它能在产品开发之前构建一个总体的外围框架，使产品开发在框架之内进行。因此在设计项目管理中，需要对市场需求、市场环境、具体现状作出调查和预测，以此来制定科学可行的产品开发及设计资源分配方案。在现今的市场竞争格局下，企业想要获得长期稳定的发展，就必须清晰地界定在市场中的位置和消费者群体、不断调整产品策略以适应市场需求变化，根据企业的特殊性和产品市场定位进行战略决策，确保企业在激烈的市场竞争中始终走在前列。SCM 战略钟模型是一种能够依照市场环境和企业市场定位帮助企业选择市场战略的模型，通过将产品价格与附加值综合考虑，在附加值与价格组成的坐标轴上形成不同的八种战略路径。将战略钟模型与企业设计管理创新相结合可以有效帮助管理者了解市场需求状况，及时对需求的转变作出反应，规避设计开发中的风险，进而帮助企业产品迅速进入目标市场。

在设计管理领域，针对具体设计项目，管理者不仅会面对市场进入时机等外部问题，还会遇到设计人员与资源如何调配等内部问题。在项目前期，SCM 战略钟模型能够帮助管理者分析市场机会并推荐合适策略，根据市场状况和策略确定设计资源的把控。在项目后期，SCM 战略钟模型也能够帮助设计落地节约成本，以准确的市场定位赢得市场。从产品或服务研发的整个生命周期出发，通过在设计管理中引入 SCM 战略钟模型使企业产品或服务价值增值最大化。管理者以 SCM 战略钟模型为管理框架，根据不同的市场反馈变化及时对设计过程中的成本、人员分配以及价格与附加值之间的比重等进行调节，并为产品开发方向提供切实可行的路径。SCM 战略钟模型不仅能够优化设计管理过程，还可以应用于后端设计管理，在以上市的产品营销策略中提供新的思考角度。因此，SCM 战略钟模型与设计管理全过程的结合不但可以促进设计项目整体质量和完成度的提高，还能在设计管理的前后端发挥重要指引作用。

2.5　新经济时期下设计管理理念新趋势

受两次工业革命的影响，国外的工业设计普遍发展较早，在漫长的积淀中逐渐形成了本国特有的工业设计结构框架和与之匹配的设计管理模式。设计管理的出现是设计发展到一定阶段的必然结果，为了能够增强设计团队的效率，更好地使设计与市场相结合，设计管理在各个国家均受到了前所未有的关注。

我国历史上很多思想家的早期的管理理念和著作，带给我们优秀的传统哲学文化思想，对设计管理系统思维和文化自信有很深远的影响。同时，欧、美、日等发达国家和地区在现代设计管理中的发展，也给了我们不少的启示。例如，德国身为一个老牌工业强国，德意志制造同盟的纲领能够体现德国注重设计注重产品质量的优良传统，因此德国的设计管理正如德国人的性格一样，从始至终都秉持着“质量、严谨”的概念，通过注重品质的设计管理在世界打响名号。中国企业的设计管理在快速创新时应当对产品的品质进行认真思考，质量是产品的立身之本，同时互联网、人工智能、新能源等技术的充分利用，也是中国企业实现弯道超车的核心机遇。英国的设计管理由来已久，基于对国民教育的重视，早在20世纪英国就已经将设计管理纳入教育体系之中，以期达到企业设计快速发展的效果。中国当前的设计管理正面临着重视度不足以及人才缺失等问题，通过重视教育的方式为自己培养人才不失为一种可行之策。美国的设计管理中充满着商业气息，在美国，任何事物都是瞬息万变的，它们的设计同样也具备快节奏式的特点，会随着技术与经济的发展革新而变革，美国设计管理正是依靠着最新技术的紧密结合发展来与其他国家设计管理拉开差距的。因此，设计管理不应该一成不变，而是应该结合当前市场环境不断地发展创新，持续地为设计管理注入新的活力，中国企业创新应在发展中创新，在发展中变化，在发展中实现设计管理与企业的高度融合。北欧各国由于地理位置的原因，在设计与生活中形成了极简、节约资源的特点，这样的设计思想随着时代不断变化发展，形成了由考虑资源到考虑环境再到考虑人文的独特风格。在设计管理中，北欧对于人力资源与原材料的分配把控有着独到的见解，他们认为，现在的设计需求不能采用损害后代的方式来解决。这种民主设计的思想与我国的发展不谋而合，在企业中设计管理给予人全面的关怀有助于促进公司内部形成良好的设计环境。日本的设计管理强调精细化管理，在已有的整体框架下注重产品细节、注重管理的细致入微，通过潜移默化的过程提升企业内部的设计效率，同时国家层面对设计品牌的打造，也给中国企业的设计管理打造精致品牌提供了思路和参考。

目前，市场环境正在发生着根本性的变化，传统的生产型社会正在逐步从消费型社会转向体验型社会，在现代企业的日常经营发展中，对于设计管理模式的合理选择显得愈发重要。不同性质的企业有着完全不同的特点，相同性质的不同企业之间也有着内部文化与价值观的区别。因此，对于企业而言，不仅要根据市场定位、企业文化、内部人员构成等多方面因素确定适合自身发展的设计管理模型，还要在企业的发展创新过程中将设计管理模型持续地与企业实际相结合，关注企业及市场的实际情况变化。

现代设计公司，究其本质是一个具有服务性质的企业，它们与社会上其他实体经济之间，既有着共性又具有一定的个性。设计公司本身便是设计驱动型企业，内在包含着注重设计的企业理念。相较于其他企业的完整内部组织架构，设计公司的人才组织结构相对单一。整体来看，我国的设计管理目前正处在快速发展阶段，企业在层出不穷的设计管理模型中正确选择符合公司内部管理现状以及未来发展路径的模型尤为重要，比如在设计公司中引入阿米巴经营模式能够更好地给予设计师自主决策的权利，提升企业内部设计生产效率，更好地发挥设计创新的强大驱动力。传统实体企业的基本目标是在市场中成功售卖所生产的产品，其经营模式就是从调研需求、投入研发、产品上市到调研市场新需求、开发新产品这样一个不断循环的过程，在传统企业开发产品的过程之中引入GROW模型，通过制定目标、现状分析、路径选择、未来意愿等路径的循环，能够有效地帮助管理者快速地厘清市场需求，并高效地作出开发目标与策略的选择实施。在产品研发完成后，SCM战略钟模型能够帮助传统企业根据市场环境的现状、企业所处生态位、企业的特点来合理地选择产品进入市场的战略路径。将经典模型运用在企业内部设计之中，能够更好地发挥设计创新的内驱力，帮助企业节约设计资源，规避不必要的风险。

第 3 章　设计项目管理的流程与方法

3.1　项目中的设计管理

随着社会经济的发展进步，项目作为设计管理流程的核心概念，已经深入国家、社会和企业的各个方面，人们从不同的角度给项目下了不同的定义。目前比较公认的定义是美国项目管理协会提出的：项目是为创造特定产品或者服务的一项有时限的任务。项目涵盖的范围很广，可以是盖一栋房子，或者是种植一片树林，也可以是一个新 App 的开发，还可以是策划一场活动，如筹备跨年晚会、策划一次自驾旅行等。由于设计项目本身的复杂性和重要性，项目管理成为每个设计项目不可缺少的一个重要环节。一个团队如果缺乏有效的项目管理，就会成为一盘散沙，导致工作无序，甚至失败。

3.1.1　项目管理概述

不同专业领域中的项目都有自己的特征，但是从本质上来讲，不管是科研项目、设计项目还是工程项目，是具有共同特性的。项目的共同特性如图 3-1 所示，可以概括为五个方面：一是目的性，项目的目的性非常明确，因此在项目初期就有规划。目的性对整个工程项目的开展起着推动作用。它引导项目工作往前发展，项目管理者需要在整个项目始末都要记住项目的目的是什么、考虑项目是否偏离、最终是否实现目的等问题。二是独特性，项目的独特性是指项目最终的产出实物具有不同于其他的产品或服务的特性，使得消费者能够清楚感知到其与众不同。三是时限性，项目从启动到完工有着一定的时间要求，否则会导致项目拖延，甚至失败。项目必须在保证质量的同时，在规定的时间内完成。四是制约性，任何一个项目都有各自的制约因素，包括项目成本制约、时间制约、范围制约等，例如项目的执行需要运用各种资源（人力、材料、工具、设备、组织）来执行任务，同时每个项目都对应着客户，客户为项目提供资金，因此项目在各个方面会受到客户的制约。项目除了以上这些特性之外，还包括项目的创造性和风险性、项目流程的发展性、项目成果的不确定性等其他特性。总而言之，项目是指一系列独立、复杂的关联性、目的性的活动，且该活动必须在特定时间、预算和资源范围内，依据项目要求规范完成。

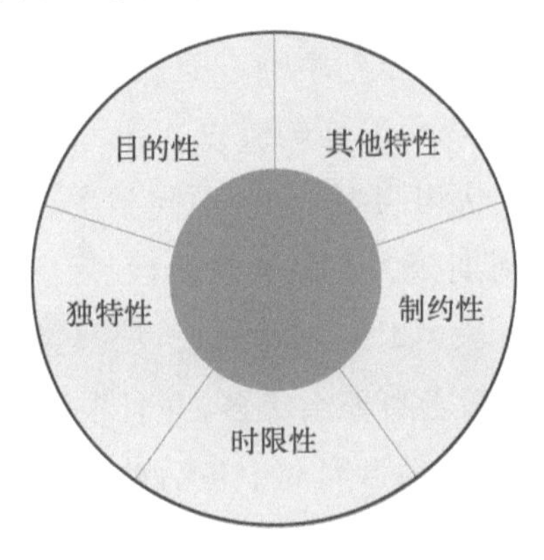

图3-1　项目的共同特征

1. 设计项目管理

设计项目管理是指设计单位对于设计项目进行阶段性管理。通过计划、组织、指导和控制等管理手段对设计资源进行合理配置，对设计项目全过程进行高效整合、综合协调及优化。作为一个具体设计项目进行管理，具有务实性和可操作性的特点，是一种更基础的、可操作性较强的管理。设计项目管理属于现代管理学中“企业再造”概念范畴，是指在一个特定时期内运用系统原理来解决实际工作中遇到的复杂问题的一种科学方法。其区别于一般管理之处，在于把管理对象特定于特定设计项目，但仍然属于管理范畴，因此，管理这一理论同样适用于它。

随着经济的高速发展，市场对企业或者项目的管理提出了更高的要求，企业通过提高项目管理水平有助于提高企业整体的效率，从而为企业带来更多的经济效益。在企业管理中，设计项目管理作为其中一个非常重要的组成部分，包括设计进度、设计决策、设计成本的管理。不论是日本的无印良品、索尼，还是美国的苹果、谷歌和IBM，德国的奥迪、保时捷，都将设计管理置于战略高度并且实现了品牌的成功。因此，高质量设计管理是企业进行研发创新的基石和高速发展的引擎。

2. 设计项目的生命周期

所有项目从初期到最终完成包括有很多个阶段，项目各阶段合在一起，就形成了项目生命周期。不论是大项目还是小项目，每个项目都具有生命周期结构。由此可见，项目周期是指项目在其发展进程中所经历的全部时间和空间上的变化以及由此带来的一系列影响。项目生命周期包括项目从初到终的全过程，同时这一过程又是项目实施的过程。

在设计项目生命周期认识与划分上，不同学者存在差异。最简单的划分形式是将设计项目生命周期分为产品概念阶段、定义阶段、规划阶段、执行阶段和检验完工四个主要阶段，如图3-2所示。项目类型会影响到一个阶段的划分，越是复杂的项目，阶段数可能会更多，并且根据具体情况，每个阶段再分解成更小的阶段。此外，由于项目周期中各活动的同步性，在实践中的项目生命周期，每一个阶段并非泾渭分明地串联进行，而是在不同的阶段出现显著的重叠或并列进行的特点。例如，正在进行项目规划的同时，另外一边也可以一边组建团队。在设计项目的全生命周期中，设计项目管理人员要与团队成员

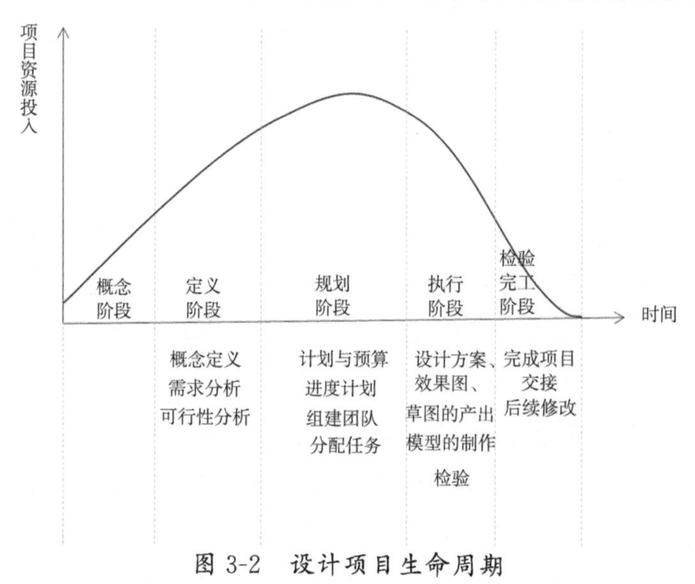

图3-2 设计项目生命周期

多加沟通、协调队员之间的冲突，作出科学决策，控制时间，控制费用、成效和其他约束性目标，从而使得整个设计项目在实施过程中达到最佳。

3. 设计项目管理特征

整个项目管理过程均渗透了系统工程思想。在项目管理中，设计项目管理占有举足轻重的地位。设计项目是以技术经济相结合的方法对产品或工程设计方案所进行的规划、决策、组织、指挥与控制活动。设计项目管理就是将设计项目看作一个整体进行研究，根据系统论的“整体－分解－合成”原理，把设计项目拆分成多个责任单元，由责任人按有关规定分别实施、汇总，由此形成最后的结果。由于设计项目具有复杂性、长期性和动态性等特点，因而需要有计划地对其进行有效管理。所以在工程项目建设的全过程中的实施阶段，设计项目管理就是其中至关重要的环节。

设计项目管理在组织方面有其特殊性。设计项目管理在资源调配上以自身为中心展开，而且是临时性的，当设计项目结束后，该团队的使命随之结束。设计项目管理职能的实现，以设计项目经理为主。在工程项目建设中，设计项目经理负责组织、协调和控制整个工程项目建设过程的所有活动，并通过各种有效手段使项目目标得以实现。设计项目经理在工程成败中起着决定作用，它的能力直接关系着整个设计项目能否顺利进行。因此，设计项目管理成为现代工程项目管理中最重要的环节之一。设计项目管理的重点是团队管理，采取个人负责制，因而设计项目经理是一个关键的角色。设计项目经理作为一个独立的个体或群体，在企业中扮演着多重角色，如组织者，协助者、领导者等。设计项目管理中，设计项目本身的特点以及所需人员的特殊性，决定了设计项目经理必须具有一定的素质与才能。设计项目与一般的工程项目有所不同，需要具备专业知识与技术，要求有高度的组织与协调能力。

4. 设计项目管理流程

项目启动需要在立项的前提下展开，是根据产品可行性研究结果来确定的。所以说，项目的可行性研究工作在整个产品设计过程中占据着极其重要的地位。项目可行性分析，简单来说，就是对项目有无实施价值及可行性进行剖析，包括对项目涉及的市场上的需求形势，资源供应是否充足，受到的环境限制,以及相应的资金方面的运转进行分析研究,在对这一现实调查清楚了该项目可为企业创造的特定经济价值与社会利益后,才有了进一步规划的意图,然后就会准备立项。各类型项目的侧重点不一,设计项目也有其特殊性,所以项目可行性分析所侧重之角度也会有差异。设计项目主要从以下几方面展开:用户信息分析,项目价值分析,公司内容资源状况分析,还有预算分析等。

设计项目建立后,步入规划阶段。设计项目规划,就是对设计项目的前景进行预测,首先确定设计要达到的目标,然后预测潜在问题并给出解决方案。项目规划对设计项目起着指导整个设计过程的作用,涵盖了设计项目的方方面面,因此设计项目规划书的写作要科学、实事求是。撰写设计项目规划书一方面是为了使设计能够有序有计划地推进完成,另一方面是为了在设计展开之后对整个设计过程能够做到较好的调控和评估。设计项目计划书的撰写着重包括四个方面的规划:设计项目目标、设计项目流程、设计项目进度、设计预算和绩效考核。

制定设计项目目标在整个项目中处于中心地位。它就像是一个领头雁,指导着整个设计项目的发展方向。因此,在这个环节中需要设计师有一个正确的思维方式和科学有效的方法来制定出适合自己公司发展的设计目标。在制定目标时,应掌握好两点:首先,制定目标要具有灵活性,同时为了保证产品的竞争力,既要具备充分的严密性,又要注意把握度,因为过分的严密性将使产品失去整体性,禁锢团队的发展。制定一个明确的长期发展战略,并将之细化为具体可行的实施方案,是目标实现的重要前提和保证。因此,管理者必须将组织中各成员之间的相互关系与任务相整合。如若目标太松散,会导致实施阶段让队伍迷失前进的方向。其次,制定目标应遵循阶段性原则。在设计项目总目标确定之后,应根据设计过程中的各个阶段对其加以细分,明确各环节的分工与职责。阶段性目标更加具体,可操作性强。工业设计项目通常分设计构思、草图阶段,效果图阶段以及模型制作阶段等,计划为它确定了阶段性目标。为了保证项目的实施按照计划进行,很多企业会运用设计流程图工具,以保证设计有效率地进行。通过流程图可以有效地对设计流程加以控制和管理,以保证设计质量,提高工作效率。好的设计程序使管理者能够更好地、明确地分配工作，并作出总体规划。通过此流程，设计者能在最短的时间内完成设计并得到预期效果。同时还有利于成员更加清楚地认识到自身的责任和整体设计中的任务安排，从而使设计师在工作程序方面少费神，使其在设计中投入更多心思。所以一个优秀的团队应该拥有一个完善的设计标准和一套有效的设计流程，如图 3-3 所示。

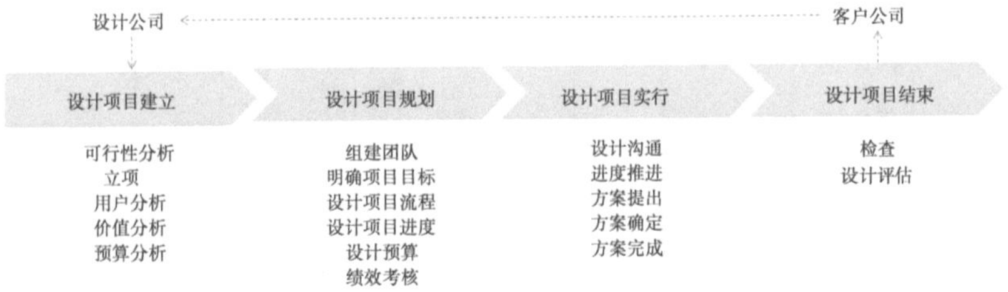

设计公司
客户公司
设计项目建立
设计项目规划
设计项目实行
设计项目结束
可行性分析
立项
用户分析
价值分析
预算分析
组建团队
明确项目目标
设计项目流程
设计项目进度
设计预算
绩效考核
设计沟通
进度推进
方案提出
方案确定
方案完成
检查
设计评估

图 3-3　设计项目管理流程

设计进度表确定期望设计项目具体设计任务的预算的开始、结束的时间，即客户批准开展工作的日期和客户设定的交货日期。现代设计工作常采用 GANT 图对设计进度进行管理，如图 3-4 所示。GANT 图是项目管理的经典工作，它可以在同一个文件中同时展示多个任务和时间线索。一般来说，时间排列在横轴上，以周或天为单位，具体的任务则被放置在纵轴上。条形阴影则表示为某一任务设定的完成限期。因为设计活动本身的不确定因素，因此制作灵活的设计项目时间表是一项具有挑战性的工作。根据预计的工期，制作 GANT 图进度表，需规划好各项设计任务的具体步骤，以及相应的时间进度，如此设计队伍才能清楚地了解到项目正在进行的环节，并且对各个环节进行效果的评价。如果出现错漏还能根据规划的任务作出相对的调节控制，这个进度表是整个设计项目管理过程中，设计团队所依赖的设计项目进行的节奏。

时间 设计流程			10月										11月									
			22	23	24	25	26	27	28	29	30	31	1	2	3	4	5	6	7	8	9	10
设计项目实施阶段	方案确定	方案构思及提出																				
		方案评估																				
		方案优化																				
	方案实施	设计草图																				
		设计模型图																				
		评估及优化																				
设计项目评估阶段	产品评估	核心目标评估																				
		质量评估																				
	项目管理评估	总体评估																				
		个人绩效评估																				
		任务及进程评估																				

图 3-4 设计项目 GANT 图示例

在整个设计过程中，资金的维持可以说是尤为重要，这关乎整个设计制作的进度和质量问题，因此具体到设计人员的相应的设计费用和印刷费用都应该作出好的预算。另外，绩效考核是战略管理的一个重要构成要素，可以有效调动成员的积极性和效率。主要包括两种类型：一是任务绩效。任务绩效与项目管理本身关系紧密，能够将人员的经济效益与工作任务紧密联系起来，通过成员完成工作的进度、质量等多方面来考评他们，激励员工在日常工作中充分发挥积极性和主动性，并顺利完成目标任务，进而确保企业经济效益。任务绩效管理的全过程主要包括四个环节，如图 3-5 所示。

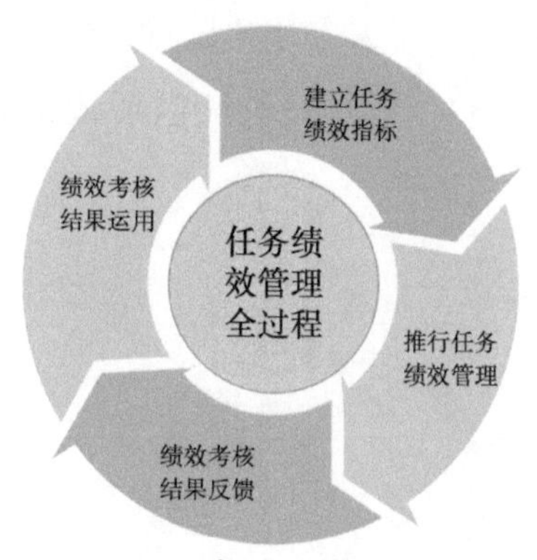

图 3-5 任务绩效管理全过程

在团队工作中，考核者应力求客观、公正地进行考评，避免打击员工的积极性，因此考核表中各项考核指标要量化成为硬指标。在具体设定的过程中，需要将考核指标尽可能地简化（通常设定3～5个即可），并与项目管理人员进行充分沟通，确保其对考核指标的认可。任务绩效管理需要贯穿于任务执行的始终，项目人员的日常工作表现、工作态度等都可以作为被考核的内容。考核需要有效、及时、定期进行。与此同时，考核者需要将完整的绩效考核过程进行书面记录。

绩效考核的执行过程完成之后，要求考核者向项目管理人员提供绩效结果的反馈，并与其共同分析制订个人绩效改进方案。然后，项目主管可以寻找合适的设计和设计师共同探讨如何去改进，这也是提高设计师绩效的又一个机会。这种绩效沟通既可以帮助对前期的工作进行归纳总结，又可以就以后的工作如何改进开展进行探讨。但是在这个沟通的过程中，项目管理者要注意沟通的方式和语言，良好的沟通技巧可以使人敞开心扉，便于解决问题。绩效考核不是目的，而是手段，其根本作用在于通过绩效考核结果，找出相关人员存在的具体问题，并将问题进行深入剖析，从而提出改进措施。

二是周边绩效。周边绩效亦即关系绩效，是个体与其周边行为相联系的一种表现，有助于良好企业文化的塑造。企业文化不是一段文字、一句口号，而是企业全体人员认同且在工作中自觉践行的、具有企业特色的价值观念。一个项目中的所有工作人员都是一个项目团队，项目管理人员要让团队中的每位成员明确项目建设总目标和阶段性目标，既要做到分工明确、责任到人，又要倡导主动沟通、团结协作，进而调动团队成员的能动性，使团队发挥优势互补作用，切实推动项目建设，提升企业整体效能。周边绩效包括五方面：为成功完成工作保持高度的热情和付出额外的努力；自愿做一些不属于自己职责范围内的工作；助人与合作；遵守组织的规定和程序；赞同、支持和维护组织目标。即对他人的支持、对组织的支持和对工作的态度。

周边绩效不同于任务绩效那样有着较为清晰明确的管理和考核方式，与之相反，周边绩效不容易被明确地划分和衡量数量。周边绩效的产生依靠的是员工自我信念，对于个人本心的审视、对于公司的发展贡献等都会成为产生周边绩效的动力源泉。尽管周边绩效难以衡量，但是在项目推进过程中，它尤为重要。如果一个项目推进仅仅依靠任务绩效，靠着金钱的推使动力完成安排的任务，那么当资金出现问题或者其他影响任务绩效考核的情况出现，往往会使得项目推进遇到阻碍，甚至导致项目的失败。因此，周边绩效的出现促使了员工在工作中不仅仅依靠了金钱的动力，更有着信念因素的坚持，助推员工更好地完成项目。

3.1.2 项目团队管理

团队是指为实现某一共同目标，由具有不同专业技能的人组成群体，并进行分工协作的集群。团队里有明确的分工，配以各方面人员，各司其职，可以有效提升工作效率。以小组的形式进行工作，成员之间互帮互助、相互启发，且团队能够快速匹配、配置、重新定位和解散以适应不同的项目背景是当前所有企业均采用的一种工作模式。

设计团队是一个针对某一具体设计项目集结了各种能够推进团队向目标稳步前进的人员的组织，这是成功完成一个设计项目的必然条件。一个产品的开发需要经过多个阶段，从想法产生到具体的设计呈现及落地实现，其中涉及多方面能力的应用，一个人不可能做到面面俱到，这就需要发挥团队的力量，寻找拥有不同知识技能且能够在项目中发挥作用的团队成员，为了完成产品开发相互协作。在新产品开发过程中，团队协作是企业取得成功的关键要素之一。

设计团队项目开始到结束需要经历四个阶段。第一个阶段，需要依据现状组建设计团队。在选择团队成员时，由于产品设计全过程的复杂性，设计团队应该由针对项目具体部分的不同专业领域的人员组成，以此保证设计工作有序高效地推进。第二个阶段是团队成员熟悉阶段。设计师之间、设计师和外部环境、设计师和上级组织、设计师和消费者，需要经过一段时间才能变得非常契合。在团队建立之初，就应当建立团队成员之间的信任感，通过公开交流、自由讨论、团建来拉近彼此之间的关系，增加团队成员互相之间的了解与信任度，使得项目能够高效顺利地完成。第三个阶段是展现阶段。团队成员都要积极按时完成自己这一部分的工作，充分展现自身优势，使项目管理者根据每个人自身的优势进行工作安排与调度。第四个阶段是调整阶段，工作任务结束后项目管理者对整个项目进行归纳总结，对于设计项目过程中出现的问题以及如何解决进行反思，完善后续工作。

在现代社会中，团队是最重要的一种力量，在企业生存和发展中起着关键作用。要建设一支优秀而有效率的队伍，需要科学的团队建设和管理组织。例如，设计管理者通过健全管理机制和制度，让每一个人都能发挥出远远超过其个人才能的力量。在设计团队中，每一个人对于团队的效率都会产生或大或小的影响。一般来说，一个设计团队包括有设计、制造、市场等多个部门的人员共同参与，如图3-6所示。

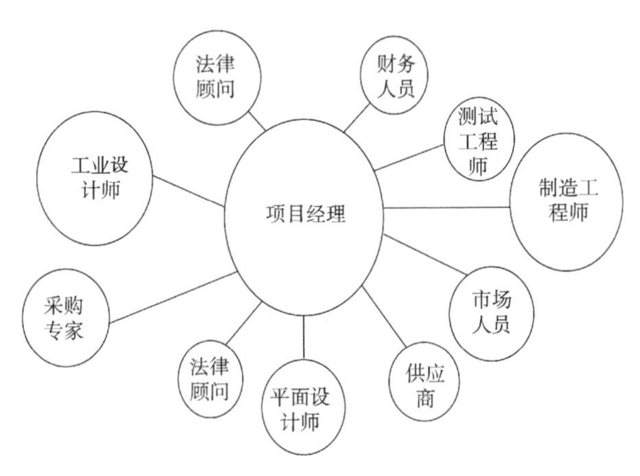

图3-6　项目团队主要人员构成

在组建团队时，主要成员最好是5～8人。设计师不宜过多也不应太少，人少则导致团队人手不够难以应付大的项目，人多则导致管理的难度加大。合理的分工和协作是构建高效能的设计团队的重要途径。

要想构建高效能的设计团队，首先需要一个好的“领头羊”，也就是设计项目经理，在项目管理人员当中，设计项目经理掌握着最大的话语权，他起着统筹全局的作用，对项目进行全面负责和管理，在设计项目中是承担重大责任。设计项目经理的工作范畴包括企划、监督、组织、协调与控制等管理工作。现在大多数设计事务所的设计项目经理是由经验丰富的设计师提升的，具备设计和管理两方面的知识，并且具有良好的人际交往能力和应急反应能力，从大局来权衡利弊。具体来说，设计经理需要具备的条件如图3-7所示。项目经理一般不需要具体参与到项目的设计中去，而是负责协调各种流程、预算、解决纠纷、监督，并安排好队伍分配由每个成员承担的工作，让团队中每一个成员清楚地知道他们的任务和责任，以及他们和团队中其他成员之间的关系。在这一过程中，设计项目经理应遵循公平合理的指导原则。

图 3-7　项目经理要具备的条件

同时，设计项目经理还要注意到个体的角色，即关注各成员状况，及时察觉到成员们的情绪并主动沟通。在沟通中，项目经理要善于倾听，并及时作出回应，这样才能有效地管理好团队。项目经理也不只是作为一个管理者，应与团队成员保持友好的相处，当遇到问题时采用引导方式妥善处理，而非迫使他人这样做。在设计项目管理中，项目经理也要使团队成员了解项目的实际情况，使团队成员之间取长补短，并根据人物特点来进行工作安排，例如，不能逼迫一个性格内向的人做项目展示。所以在团队成员选择问题上面，除注重其过往的成绩外，更应该关注其核心职业竞争优势和个性特点。

一个高效能的设计团队还需要具有高度的凝聚力以及有效的沟通。如果一个团队想法不一、力不往一处使，就很难高效产出，因此设计师要主动积极融入设计团队，这有利于更有效地开展项目管理工作。在项目过程中，设计师之间经常性的沟通可以提高团队的凝聚力，避免一些不必要的争吵，同时互相沟通式的学习有利于发现内显性知识。要理性看待在项目执行的过程中，团队成员间不可避免地会产生一些矛盾和冲突。矛盾有工作性与非工作性两类。非工作性矛盾是指由于组织中各种利益关系或人际关系的存在使人们之间产生对立情绪和紧张心理，从而造成工作与生活上的不协调现象。工作性矛盾体现为项目进展过程中，由于设计观念差异而产生的矛盾。非工作性矛盾体现为由于成员政治观念，信念的差异等所引发的冲突。为了能化解因成员间吵架所造成的不良影响，保证设计项目得以高质、高效地完成，项目经理要果断、干净利落地化解矛盾，而解决矛盾的最佳途径是通过磋商，寻求能够协调好双方之间利益关系的解决办法，确立客观的准则，以项目利益为重要前提，让冲突双方都能接受。总而言之，成员之间应互相支持、交流和尊重，齐心协力完成项目团队任务。设计师也需要明确团队的奋斗目标，对队伍有归属感，培养积极乐观的情绪以及团队精神，使自身能够更好地投入项目中，从而提高整个团队的效率。

3.2　设计评估

设计评估的产生与发展是设计自身走向科学化、规范化的结果。通过设计评价来规范与制约设计的输出与流程，能够增加设计成功的可能性。英国标准协会将设计评估定义为“设计活动的系统性独立检查”，爱尔兰企业局则将设计评估解释为对新产品开发、设计系统、设计过程及设计管理相关议题作确实的检视及严格的评估。因此，对设计进行评价，须遵循一定原则，采用一定的方法与手段来评判设计的过程和结果，并确定其价值。在这个基础上，形成了一套系统完整的评估体系。我们将设计评估定义为对产品设计进行客观检视以及提出意见，在此基础上，设计师对评估后的设计进行落实及改进。

3.2.1　设计项目评估的流程

在设计规划中，应将设计评估落实到不同阶段，设计阶段评价是对设计进行优化的过程。适时地进行阶段评估，有助于设计团队摒弃背离设计目标、毫无发展前途的设计项目，使得设计沿着一条正确的道路进行，有利于设计人员建立正确的设计思路，提高设计效率，有效地保证设计质量，从而降低设计费用。按照设计过程，可以将设计评估分为需求评估、初期评估、中期评估和后期评估四个阶段，如图 3-8 所示。

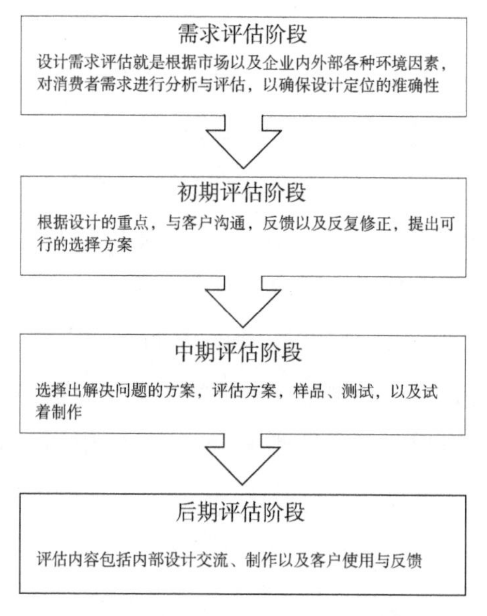

图 3-8 设计评估的四个阶段

需求评估阶段，首先需要思考的问题是怎样找到市场真正的需求，即进行设计定位。设计定位是否恰当关系着设计是否成功。因此，需要从市场调研开始，通过市场调研了解市场需求进行设计定位。在产品设计过程中，设计师必须通过调查研究进行产品市场调研和市场预测，来确定自己的设计目标，从而使设计具有针对性和合理性。设计需求评估是根据市场中的各种信息情报，以及企业内部和外部的各种环境因素进行评估，并对消费者的需求因素作进一步的分析和评估，以保证设计定位人精准度。设计需求评估可由专家小组进行，一般是在正式评估会议上进行，评估组成员在进行充分讨论的基础上，展开可行性分析，对设计需求达成一致。

初期评估阶段，整个设计流程中，设计师会出现各种复杂的设计想法。设计师们需要对众多设计方案进行反复地修改和优化，最终形成一套完善的产品方案。一切设计都以解决顾客问题为基本宗旨，因此在评估阶段的初期，需要对设计对象有一个全面的认识，理性分析、评估所产生的几种方案，通过科学合理、公正客观的评判标准，甄别备选方案，最终从这些方案中找到最符合需求的方案。一般设计评估是对现有几种方案进行对比评估。这样做有其必要性，因为需求方总是希望选择最优方案，使自身获得最大利益。但现实条件下，也许不会有这么多的选择方案的评估，可以通过现实方案与理想方案的差距，对该方案的优劣程度进行评判，然后根据判断作出相应反馈。这种方法对于设计人员来说，既可以帮助他们发现问题和改进不足，又能使其更快地掌握设计中需要注意的事项，从而提高设计品质。

中期评估阶段，在设计方案完成以后，通常不会立刻交给客户，团队还需要进行中期阶段的评估，以便于及时发现并纠正存在于方案中的问题，这一步可以有效地避免一些错误，防止设计返工，从而提高产品的品质和工作的效率。一般项目负责人会亲自主导项目的评估环节。在该环节中，主要工作就是针对设计中存在的一些问题，尤其是项目实施时遇到的困难，提出意见和修改。这一步需要项目负责人依据多年的经验和自身技能来把握项目质量，项目负责人在后续设计项目实施过程中也起着重要作用。评估者的知识经验决定了设计评估的结果，所以评估对项目负责人自身的专业能力要求较高。项目负责人在对设计项目进行评估时应该从实际出发，选择合适的方法和手段，也可以把一些具有代表性和指导性的评估方法运用到具体的项目实践当中去。在进行评估总结时，需要考虑一些因素：设计的合理性、设计的制作成本、设计的表现手法是否得当，视觉效果在不同的情况下是否展现不良的影响，设计是否完全满足了企业的全部要求，设计的内涵是否能够被消费者理解及接受，设计在操作性，可行性等方面有无问题等。

后期评估阶段，设计团队要密切联系客户，及时向客户反馈设计过程中出现的各种问题，站在客户的角度，与客户一起探讨设计方案的可执行性，包括市场、经济、技术等综合因素，合理评估方案可落地性，若因客观原因，方案确实需要改进，则需要及时与向客户沟通改进想法，从客户的立场尝试完善方案。待方案定稿冻结后，设计团队应该在内部对评估的内容进行归纳总结，以便为以后的工作提供指导和依据。

设计评估的对象可以分为企业层级与部门层级、设计项目层级及委外设计项目等，如图 3-9 所示。在实际应用中，设计评估主要是针对设计阶段开展的，偶尔也会将其延伸到产品研制过程之中。企业可以通过定期的设计评估（每半年或一年的定期评估）来评估企业组织应用设计的效能、设计项目的推进情况、落实度和成果，并且提出改进意见。

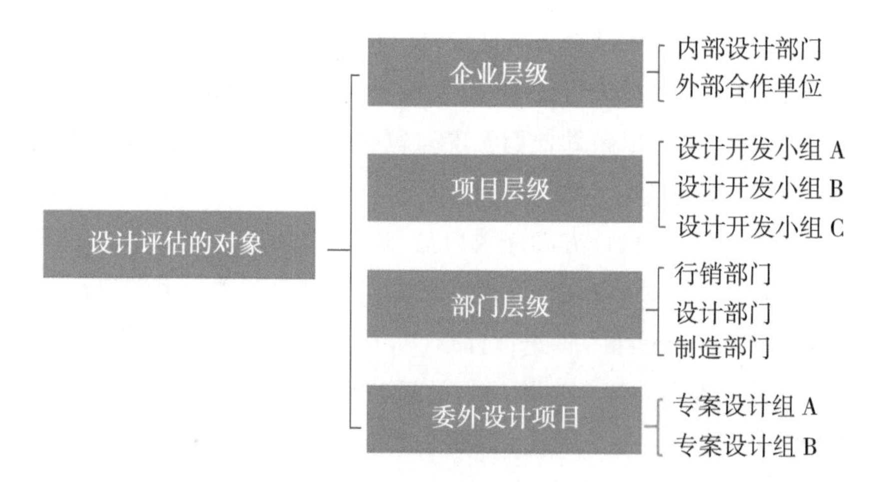

图 3-9 设计评估的对象

将设计评估应用于不同的设计阶段，能极大地减少设计成本，以确保设计质量，使设计结果不偏离原设计目标。在不同的阶段，从设计主次关系来看，理性地借助于正式或者非正式评价形式来评价设计结果，有助于设计项目组灵活机动地达到设计成果。设计中的评估具有客观性与主观性相结合、定性评估与定量评价相统一的特点。设计的评估，能够促使设计者树立质量管理意识、强化质量管理、优质地完成设计任务，还有助于设计师的信息交流和工作反思。

3.2.2 设计项目评估的实施

为了保证设计目标的达成，需要在设计项目的不同环节进行评估，检验前期工作是否达到企业规划预期，及时验证纠偏，避免设计偏差造成人力、物力和时间上的浪费。项目评估的方法很多，总体来说是遵循设计定位要求，所以项目的评价也应注重对项目审美、物质功能、社会功能及其他无形价值的评价。项目发展过程中常伴有大量的创新因素，尤其在设计程序中、工艺流程等环节，均为企业无形价值之所在。所以在评估设计的各个细节时，应提前制定详细的评估标准。

进行设计项目的评估前，一般需要确认和分析指标，依据该项目和投资企业的具体情况，就各项指标的重要性进行排序，进而给出定性或定量的描述。最后按一定的模型、方法进行综合抉择。一个较好的投资评估指标体系应该包括市场评估、产品与技术评估、设计项目的规模评估、设计项目的风险评估等几方面内容。

1. 项目市场评估

产品设计项目的市场评估主要是针对更新换代产品而言及对未来市场的预测,并侧重后者。市场评价一般采用定性与定量相结合的方法,例如一种指标评估通过调查现有的市场与竞争状况,判断本项目有无可观的市场前景,其评估结果可为项目决策提供宝贵依据。

市场预测就其内容而言是相当复杂的。从总体上讲,在对项目进行市场分析与预测时,首先,应该明确该产品在市场上的主要消费对象及其特征,同时也要考虑某些潜在消费对象对于商品的服务依赖与需求程度、需求目的以及商品需求弹性等。其次,必须认真分析市场上对于该产品在不同价格水平上的需求量,并考虑企业所能接受的最低价。而且需求量还取决于消费者的收入水平,因此需调查目标人群的经济来源、经济收入结构及其最多次数的某种收入占总收入的比例等。最后,还需要调研竞争产品的发展趋势。市场上肯定还有多种类似的具有替代性的竞争产品,在这种背景下,产品的推广度以及竞争力都存在未知因素,因此要充分明确设计项目的市场定位,估算产品在预计时间抢占市场份额,并作好增长空间和市场潜力的分析评估。

2. 产品与技术评估

对设计项目进行产品和技术评估,着重对产品技术独创性、技术含量等进行考察和评价、私密保护与继续创新。设计项目产品的价值是以其技术先进性为基础的,因此在对项目产品进行市场调查时需要考虑技术的合理性、创新性以及市场竞争力等因素。具体地说,是对产品技术特征、技术水平进行分析,对艺术水平和知识产权进行保护,还要分析评估产品的竞争优势,更新时间、技术发展前景方向和核心,考虑产品的研究开发能力、生产能力及各种支撑条件等。

3. 设计项目的规模评估

规模评估会影响企业的投资决策。通过投资所形成的项目生产规模直接决定了投资回报,因此项目规模也是评估体系中不可忽视的部分。项目评估受市场供求状况的影响，其规模的大小由市场对产品的需求决定。所以要持续关注市场供求预测结果，通过市场对于产品的需求分析设计项目规模。

4. 设计项目的风险评估

产品设计的最终目的还是要获得市场以营利，但市场往往存在风险，因此设计项目的风险分析是必要的。产品技术风险，融资风险，质量风险等都是设计项目中可能出现的风险，不同的风险所带来的危害也是可大可小的，或许产品质量中的某一细节的小缺陷可能会导致整批产品不合格从而影响市场竞争下降和产品收益受损。产品的风险评估可以通过定性定量的方法相结合、基于知识的分析方法以及基于模型的分析的方法来进行评估，分析出项目面临的各种风险及其可能带来的负面影响，并针对于此讨论风险应对政策，如图3-10所示。

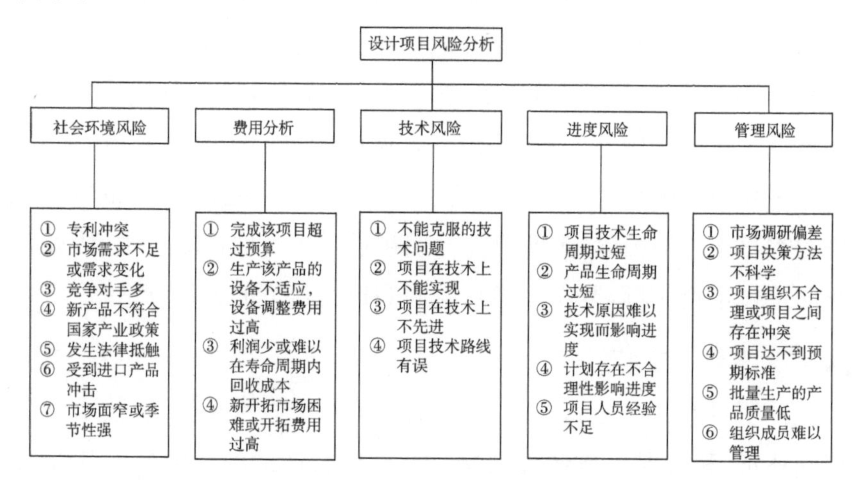

图3-10 设计项目风险分析

3.2.3 委外设计项目的评估

委外设计项目是企业将部分并不核心的业务委托给拥有一定资质、声誉良好的公司实施或者加工，委外设计的内容一般为非核心业务或者技术含量很低的公司。

在国内外竞争日益激烈的开放环境下，企业对于产品的追求与要求也随着人们的多样化需求的转变而提升。但受很多因素影响，有些公司并无专业的设计人员或产品研发团队。所以许多公司选择最为节省的办法是找合作方来进行产品的创新研发设计或更新迭代设计。在合作开发中，每一个企业所承担的责任都是不一样的，面临的问题亦各不相同，例如施工方与设计方的协调度不够、评估标准不统一，合作双方各自为营、信任缺失等问题。因此，在项目前期，应注意厘清双方的责任和需要，建立互信关系，以便于项目的如期进行。在项目的执行中，要确保全面性、深入性的阶段评价活动，并由各个企业参与，出现了什么问题，就及早提出，也便于及早及时地解决问题，以免影响下一步的工作。在项目最后阶段，企业应发挥主观能动性，激发团队潜能，统筹好资源，让企业内部的各个部门齐力协作。

同时，企业应对委外设计项目的评估多加关注，在审查整个采购实施流程时，企业需参考配合单位与委外单位的评估记录，整个委外流程分为项目规划、项目组织、项目执行、项目监督及项目评估五个阶段，如表 3-1 所示。

表 3-1　委外设计评估阶段的范围和内容

阶段	范围	内容
项目规划	拟定委外设计项目大纲	委外项目的背景资料、项目的范围与特性、项目竞争环境、市场背景、项目预算、预期时间等
	拟定初步名单	委外单位的资质条件、名誉、规模、设计经验与案例等
	评估提案	委外单位根据项目大纲对项目进行初步规划与提案，提案应该包括项目计划、项目组织、酬劳与费用等
	确定委外公司	对于提案的评估包括提案内容的评估、设计团队的评估，项目管理的评估，以及根据委外单位的成功案例与经验，从而选择最适合最好的委外单位合作
项目组织	组建项目团队	项目委任团队和执行团队的组建
	评估合同并签订	合约内容应该包括进度表、费用和双方权益声明、交付事项、付款条件、知识产权与专利、项目终止方式等
	确定项目实施计划	委外项目计划的确定
项目执行	设计定义与概念	进行相关调研，从而明确设计定义与概念
	设计推进	最终方案、草图、建模图及模型
项目监督	设计实现	产品原型与测试，开模与试验，试产与产前测试
	设计改善	根据实际测试结果进行设计改进
项目评估	目标评估	对产品进行各方面评估，是否达到标准
	过程评估	对项目过程中企业的协调配合度与设计管理(进度、成本、人员等)各方面进行评估

3.3 管理与沟通

沟通是不同主体思想与感情的传递和反馈的过程，以求思想达成共鸣和情感的交流。在企业中，管理者为实现某一目标将信息、观念及想法传达给设计师，设计师良好地接收和反馈信息并执行任务，这一过程就是沟通。沟通是相互的过程，而并非单方面的信息发送或接收。如果只有信息从发送者到接收者的传递，而没有任何反馈，那么这种沟通通常是失败的。建立有效的沟通，有利于管理者更好地管理团队。管理是指在社会团体组织中，为了实现预期目标，围绕着人进行的协调活动。管理与沟通有着十分紧密的内在联系。管理不能独立存在，良好的管理离不开有效的沟通，而沟通也存在于管理的各个职能当中，并且始终贯穿管理的全过程。

3.3.1 沟通与管理的关系

管理着眼于人与人、人与物等多种企业资源的组合过程，侧重于管理者、管理对象、资源和全过程。沟通则侧重于管理活动中不可或缺的核心信息交流过程。在现代企业管理的定义中，管理的范围与对象包括物流、人流、资金流与信息流等。交流的重点在于正确处理信息流，因此信息流是整个管理系统中最活跃、最有价值的要素之一，它在生产过程中起着重要作用。

企业管理行为过程中绝大多数是在和人打交道，也就是沟通的过程，管理的实质与核心就是沟通，沟通是管理行为中最有效的手段。从计划的制订、信息数据采集、梳理分析到项目最终落地都是离不开沟通的。例如，数据采集过程中要用到的访谈法、问卷调查法等，均需借助于沟通才得以顺利进行。另外，企业管理也是一直需要和很多不同层面的人进行沟通，上到领导、下及员工，对外应酬。例如，财务管理中对财务数据进行及时的获取、整理、分析、总结、发布、传递，它为企业管理层对企业运行状态进行监督提供了权威依据。在日常管理工作中，管理者经常会遇到各种各样的问题，沟通是解决问题的重要途径之一。人力资源管理更是每天要进行交流，唯有智慧而真诚的管理沟通，才能够打动人心，发挥激励作用、发掘员工潜力，更好地创造企业价值。

沟通对于管理起着比较大的作用，主要包括：第一，交流作用。沟通的基本职能是信息交流，企业组织需要获得各种有作用的信息，可以说企业大大小小的决策，都是通过与外界进行信息交流辅助执行的。第二，控制作用。管理者通过交流来强有力地控制员工的思想和行为，并在正式的谈话中让他们了解企业的需求，从而促使员工遵守公司纪律，积极认真地工作。第三，激励作用。良好的沟通可以使员工斗志昂扬、激情满满，不仅有助于他们自己找到自己的目标，也有助于提高员工对于工作的积极性。对员工工作进行反馈与夸奖，对期望行为的强化激励起着重要作用。第四，调节作用。调节指的是帮助员工有效沟通后达成的一致性或相容性，因为人与人之间难免会出现沟通不畅的情况，因此管理人员也要调节好成员之间的关系。这种调节作用表现为对情绪、个人行为的调节作用。通过私下交流，能使人与人之间相互了解彼此，双方都自动调整各自的行为，以此消除误解，使之与组织环境相适应。第五，心理满足。人类本身是群居动物，语言能够传递温度。通过团体组织中的沟通交流，员工会从心理、精神上感到愉悦和满足，可以缓解工作上的压力，保证员工的心理健康，从而减少管理中遇到极端沟通问题。第六，提高工作绩效。通过多加与外界沟通，管理者学习掌握新的理论、运用新思想以及培训员工技巧等多方面广泛的知识，有助于提高工作绩效。

3.3.2 项目管理沟通

项目管理沟通是整个项目成功的关键，也是项目推进的支撑力量。沟通对于项目管理者来说是最重要的工作之一，项目管理者通过沟通探讨改善决策，促使员工协调配合，激励员工工作，加强组织与外部的联系，从而获取最新的信息和资源。

1. 项目沟通媒介

媒介是指人、事、物之间形成关联的物质。媒介包括两种类型：一是承载媒质的信息或内容的容器，例如课本、光盘等；二是可以传播信息的技术设备、组织形式或社会机制，例如电话、网络、邮箱等。人与人之间的沟通媒介主要有：面对面沟通、电话口头沟通、线上视频沟通、私人书面沟通、正式书面沟通，如表 3-2 所示。

表 3-2 常见沟通媒介优缺点比对

沟通媒介	优点	缺点
面对面沟通	信息交换最充分的交流方式。沟通者可以从对方的表情、肢体语言充分地感知到对方的情绪，从而揣测出客户的想法	这种沟通方式就需要让处在不同地方的人聚在一起，耗费精力与时间较多
电话口头沟通	信息能够以更准确、更迅速的方式传递，交流效果可以通过对方的声音、语气等感知；在处理尴尬的问题时，电话沟通确实会是一个好的选择	无法感知对方的面部表情、肢体语言等非语言信息，信息量大则不适合口头沟通，不方便记录后查看
线上视频沟通	方便快捷、迅速，节省会议经费、时间成本，提高会议效率	对不同网络的支持能力差，视音频效果差，安全性、稳定性得不到保障，部分问题在线上难以进行沟通
私人书面沟通	沟通者在网上会更加诚实坦率地表达自我想法，表达精准性高，便于长期保存，语言严密且清晰	收到消息的延迟性导致难以及时反馈，文字的内容耗时长，效率低下
正式书面沟通	适用于受信人多的情况，保证信息的时效性、及时性、快速传递和及时反馈	难以及时反馈，使用情境单一

项目管理者在选择沟通媒介时，应该考虑以下三个因素：一是信息量。信息量是指沟通媒介所能传递的信息量是否能满足要求。如果信息量比较大，口头沟通就不大合适，因为聆听者很难记住所有的信息，信息量取决于反馈的可获得性、多种渠道的使用、沟通的类型等因素。二是成本。成本是指采用某种媒介所花费的资金、时间、人力、物力资源。三是信息存档需求。这是指交流沟通过程是否需要书面记录或者电子存档。

项目管理者需要明确并掌握媒介的本质及其象征意义，选出最合适的媒介，并以此为沟通工具。媒介是传递信息的载体，微信、广播、网络都是常用的信息载体。各种沟通媒介具有自己的特性，例如通过口头沟通，信息能够以一种更准确、更迅速的方式传递，交流效果可以通过对方的声音、语气等感知，但无法感知对方的面部表情、肢体语言等非语言信息。面对面交流是最常见的交流方式，沟通者可以充分地感知到对方的情绪、表情，从而揣测客户的想法，因此它是信息交换最充分的交流方式。缺点是这种沟通方式需要让处在不同地方的人聚在一起，过多地耗费精力与时间。线下开展项目会议就属于典型的面对面沟通，在这个过程中，会议领导要注意积极推进而不是支配会议，在发表演讲时必须清楚简单地进行沟通，也要多加聆听其他设计师的想法，并在预定的时间内结束。私人书面交流一般采用信件、电子邮件的方式进行，这种方式精准性高，但是可能这边没有及时查看信息，另外那边又没有尽快回复，容易出现消息延误的情况从而造成事故。正式书面沟通是一种向群体发布信息的沟通媒介，例如公司发布一则通知，在群里发的文件，新推出的规章制度等。这种沟通方式具有便捷迅速、严肃性、准确性和时效性的特点，沟通效率比较高，强调的是通知的功能；缺点是这种沟通往往是单向的，不便于获得反馈信息。

项目经理的沟通管理可利用各种渠道，但需根据各成员的实际情况，选择双方都认同的沟通渠道，对于沟通媒介的选取主要还是具体情况具体实施。例如，和项目成员可进行线下会议或电话交流，但是向顾客和企业的上层管理人员沟通需要提出书面报告。

2. 项目管理者的沟通职责

沟通对于项目管理者来说是最重要的工作之一，项目管理者通过沟通探讨来改善决策，促使员工协调配合，激励员工工作，加强组织与外部的联系，从而获取最新的信息和资源。具体来说，有以下几点。

首先，项目管理者要保持畅通的沟通渠道，以免错过重要信息。沟通的人数多，容易造成相互沟通的难度增加，典型的问题是“信息凝滞”，即彼此信息不互通。造成这一现象的原因较多，如时间紧张、防备心重、缺乏信任等，也有一部分原因是和个人人生经历不同而导致对同一个问题的解读产生分歧。但为了尽量保障沟通质量，当交流沟通时要尽量避免多种干扰，用心沟通。

其次，项目经理要与客户持续保持沟通，使客户随时了解进度情况。为了使客户对最终的设计成果满意，应建立项目经理与客户定期交流的制度，使客户也参与到设计中来。其沟通形式可以根据实际情况调节，既可以在固定时间与客户电话交流，也可以约见详谈。有效平等的沟通能促进相互的信任，项目经理要把客户反馈的信息及时告诉团队成员，使他们掌握最新的信息，这样有助于提高整个团队工作效率，项目经理要乐于听取不同的声音，应在团队内定时、明确、真诚、公开地沟通。

最后，项目经理一定要擅长沟通。需要经常与团队成员及投资方、客户、公司领导进行沟通和交流，积极听取改进建议，频繁、有效的沟通也有助于项目的顺利推进，所以项目经理需要拥有出色的沟通能力与技能。在项目的不同阶段，沟通的技巧会有所不同。例如，在一个项目团队刚刚组建时，需要多加进行沟通以增进感情，从而营造良好的工作氛围。

在进行沟通时，要注意沟通方式与技巧，沟通是一门艺术，良好的沟通可以给客户留下良好的印象。一个优秀的项目经理应该学会倾听客户所表达的期望与要求，并统筹和协调团队成员的意见。例如，在团队会议上，项目经理应该给予成员平等交流的机会，而不是自己一个人的演讲。项目经理也应该经常走出自己的办公室，主动和项目成员沟通，去了解更多的想法。

3.3.3 项目设计沟通

在一个项目中，并不能凭一己之力包揽所有事情，而应学会发挥团队的作用。设计沟通能够最大化地发挥团队的力量。在设计开发过程中，设计师必须及时提出自己的意见，如果遭到质疑或反驳时应该充分表达，互相之间交流讨论、学习进步，通过这样的互动过程，团队成员的团队意识和工作积极性会大大提高。

1. 设计沟通的概念

设计沟通指的是一种互动的关系，它是实现设计目标的必经之道，为了设计项目能够取得成功，需要开拓多元的设计沟通渠道。刘国余教授将设计沟通的定义为："由于设计是一种多学科、多专业相互交叉和渗透的群体性创造活动，这一活动的特性使一些管理者越来越明确到设计沟通在设计项目执行过程中的重要作用。"刘瑞芬则认为："设计沟通是设计管理的重要组成部分，其整体的含义是处理产品设计、设计者、经营者、消费者、使用者、管理者与设计管理者之间的关系。"总而言之，设计沟通指的是不仅要理解设计师的观点、认识和态度，还要对消费者行为、管理者的决策等多方面进行剖析，进而对设计进行适时调整。

2. 设计沟通的适用范围

设计沟通的范围除了设计师自我的设计呈现，还包括团队内的设计沟通

(上下层级或设计师相互之间)、客户与设计人员之间的沟通。它可以分为内部沟通与外部沟通,其中设计管理者是内部沟通的重要组成部分。设计管理者对内承担设计项目责任,对外介于客户和设计师之间、设计师和设计师之间,起到桥梁作用。设计师作为设计的基本单元,对设计的交流有着举足轻重的影响。设计师间还须进行有效的交流,以提高团队的凝聚力,如图 3-11 所示。

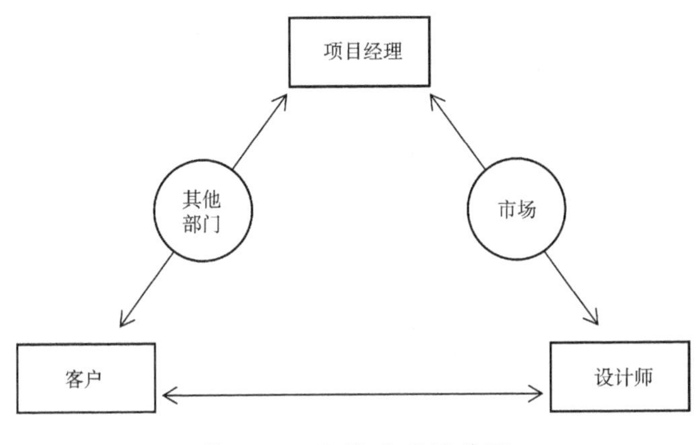

图 3-11　设计沟通的范围

设计是从概念设计开始,从平面草图到实物生产,在这一过程中,不只是设计师的参与,也有生产制造的生产者等设计支撑的参与,这使设计师有更多需要考量的地方。项目是否成功最终还是看目标消费者。设计师要把自己的思想传达给消费者,让消费者接受并使用产品,从而产生消费的欲望。消费者对产品有着最直观的感受,直观地反馈出产品的造型和功能的评价,设计师根据用户反馈,能够更加明白产品的不足以及用户审美角度。

同时,实际设计项目一般与投资方老板或者其他企业有着合作,那么双方需要就资金预算、效果预想等一系列问题进行密切的沟通才能持续推进。良好的沟通能使团队达成设计一致性,从而高效解决设计过程中出现的各种问题,因此在设计管理活动中,设计沟通贯穿始终。

3. 设计沟通中出现的问题

设计团队内部的问题主要表现在设计项目的展开,通常需要各个专业领域的人参与进行。在设计项目的整个实施阶段,包括了对设计方案进行评审和决策，并将其付诸具体工程实践。在这个进程中，设计团队这一组织形式具有举足轻重的地位。设计团队是企业进行产品研发的基本单位，具有明确职责分工的整体系统，帮助设计者将不同行业或学科之间的知识融会贯通并形成新的解决方案。在项目设计期间，设计团队由设计师及生产商、市场部门、财务部门和其他部门组成。其中，设计团队成员之间需要建立起信任关系，从而实现整个团队目标。在进行设计时，各种成员之间必须互相信任、互相合作，才有可能卓有成效地发展。由于每个人都是一个独立个体，所以沟通是必不可少的环节。但是由于每个专业部门的工作性质不同，这就容易给沟通带来困扰。例如设计师很容易因为过度追求产品的审美、功能的完美而不顾预算成本和实现技术限制等现实因素，如果和施工部门不多加沟通，可能导致其设计方案无法实现。如设计的一款产品的弧度无法做出来，或者材料加工工艺无法实现。而这一切问题的产生，是由于缺乏畅通的交流。

设计团队的沟通障碍有三类：第一类为自我为中心障碍。从事创意设计工作的人比较注重形式美感，这就使他们容易陷入自我主义，而没有搞清楚自己并不代表广大消费者的想法。第二类是过度自信障碍。设计师们容易错误地认为因为生产部门、市场部门等其他部门的工作人员没有相关设计知识，可能导致设计师不听取别人的建议，甚至出现生产返工的问题。所以设计师应该虚心听取别人的建议，及时请教。第三类障碍是缺少对彼此工作特性的了解。这不仅会导致工作衔接出现断层，也容易挫伤工作积极性。对于设计师来说，他们的思维本身必须是开放、跳跃的，不喜欢过多被拘束，管理者如果不了解设计师的工作特性，而总是采用同一种标准要求设计团队所有人员，会限制到设计师的思考空间，使他们对于沟通产生抗拒，影响设计效果。

在设计项目开展过程中，除了设计人员之外，还会有许多非专业的人员参与到项目中来，如客户、投资人以及与非专业出身的主管领导，都会在方案评估的不同环节参与其中，也会存在不同程度的沟通障碍，就产品的设计过程而言，要和消费者、生产者之间进行沟通。究其原因在于设计师进行产品设计时，考虑到用户体验和审美需求等诸多因素，但非设计群体普遍没有设计专业背景，容易导致沟通障碍。另外，在实际工作中，由于设计团队成员往往来自不同行业或地区，所以对于客户的需求和期望很难做到完全同步，这也可能导致沟通问题产生。如果设计师和顾客缺乏有效交流,不但会使设计项目推进不顺,还会使设计产品很难达到预期效果。

3.3.4 有效沟通的方法

为了避免设计项目管理和设计展开过程的沟通障碍导致工作效率偏低、信息传达延误以及设计方案不符合客户的预期等问题,成熟的设计企业往往会形成自身特有的沟通解决办法,常见的有效沟通的方法包括恰当提问、营造良好的沟通环境、真诚沟通等多个渠道,如图3-12所示。

图3-12 有效沟通渠道

1. 恰当提问

设计师在设计过程中,不可避免地会遇到许多的问题。首先我们需要从用户角度出发进行分析,从而为设计提供参考依据。其次在进行沟通时,我们尽量直接明了把一些问题讲出来,用事例辅以数据来说明问题,更加有可信度。同时在与客户交流的时候,我们要注意自己语言的表达和语气上的变化,避免使得客户感到急躁。我们仍然可以采取在现场一边看一边讨论的形式,这也是一种高效解决问题的方法。总之,我们正确地提出问题是为了更好地解决问题,一切都是以更好地完善设计方案为目的的。

2. 营造良好的沟通环境

创造良好的氛围是高效设计交流的重要步骤。刚开始谈话时,我们可以无意中说几个日常的话题,放松双方紧张的情绪,比如拉拉家常、聊聊最近社会讨论的热点问题等，这样就可以和客户打开一个话匣子。谈话的内容应多做约束，良好的沟通气氛能使彼此产生一种轻松自然的感觉，从而使我们达到有效沟通的目的。在谈话的过程中积极倾听他人的谈话，不能做其他的事情、随便地打断别人的讲话，同时应适时给予反馈，适当地给予对方肯定，赞美对方，这种方式也能使对方心情愉悦。

3. 真诚沟通

在人与人的沟通中，不论是多么高超的沟通技巧，都不及"真诚"二字重要。要在互相理解、互相尊重的前提下，真诚地去表达想法构思。在交流的过程中，要真诚地聆听对方的想法，不把个人意愿强加给团队成员。如果是面对客户，需尽量避免使用过于专业的术语。无论是面对团队成员还是客户，都应通过具有逻辑性的设计语言，去展示方案的演绎过程，准确传达设计理念与想法，使其正真接受设计理念和表达方式。沟通人员若具有现场迅速绘画的手绘能力，可以现场运用一些简单的线条或者是色彩，将彼此的想法通过图形化的形式进行传达，从而使对方能更直观地了解到设计师的设计意向。因此，企业应该重视对设计师手绘能力和语言沟通的培养。企业经营者与管理者在设计的交流过程中，也要扭转传统的长官式的思维模式，尊重和理解每一个方案的劳动付出，有效引导设计方向，实现真诚的有效沟通，从而调动设计团队工作积极性，提升设计工作的开展效率。

3.4 设计法规管理

3.4.1 知识产权

知识产权是基于创新成果和工商标记依法产生的权利的统称，从名词表意来理解就是对于知识的财产权，这也是一种全新的财产权形式，它主要包括专利权、著作权、商标权等。其中专利权与商标权又合称为工业产权，如图3-13所示。

1. 知识产权的特征

知识产权的客体是非物质性作品、创造发明与商誉等，它具有无形性，需

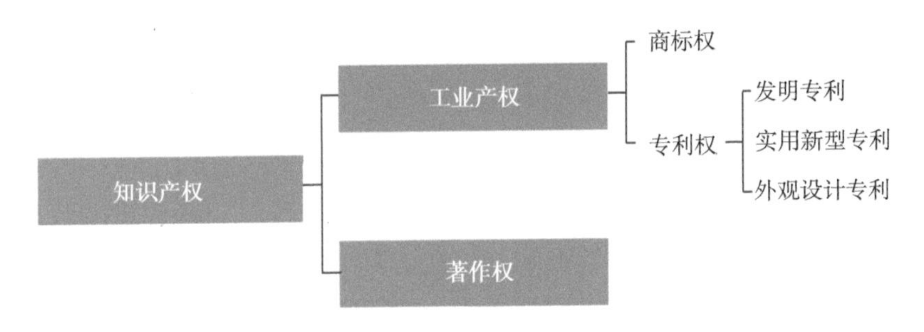

图 3-13　知识产权的构成

要靠某种物质载体才能存在。但是取得物质载体不等于拥有它所携带的知识产权。比如购买一双耐克品牌的鞋,并不意味着拥有了该品牌的设计专利。物质载体与知识产权,是两个截然不同的概念。知识产权既具有一定人身权的(如签名权)属性,还包括财产权的一些内容。它具有时间性,即大部分知识产权保护期有一定限度,一旦超出法律赋予的保护期限,即不予以保护。我国对著作权的保护期是作者终生及其死亡后 50 年。创造成果要向公有领域发展,成为民众能用得起的公共资源。商标注册同样具有法定时间效力,到期后,权利人不再办理续展登记,也将进入公有领域。知识产权的效力只在本国境内有效。除了著作权外,在本国内申请的知识产权在其他国家不能自动受到保护。

2. 知识产权的作用

工业产权虽然是一种具有财产内容的权利,但是与财产所有权却有着差异性,它的客体是一种无形财产。一般来说,财产分为有形财产和无形财产。财产所有权的客体是一种具体的有形财产,例如我们的房屋、汽车、钱都属于我们受到保护的个人财产,而产权的客体是脑力劳动创造的精神成果,它并不具有一定的物质形态,是一种无形财产,由此,产权依附于有形财产。精神产品和文化艺术等无形资产的价值主要来源于其物化形态——产权所创造的物质财富。设计也是很多科技的物质载体,科技也只有转化成商品才能实现其价值。因此,产权可以说就是一种具有特殊意义的精神产品。我们的设计如果没有知识产权的保护,就极其容易被模仿或抄袭。知识产权的保护能够给设计带来产品附加值(个性附加值、科技附加值、安全附加值等),甚至有可能增值。知识产权是企业重要的竞争武器与无形的财富,企业可以凭借知识产权保持自身竞争优势与特色。设计是知识产权保护的对象,而知识产权是设计的有力保障。知识产权的蓬勃发展,对我国工业设计的进一步发展起着重要的推动作用。

在知识产权时代到来的背景下的设计管理,要充分认识到知识产权对企业的重要意义。在设计管理过程中,企业对自身的知识成果要有保护意识,一方面,要符合法律的规范,产品、标志 Logo、商品名称等设计成果要及时查新查重,避免所设计开发的产品涉及侵权,造成经济和品牌名誉上的损失。另一方面,也要树立好自我保护意识,及时按照相关规定流程申请知识产权,保护自身的合法权益。设计管理涉及企业的无形资产和经济利益,在商业竞争中也是不容忽视的一部分。对于知识产权的保护也是管理者要特别关注的事情。

3.4.2 专利

专利即专利权。专利制度是一种专门保护技术知识和智力劳动成果的法律制度,它以法律形式确认了发明者对其发明创造所拥有的独占权利。它指某项发明创造(发明、实用新型或者外观设计)在国家专利管理机构申请专利。通过依法评审,给予专利申请人在指定期限内对该项发明所拥有的专有权称为专利权。专利具有明显的排他性,在专利法确定的有效期之内,专利权人拥有自己发明创造的独占权。

专利一词可以从三个方面理解。首先从法律意义上说,专利指的是得到法律认定的特有的权利,它是专利权人在法律上对自己发明创造所享有的专有权。从技术发明说,专利是指专利法所保护的发明创造、实用新型与外观设计三种具体的形式。专利的另一个含义是指授予专利权的发明创造内容的详细说明书以及受法律保护的技术范围,是具有法律效力的文件。从文献检索的角度来看,专利也包括了公开的专利文献以及在公开的专利文献中尚未被其他任何组织或个人所采用过的技术信息。一般所谓的“查专利”是指对此类专利文献进行检索,从而,专利也可以理解为对公开专利文献的统称。专利还包括在一定时期内已经申请专利或正在申请中的其他专利申请,如实用新型专利申请等。就这些而言,可以认为,专利是一种公开的技术,拥有独占权。

1. 专利的分类

根据《中华人民共和国专利法》(以下称《专利法》)第一章“总则”中的描述:专利包括了发明专利、实用新型专利和外观专利。

发明专利是指对产品、方法或者其改进所提出的新的技术方案,是在生活中运用已有的物质,制造出能解决某些现实问题的新技术、新产品。专利就是一种专门用于保护发明人智力成果的法律文件。在我国专利法中:“发明是对产品、方法或者其改进提出的新技术方案。”发明专利具有两方面显著特点:技术性是指用新的技术方案解决具体的问题;法律性要求专利主管机关依照专利法的规定予以审查,只有它符合专利法所要求的条件,才能获得专利权。发明专利所称产品,是指工业生产中可以制造出来的各类别新产品。发明的新技术方案可能是《专利法》意义上未直接应用于工业生产的技术概念,但要具备如下优势:用于工业的可能性能解决具体技术问题。

实用新型专利是指对产品的形状、结构或组合,可以应用到实际应用中的新技术方案。实用新型只能是具有一定形状的产品,不能是一种方法。由此可见其实用价值大。国家保护实用新型主要是为了鼓励低成本、研制周期短的小发明的创造,更快地适应经济发展的需要。实用新型保护的技术方案与发明专利相比,区别在于在保护范围上,实用新型保护的是设备、仪表、文具等有形物,保护对象的实用性更强;在技术要求上,实用新型专利比发明专利要求更低;在保护时间上,实用新型保护期相对发明专利较短。中国《专利法》规定,发明专利的保护期为20年,实用新型的保护期为10年,虽然实用新型专利保护技术需求难度相对较低,但实用新型所包含的技术方案在工业领域具有适用性和实用性。

外观专利是指对产品的整体或者局部的形状、图案以及色彩与形状、图案的结合作出的富有美感并适于生产生活应用的新设计方案。外观专利的保护对象必须呈现在具体产品上,珠宝、电动工具、家电、礼品盒均能受到外观设计专利的保护。不能重复生产的手工艺品、农产品、畜产品、自然物等,不能作为外观设计的载体,如一个单一的图案,则只能够申请版权或商标权,不能单独申请外观专利,但如果这个图案被用在矿泉水瓶身造型上,图案则可以结合瓶身包装作为载体申请外观专利。外观专利保护的内容主要是具有时代性的快速消费品，要求的观赏性强，其样式随不同年代人们审美而异，具有千变万化的形式。外观设计专利保护的不是产品技术方案，而是产品的外观。

无论是哪种形式的专利，对于企业而言都具有重要的战略意义。发明专利和实用新型专利可以保证企业的核心技术优势，外观专利可以保证产品造型的差异性，在激烈的商品竞争中独树一帜、别具一格，可以让消费者更好地识别与记忆，对品牌效应的形成大有裨益。苹果公司就是一个成功的典型范例，苹果公司拥有有关 iPhone 智能手机系列及其相关产品设计的多项专利，在很大程度上引领了手机数码产品的时尚潮流，吸引了大多数年轻人的狂热追新。而苹果公司一方面对山寨、抄袭现象进行专利追责，有效地捍卫了自己的专利权，另一方面也利用专利战，打乱竞争对手的商业部署，为自己抢占市场赢得时间和空间机会。

2. 专利的价值

创新是促进国家经济增长的持续的动力，纵观国内外经济发展史，各个国家鼓励设计创新，依靠创新驱动取得了良好的经济效益。日本设计的成功就是一个典例，从席卷大街小巷的无印良品、优衣库设计，再到充斥在生活里面的小细节、松下、东芝、索尼、佳能等各种商品设计。这些设计上的成功都为日本经济的增长作出了贡献。而专利作为技术创新的最终产出指标，也被诸多学者用来衡量区域技术创新水平高低，对区域经济增长具有重要影响。

专利产品认定是促进创新型企业发展的一个重要举措，是我国加强知识产权保护工作的一个新的重要内容。我国专利保护政策已经由过去的鼓励数量转变为重视质量，鼓励发展高价值专利。专利权的价值体现在将发明创造附着于产品上，商业化后获得利润的能力。因此，专利的兴起可以推动国家的经济增长，从世界各国经济发展史中就可以得到合理的解释和有力的证实。如在“二战”后，以美国和日本为代表的西方资本主义国家，迎来了一段经济持续高速增长的黄金发展期，学者通过研究发现，促进这些国家经济高速增长的原因不仅仅是资本积累，更重要的是这些国家高度重视科技创新，制定了一系列有利于提高科技创新水平的相关政策，日本甚至喊出了“科技立国”的口号。通过总结西方发达资本主义国家经济高速增长的经验可以发现，正是由于政府出台了诸多能促进科技创新水平提高的配套政策，才会有国民经济的高速增长。所有这些都表明，以专利为代表的技术创新已经成为促进经济增长的重要驱动力。

3. 专利的申请

专利申请是指专利申请人向专利局请求授予专利权的行为。具体申请流程如图 3-14 所示。

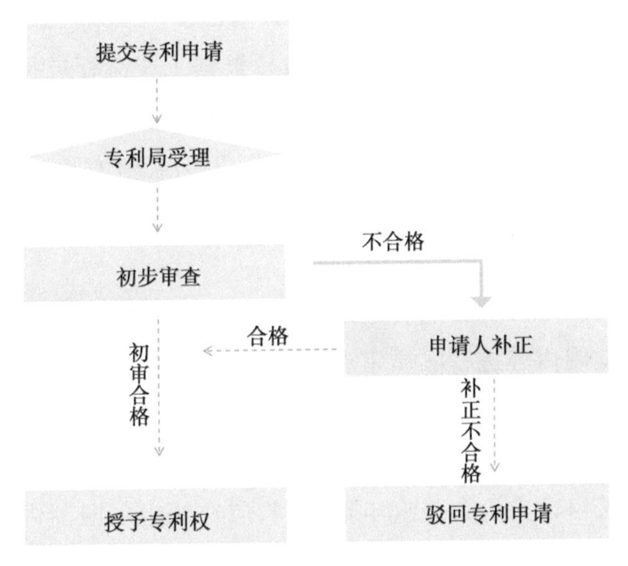

图 3-14　专利申请流程

第一阶段是提交专利申请，发明人或者申请人以书面形式向专利局申请专利，申请对其符合申请专利要求的发明创造授予专利的过程。这是专利权获得的必经阶段，是专利局对专利申请依法审查的结果、确定专利权授予与否的基础工作。申请专利须交纳申请费，并递交专利申请文件，交申请费是申请专利的一个基本条件，也可根据情况减免或缓缴费用。递交的申请文件通常由四部分组成，分别是申请书，即申请人请求专利局给予自己发明创造专利权的说明；摘要、简述发明创造名称、核心技术和实用用途等；将创新的设计产品公开，使公众了解并且利用，既是技术文献，又是法律情报；权项，即专利申请人对其发明创造要求法律保护的项目和范围，是专利申请文件中最重要的一种文件。申请人要求优先权，还应在申请时提交优先权声明和履行一定的手续。

申请发明创造的专利，应符合专利新颖性、创造性、实用性三项基本条件。然后明确专利申请方向，也就是在发明专利、实用新型专利、外观设计专利中选择申请专利的类别。提交专利申请时，应准备好必要的附件，例如代理委托书、优先权申请等，递交时可以面交专利局或专利代办处，也可以挂号邮寄，并取得邮寄收据。

第二阶段将交付专利局受理，当申请人提出专利申请后，专利局确定专利申请日，给出申请号，出具受理通知书，然后根据工作流程进行审查。审查分初步审查和实质性审查两步，专利局受理申请后，对专利申请进行初步审查。若是申请的专利是实用新型或者外观设计专利的，经过专利局初审合格，但实质审查不合格的，申请人应当补正，补正合格的，授予专利权，补正不合格的，驳回专利申请人的申请。

发明专利初步审查合格或者追加申请合格的，专利局将进行专利申请实质性审查。对发明内容进行实质审查，即除形式审查外，还要进行新颖性、创造性、实用性的实质审查，再确定是否授予专利权。

第三阶段是专利权的授予。申请人接到专利授予通知时，须亲自前往履行登记手续。若申请人为第一次申请专利，应在规定的时间内完成申请报告的编写。申请人应在规定的时间内支付专利登记费、年费及公告印刷费，还要交专利证书印花税。申请人完成登记手续，才能获得专利权证书。

3.4.3 设计合同

合同又称契约，是双方确定、更改和解除合作关系的协议。合同属于双方法律行为，而并非单方法律行为，需要双方的意向相一致，从而签订合同，依法成立的合同从成立之日开始立马生效，具有法律约束力，受到国家的认可与保护。我们常见的合同类型有买卖合同、租赁合同、劳动合同、委托合同等。

1. 合同的形式

合同形式是指当事人达成合作的具体呈现形式，是合同内容的外在形式。当事人订立合同，有书面形式、口头形式和其他形式。设计合同通常采用口头和书面这两种形式。

口头形式是指双方用口头交流的方式来达成某种协议。使用口头形式的情况，应注意只能是立马履行的经济合同，否则最好不要采用这种形式，如果时间过长，对方不承认则失去效力，又无法证明合约关系，可能会造成利益损失。

书面形式则是指设计师和客户双方用文字的方式达成共同商定协议。书面形式是经济合同中使用的主要形式，相对来说要更加复杂一些，但是能更好地保障双方的权益。根据经济合同法的规定，凡是不能及时清结的经济合同，均应采用书面形式。在签订书面合同时，当事人应注意，除主合同之外，与主合同有关的电报、书信、图表等，也是合同的组成部分，应同主合同一起妥善保管。

2. 合同的作用

合同起着维护双方各自利益的作用，能够减少纠纷，促进交易的进行，维护社会经济秩序。如果没有合同，当事人的合法权益会没有保障，而订立了合同之后，双方就会因为有合同而需要履行一定的义务。例如，劳动合同一方面督促了劳动人民履行义务，另一方面保障他们的合法权益。面对争议，合同也是解决纠纷的重要依据。

3. 设计合同范例

设计合同是客户与设计单位就项目设计签订的具有法律效力的协议章程，以明确双方的义务与责任，给设计供需双方都提供一个保障。在企业的设计管理过程中，从产品的设计阶段到生产、投入市场，需要多方合作，因此在必要的情况下签订合同可以起到约束各个参与方的行为的作用，从而保证设计进度和产品质量，减少项目过程中的纠纷与矛盾。设计合同的内容根据具体项目的不同而不同，但是基本包括设计项目名称、设计的内容和时间期限、设计包含的费用以及不包含的费用、费用支付时间与方式、合同终止的处理方式、保密规定、合同时间与延期方法等内容。以下为设计合同范例，可作参考。

×××产品设计开发协议

项目名称：×××

甲方：×××

电话：

传真：

地址：

乙方：×××

电话：

地址：

签订地点：

签订日期：　　年　月　日

有效期限：　　年　月　日至　　年　月　日

本着诚信对称、共同开发的原则，依据《中华人民共和国民法典》和有关法规的规定，乙方接受甲方的委托，就____委托设计事项，经双方协商一致，签订本协议，信守执行。

一、项目描述

1. 概述

主要针对____进行设计，在现有基础上，对____设计，方案设计____包含：颜色搭配、布局设计、纹理设计。设计内容包含：风格定义、产品效果图设计（侧视图、透视图）、设计工程图（外观六视图、必要结构、装配说明）。

2. 工作内容

工作	内容	交付件	备注
内容1			
内容1			
内容3			

二、工作计划

1.　　年　月　日完成侧视图初稿效果图设计进行沟通；

2.　　年　月　日完成修改后的效果图进行沟通；

3.　　年　月　日完成所有设计图及说明进行最终评审。

三、委外设计保密协议(详见附件)

四、开发费用及付款方式:本协议含税总费用:____元整 单位:人民币。按下表分阶段支付,转账到乙方指定银行账户。

纳税人识别号:

户名:

开户银行:

账号:

阶段	内容	费用	付款条件	备注
阶段1				
阶段2				

五、一般条款

1. 知识产权

(1) 乙方为甲方进行原始设计并保证不会侵犯第三方的知识产权,如有第三方就乙方在本协议范围内提供的技术数据及信息提出知识产权的索赔,且法院判定甲方产品侵权,乙方应支付与之相关的所有费用并赔偿甲方____万元(人民币);协议一旦签订,本协议所涉及的知识产权都归甲方所有;

(2) 甲方有权申请与项目相关的任何知识产权。

2. 保密要求

(1) 乙方必须对甲方提供的该项目所有内容进行保密;

(2) 乙方执行本合同中所产生的所有资料均归甲方所有,不得以任何方式泄露给第三方;

(3) 乙方若违反上述条款,应该支付甲方不少于____万元的惩罚性违约金并赔偿甲方一切经济损失,甲方保留进一步采取法律手段的权利;

(4) 具体商业技术保密协议见附件(委外设计保密协议)。

3. 退出协议

除不可抗拒的因素(如地震等自然灾害/战争等)外,双方均有权在书面通知对方之后退出协议,退出自对方收到通知之日起生效。如果甲方退出该协议,甲方将支付给乙方正在进行阶段的全部款项;如果乙方退出该协议,乙方将退还所有甲方已支付费用并赔偿甲方____万元(人民币)。

4. 协议变更与修订

(1) 只有当双方授权代表以书面形式同意后,变更申请所提出的范围变更才可生效;

(2) 当甲方决定增减项目工作范围,应该提前至少1个月通知乙方。

5. 协议延期

(1) 如因乙方责任造成协议延期,甲方有权获得乙方每天____元的经济补偿;如超过协议期限____个月,甲方可解除合同,并可要求乙方退还所有已支付费用;

(2) 如因甲方提供样件、图片或提供评审的原因造成时间延期,乙方履行协议的时间则可相应顺延,甲方超过协议期限____个月尚未履行支付义务,乙方有权处置其设计内容。

6. 诉讼管辖

任何有关本协议的争议或违反本协议的行为,甲乙双方都应努力解决争端或分歧。为达到解决问题的目的,甲乙双方应该进行协商与谈判,本着共同的利益并相互信任,尽量找到一个公平、公正,并使各方都满意的解决途径。但如果在30天内都无法解决问题,则应向甲方所在地法院提起诉讼。

7. 其他事宜

(1) 本协议废除和替代双方之前口头或书面达成的有关同一事项的任何协议;

(2) 本协议所有的交流都以书面方式进行,如果是以书信、传真或电子文档方式,发送到下面任一地址,那么在它被接收时,就被认为有效和具有强制性;

(3) 未尽事宜双方协商解决;

8. 本协议壹式肆份,双方签字盖章后生效;

9. 本协议包含附件(委外设计保密协议)。上述附件都是协议的组成部分。

(以下无正文)

甲方：　　　　　　　　　　　　乙方：

甲方项目负责人：　　　　　　　乙方项目负责人：

电话：	电话：
甲方代表：	乙方代表：
电话：	电话：
日期：	日期：

3.5　基于快速响应市场的设计项目管理路径

随着经济全球化时代的不断发展，市场竞争越来越激烈，在这样的背景下，竞争的策略显得愈发重要，其中最为重要的就是设计创新和设计管理。企业要持续保持市场竞争力，就需要迎合市场的需求不断地推陈出新。设计创新需要依靠设计项目执行来推进完成，而这一过程如果缺少科学有效的设计管理，极有可能导致创新能力没有充分激发和利用起来。所以，如何实施项目管理，使企业自身优势与设计创新能力相结合并实现价值创新以快速响应市场，是一个值得探讨的问题。

项目管理的首要工作就是组建合适的项目团队，团队是执行设计决策的基础和保证，没有一个科学合理的设计团队，各层次的设计目标就无法实现。设计团队管理是设计管理活动的重要构成部分。按照设计项目的人才需要组建合适的设计队伍，创造一个良好的组织环境是有效设计管理的重要路径。科学划分好各团队成员的主要负责部分，明确责权关系，公平公正，能减少团队成员发生矛盾的可能因素，从而达到营造团队协作配合、互帮互助的良好氛围的目的。

同时，设计项目的管理活动始终与设计的流程同步开展，所以设计管理要关注整个设计流程的管理。因为整个设计流程的时间线是比较长的，所以对于设计项目从开始到产品生产的过程，可以根据设计项目的特点分为若干个小的阶段以便于管理。这就等同于班级分组管理的方法一样，能够保证设计有序进行，并对每个阶段进行阶段性评估，运用各种方法、技术和工具，对所有过程进行策划、实施、检查和改进，以提高设计的绩效。另外，对项目各方面进行量化评估，做到权责分明。每个阶段都有清晰的量化管理，也有利于整个项目进程的推进。最后,进行阶段性总结,分析设计项目每部分的经验与教训,不仅有利于优化设计项目管理,而且也能在设计知识积累的过程中提高组织设计能力。

项目管理不仅包括流程进度的控制与执行,还包括团队管理与商业策略等多方面的内容,需要具体问题具体分析,不断调整管理策略。产品的设计管理空间和时间与刻板的制度需要互相衔接,建立起一种鼓励创新的机制,从心理环境、人尽其能的管理创新模式的角度入手。

第4章　经典管理个案

Part1:数码家电行业

4.1　华为——“狼性文化”的加持

1987年,任正非通过募集资金21000元,创办华为技术有限公司(如图4-1),从此开启了创业之路,短短几年内,公司从一个名不见经传的小厂成长为全球最大的移动通信和网络技术提供商之一,并成功进入国际知名跨国公司行列。此后,他带领团队不断发展壮大,成为国内最具竞争力的电信高科技企业之一。

图4-1　华为大厦

4.1.1 华为企业设计管理的发展之路

1987—1994年是华为企业发展史的第一个阶段，这期间华为的产品开发战略主要是沿袭香港成熟企业的商品，再逐渐向自主研发产品集中战略演变。同时也积极地与国际知名厂商合作进行产品开发，从而实现了快速成长。其次在市场竞争战略层面上，不断地进行产品开发与制造，实施"从农村到城市的环绕"销售战略，用较低的价格增加市场份额，不断扩大公司规模。

1995—2003年是华为企业发展历史的第二个阶段，在这一时期华为着重考虑由单一的集中走向横向整合，形成产品开发战略。就地域而言，由聚集国内市场向同时面向国内和国际市场，而国际市场优先转变。从产品结构来看，以低端产品为主，高端产品为辅。在市场扩张方面，继续实施"从农村到城市的环绕"发展战略，始于发展中国家，凭借廉价战略，逐渐进入发达国家的市场。

2004—2012年是华为发展史的第三个阶段，这个时期华为在产品开发战略上，采取纵向一体化模式、多元化发展、国际化等战略。在组织结构上，采取扁平化的设计理念和"小核心"的原则。研发管理上采用开放式的创新模式，并且通过和其他公司的合作获得新的技术。这种战略使公司取得了较高的业绩和市场份额，但也带来了一些问题。与成长期相比，在这个时期，华为的组织结构是逐渐发展起来的，由原合并业务部门和区域部门的组织，共同向产品线为主的组织方向发展。

2013年至今，华为构建了以三个维度为基础的组织结构。每个维度都由多个部门组成，包括产品开发、设计制造和营销服务等部门，以实现对客户需求的满足，同时也确保与合作伙伴保持紧密合作关系。所有的组织都在一起创造顾客价值，以及对公司财务业绩有效成长的责任，增强市场竞争力，提升顾客满意度。截至2022年年底，华为成了全球领先的ICT(信息与通信)基础设施和智能终端提供商，拥有19.5万员工，并且公司遍布170多个国家和地区，为全球30多亿人口提供服务，致力于把数字世界带入每个人、每个家庭、每个组织，构建万物互联的智能世界。

华为的产品主要涉及通信网络中的交换网络、传输网络、无线及有线固定接入网络和数据通信网络及无线终端产品，为世界各地通信运营商及专业网络拥有者提供硬件设备、软件、服务和解决方案。截至目前，除了大众熟知的手机系列产品外，华为坚持技术创新，推出了平板、智能手表以及新能源汽车等产品，如图 4-2 所示。这也正是华为中国政企业务面向商业市场推出新 Slogan——“数字有为，用更好为更好”。

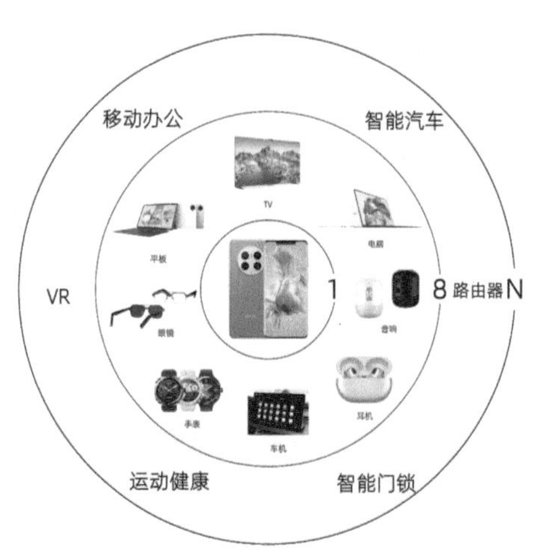

图 4-2　华为的产品族系

4.1.2　华为的企业文化价值观

企业文化是由其价值观、信念、仪式、符号、处事方式等组成的其特有的文化形象，是企业在日常运行中所表现出的各方各面。华为企业文化由团结、忠诚、育人、创新、盈利、公正几方面构成，在企业成长过程中，逐步成为以“狼性文化”为代表的企业。任正非认为“狼性文化”是代表发展的企业文化，狼在保持自身优势的同时，可以对目标保持耐心，选择良好的食物进行捕猎。构建以“狼性”为特征的企业文化，也正是其企业发展成功之处，如图 4-3 所示。

在华为的成长过程中，任正非认为狼性可以体现在几个方面：第一，他认为狼性文化是代表发展的企业。第二，狼会很贪婪，在保持自身优势的同时，也可以对目标保持耐心。第三，狼会吃，狼并不同于狗一样饥不择食，其往往会选择良好的食物进行捕猎。以“狼性”为特征的华为企业文化，也是其成功之处之一。

图 4-3 华为的企业文化

4.1.3 华为的管理模式

华为的管理可以用军事管理来概括。从战略层面上看，公司管理主要是指公司内部权力关系的安排和运行。公司管理理念影响着公司的实际运营，“军事是一个国家安全和国防的核心所在。”任正非在管理理念方面，更是坚持军事管理的概念。

1. 华为公司的组织架构

据说，任正非是毛泽东的忠实粉丝，喜欢读毛泽东的作品，他对毛泽东的军事理论、群众路线等思想有着深刻的理解。可以说，华为的管理思想基础，就是毛泽东思想在企业中的“活学活用”，并取得了巨大成功。从最初的“小作坊”到现在的高科技企业，其中有着太多的启示和借鉴意义。如在华为成立之初，国外通信设备制造商抢占我国市场，当时华为的技术并不发达。因此，华为制定了“围绕着农村地区的城市”发展战略，从中国的农村开始，逐步向城市转移。在世界市场的战略布局中，华为还是循着这个思路，以非洲为起点，从中东和第三世界国家开始，最终成功进入欧洲和美国市场。

管理部门有权监督企业的各项业务，并在重大情况下拥有最终决策权。华为的组织构架主要有董事会主导的总经理负责制与董事长主导的监事会制两种模式。通常情况下，董事会日常事务由内部长期委派，在公司中设立独立于董事会之外的监事会，其目的在于监督和评价高层管理人员的经济责任及执行情况。公司的经营项目涵盖三个方面,即消费者、公司和利益相关者。

2. 华为人力资源管理模式

华为在长期的探索过程中,逐渐形成一套比较完善的干部管理模式。主要内容包含干部队伍的划分问题,以及不同的等级标准的建立。在此基础上,又通过不断地调整,最终探索形成了一个比较科学、规范的干部管理模式,包括干部管理四象限模式、华为“7—2—1”团队训练管理模式、九大领导力培训模式。

(1) 干部管理四象限模式

干部管理四象限是根据干部的素质(品德、领袖风范)和绩效(责任结果)将干部分为四类,这里的领袖风范指的是高的素质与团结感召力、清晰的目标方向,以及实现目标的管理节奏,如图 4-4 所示。

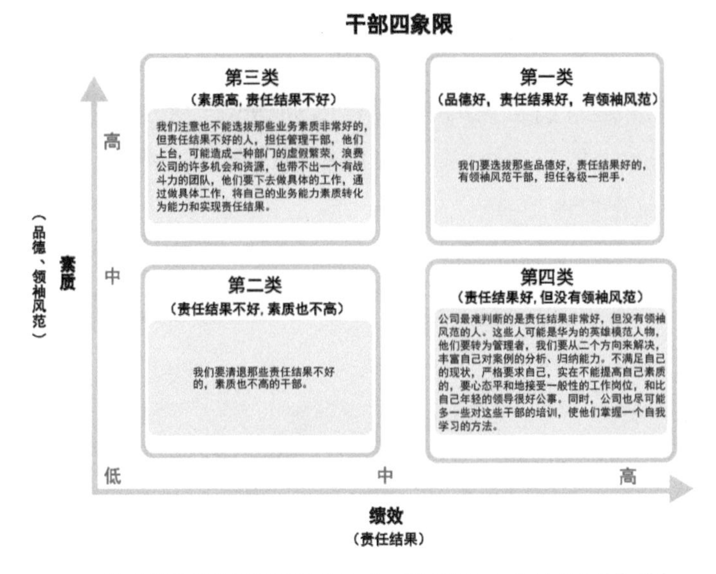

图 4-4 华为的干部四象限管理模式

第一类:品德优良,领袖风范鲜明。这类人群一般在基层任职多年,有较强的事业心和责任心。这类干部一般在事业上有建树,工作认真负责、踏实肯干、善于团结群众,在处理问题时果断有效,能够为组织作出较大贡献。第二类:综合素质高,但业绩效果不尽如人意。这部分干部普遍政治理论水平高,实践经验多,工作中具有强烈的责任感、使命感,对企业有很深的情感。第三类:业绩效果不好,素质也不高。这部分人是一些素质不高又缺乏实际工作经验和管理技能的员工。这类人通常都是企业的要员，却没有很好地发挥出自身作用，甚至成了领导的负担，影响了企业的发展。这类人员大多属于中层管理人员，他们对自己工作能力和水平要求不高，而对企业文化缺乏了解，对上级管理方式不太认同，常常表现得比较被动。第四类：负责的效果很好，却没有领袖风范。这部分人群在自己擅长的工作领域内，工作素养突出，但缺乏统筹工作、管理人员等能力。对这部分人群，华为明确提出培训方法，使其进入自我学习状态。首先需学习管理知识，提高综合素质，提升领导力。其次，还需要学习不同职位的工作方法使其不满足于现状，严格要求自己。

(2) 华为"7—2—1"团队训练管理模式

在提升人才能力方面，华为强调实践的管理思想，诚如任正非所言："没有实践就没有培训，培训不要太高档，关键是教会干部怎么做事"。因此，华为训练项目通常采用 7—2—1 模式，即个人能力增强，70%通过工作实践，20%靠辅导和反馈，10%是我们常说的课堂培训，如图 4-5 所示。在该模式下，理论联系实际、现场和虚拟相结合、知识和技能相结合。其中，最重要的一个环节就是团队建设和管理培训。

图 4-5 华为的"7—2—1"团队训练管理模式

(3) 九大领导力培训模式

华为公司对几十位绩效表现优异的中高层干部进行了专访，归纳总结其各方面经验，找出其所具备的优良素质以及成功的原因，总结了成功干部应该掌握的九种能力。这九种能力也成为华为推动干部能力发展的基本框架，并将其完善成华为领导力素质模型，提出了一种基于企业实践活动的领导力培训模式——“领导力成长计划”。这一模式是面向流程的综合系统，强调了人类和环境的相互作用，最大限度地挖掘职工潜力。这个模式可以帮助企业实现快速发展的目标，同时又能使管理者对自己所面临的挑战有清醒的认识。

华为领导力素质模型是关于发展能力的模型，包括发展组织能力、发展个人能力、发展客户能力三大核心板块。此外，又包括客户开发、伙伴关系等。发展组织能力，就牵涉到团队管理问题、流程建设与跨部门合作等九大能力。培养个人的能力，即自我学习、自我管理和自我完善。个人能力的培养，则意味着领导魅力和人格魅力的增强。三大核心模块之间既相互独立又相互影响，共同构成了企业领导力素质体系的完整结构框架。九大能力也是华为干部能力建设的整体的重要组成部分，这些能力涵盖了管理团队中所有成员所必须具备的知识和技能。其中，以掌握领导艺术为代表的人际沟通协调能力是关键。通过各种方法来提升自身的管理技能。华为发展到今天，九种能力仍是华为对官员的基本能力要求，并把它当作一种干部来选用、一直沿用培养的方法。如图 4-6 所示。

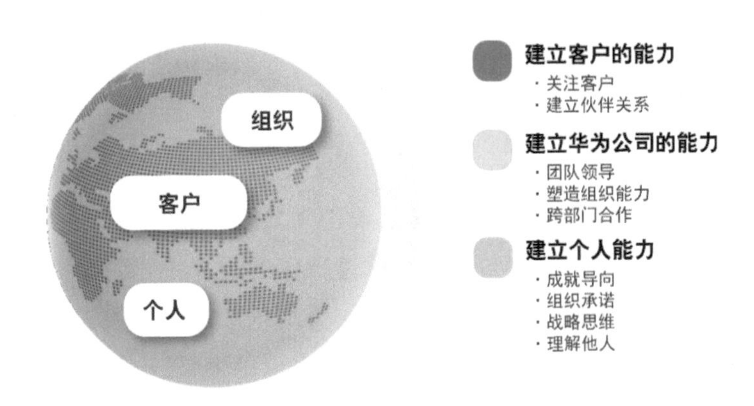

图 4-6　三大核心板块、九大能力构成的华为“干部九条”

4.1.4 持续创新，狂放狼烟——“平衡”理念下的战略规划与目标

华为的战略是长期目标与短期目标之间实现的、财务及非财务目标、成果与进程之间的平衡。这是一种基于“平衡”理念下的战略规划方法。为实现这一目标，就必须建立综合平衡计分卡。平衡计分卡是以财务指标为主，兼顾非财务指标和机会指标的一种绩效管理工具，它能将战略分解到各个阶段和每个部门。华为将企业策略分解为客户、财务、内部流程、学习与成长，并依据这四方面的内容制作综合平衡计分卡，具体内容详见表 4-1。

表 4-1 企业战略与目标平衡计分卡考核表

考核内容		测量指标
企业战略与目标	客户	客户满意度 内部客户满意度
	财务	KPI 完成情况 与竞争对手的比较 成绩或不足
	内部流程	部门业务策略 核心竞争力提升措施 部门重点工作 项目实施
	学习与成长	职业化及技能提升 组织氛围营造

创新是一个民族进步的灵魂，是国家兴旺发达的不竭动力。华为之所以能取得巨大成功，是因为其具有创新精神。在当今信息高速发展、知识爆炸的时代，一个企业如果没有创新能力是无法生存的，而没有创新力就不能保持持续的竞争优势。

实践证明，“狼性”企业文化是推动华为企业持续创新的灵魂，是指引企业最终取得成功的一面大旗。在华为公司创立之初，任正非就表示，他一直发扬“狼性”精神：企业必须向前发展。在群体奋斗的过程中，要把企业的一切工作都放在创新上，包括观念创新、制度创新、管理创新等各个方面，使之与时代同步，与世界接轨。创新，是企业发展永不衰竭的动力，没有创新能力，竞争优势便无从谈起。企业要想生存与发展，必须不断地进行技术改造和技术革新，以适应市场变化的需求，其中最重要的就是要具有强大的科技实力，掌握领先于

世界的高新技术。

与时俱进、技术创新的精神是企业生存与发展的关键,也是国家强盛的基础。只有掌握了先进的核心技术与产品,才能在激烈的竞争中处于不败之地;只有具备了强大的研发创新能力,才能为企业赢得市场空间并获取高额利润,也只有掌握了核心技术的公司,才能真正成为行业翘楚。华为自始至终坚信这一点,把核心技术创新看作企业的生命线。华为非常注重技术的创新和积累,时刻关注全球通信产业最新科技成果,从交换机到 5G 技术,充分发掘人类知识存量等,为社会创造了新的价值。

一个成功的企业家必然拥有优秀的企业精神和卓越的领导能力。提起华为不可避免要提到任正非,在他看来,一个好的战略就是一种成功,而不是失败。其战略思维立足于对传统文化的传承与发展。任正非提出了企业发展的设想、华为的发展历程,给中国本土企业带来了巨大的震撼和启示,对国外企业发展也有重要的借鉴意义。

4.2　小米——"欲擒故纵"的间接管理

小米公司成立于 2010 年 4 月,主要从事智能硬件、智能手机、物联网平台以及消费电子制造,是一家科技公司,或者说是一家互联网公司。创立仅 7 年时间,小米的年收入就突破千亿元。截至 2018 年,小米的业务已遍及全球 80 多个国家和地区,成为全球第四大智能手机制造商,进入 30 余个国家和地区手机市场的前 5 名,特别是在印度,小米手机出货量已连续 5 个季度排名第一。小米能取得如此优异的成绩,依赖于其独特的产业生态链。透过这特殊的"生态链模式"可以看出,小米正在致力于投资并带动更多符合自身发展前景、有良好合作市场的企业或个人,更好地打造企业生态位。

4.2.1　小米公司企业设计管理的发展之路

小米公司自创立以来,始终保持着令全世界惊讶的增长速度。2012 年,小米公司全年售出手机 719 万台,2013 年这一数据增长了 2.5 倍,2014 年直接翻了约 8.5 倍。仅仅 3 年时间,小米公司就凭借产品质量与管理模式收获了良好的口碑和销量。现如今,小米手机及其子品牌红米在国内市场的销售量已经位居前列,在国外市场也稳居前五。除了智能手机领域外,小米公司还是国内最早涉足智能电视、智能家居、移动终端、智能生活等一系列产品的企业之一。截至2014年年底,小米公司旗下生态链企业已达22家,包括紫米科技的小米移动电源、华米科技的小米手环、智米科技的小米空气净化器、加联创的小米活塞耳机等,均在短时间内迅速成为影响我国整个消费电子市场的明星产品。发展至今,小米向互联网公司的转变已日渐成功,其产业链环环相扣、日益紧密。这些成就的取得,与小米内在的企业文化以及管理模式密不可分。

小米的产品以“质量和性价比”闻名,可以说,在任何价位“闭眼购买”都能够有良好的体验。随着企业的发展,小米也从最初的智能手机制造转向智能家居、智能生活方式等多元化发展,如图4-7所示。

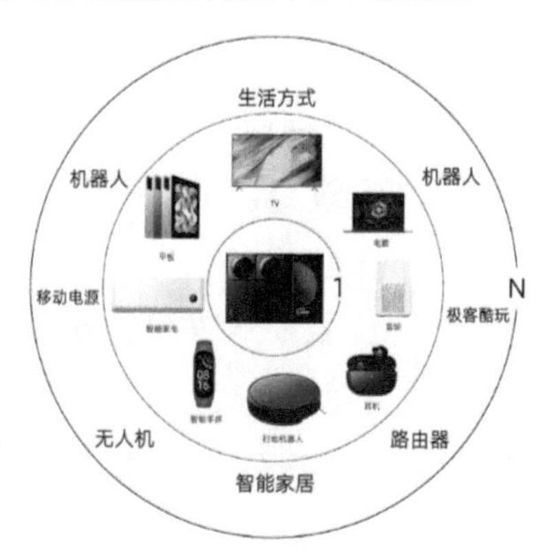

图 4-7 小米的产品族系

4.2.2 小米的文化价值观

小米公司的企业文化与价值观首先体现在企业 Logo 上。Logo 的整体外形是 MI,代表着小米公司的整体形象,倒过来看,是汉字“心”少一点,表达了对用户的态度、在设计上更应该用心一点的企业文化(如图4-8)。“MI”也意味着小米要做的是移动互联网公司(Mobile Interent),同时还表达了小米正在做的事情,即突破那些不可能完成的任务(Mission Impossible)。可见,这个标识不仅包含着对消费者需求的理解,也体现了小米公司整体的文化氛围。

图 4-8　小米品牌标识的内涵

小米始终致力于打造“打动人心，价格厚道”的优秀产品，使全球每个人都能享受到科技带给我们的精彩生活。自成立之日起，小米就有一个远大的理想，即推动一场深刻的商业革命，旨在提高市场运作效率，推动各企业注重产品投入。基于这一理想，小米企业的产品始终以质量与价格为评判标准来要求自己，让消费者付出的每一分钱都物有所值。

小米创始人雷军坚信，优秀的公司会赢得利润，而真正卓越的企业收获的是人心。因此，小米在此基础上开始了自己的交友之路，成为一家独特的、拥有“粉丝群体文化”的互联网公司。和消费者、合作伙伴交朋友，也是小米文化的一种延伸。

4.2.3　小米企业的管理模式

小米是一家以硬件为基础的互联网公司，其商业板块主要包括智能硬件、互联网服务、电商和新零售领域，如图 4-9 所示。在公司发展过程中，企业文化促使小米渐渐形成了独特的管理模式，包括坚持战略、“死磕到底”和解放团队。

1. 坚持战略

面对具体设计项目时，持之以恒的毅力是完成项目的重要先决条件和贯

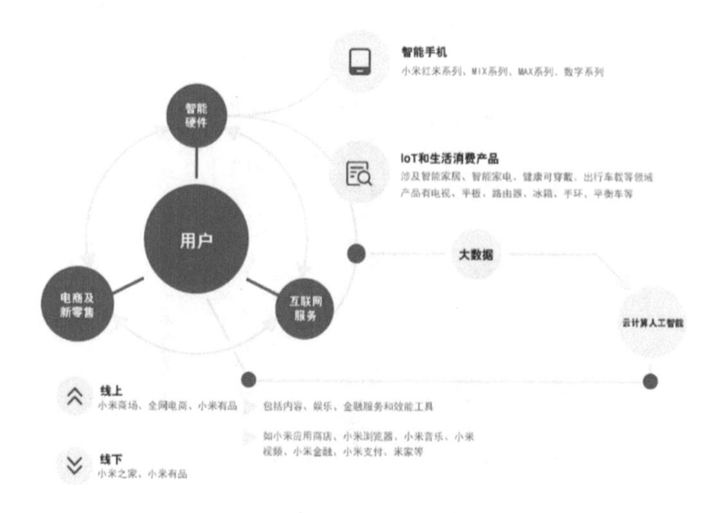

图 4-9 小米企业业务范围

穿始终的关键因素。无论是多么精致的设计，都要靠坚持才能得以实现。因此，小米甄别设计策略时秉承着“能持之以恒的策略，就是好策略”这一理念。“坚持”，也可以称为“坚持原则”或“坚持准则”。它强调的是企业不仅要把长期发展目标与短期经营目标结合起来，更要在结合过程中坚定不移地执行。对于设计而言，它的每一步都离不开对战略的思考与规划。这些都需要一个清晰而坚定的目标作为支撑。因此，在界定战略后，小米内部实施持之以恒战略，在执行过程中不断进行优化。

2. “死磕到底”

规划好大致项目思路后，在执行过程中难免会遇到些许问题，小米所采取的解决方式十分简单，就是“死磕到底”。“死磕到底”也映射出小米“敢于实现不可能完成的任务”、百折不挠的企业价值观。“死磕到底”并非钻牛角尖，而是倡导设计团队灵活把控方向，朝着对的方向“死磕”。一旦方向错误，死磕就会带来负面反馈。

3. 解放团队

设计不同于其他职位，它需要管理层给予的灵活性。让设计师自由发挥往往能激发更大的生产力，为企业提供组织保障。因此确定设计战略目标后，小米要求设计管理者要学会解放团队，在产品设计过程中，对团队的原创内容有充分的沟通与理解。小米的核心管理理念就是保护设计师们对于产品的原生热爱,并进一步将这种热爱转换为设计的动力。

目前,小米基于企业核心价值观,以解放团队为设计管理理念构建起较为合理的项目化机制,使整个设计中心彻底碎片化,削弱工程内部层级关系,旨在提升企业内部设计效率和设计师的积极性。

4.2.4　小米管理中的"三化"命题

小米的高速发展离不开小米人力资源管理的"离经叛道",其中"去KPI化""去中心化"以及"粉丝文化"是小米管理中比较经典的"三化"命题。小米公司能够取得成功,与公司内部管理模式、企业经营理念有着深刻的内在联系。建立在优秀企业文化以及具有强大驱动力和自我管理能力的内部组织构架基础上的扁平化管理模式,是小米取得成功的内因之一。扁平化的管理弱化层级关系,让每个团队成员都有主导意识且各司其职。

小米在组织架构上并不存在明确的层级。七位核心创始人、部门领导和全体员工的架构不会使队伍过于庞大,当遇到具体设计项目时,根据具体项目分配具体参与成员,这样一个扁平化的机构能够轻松高效地达成多个目标。在小米办公布局中,采用"产品—营销—硬件—电商"模式,每一层结构都有一位创立者坐镇,把握企业在这一层面发展的大方向。这种模式下,公司内部分工非常清晰,人们互不干扰,升职的唯一报酬为涨薪。不会有人去想过多的琐事,也不会受到内部争斗的干扰。这种管理制度同时也减少了层级间相互报告所浪费的时间,避免了设计人员的频繁跳槽,极大地提升了工程中设计师的工作效率以及自创力。在这个过程中,设计管理不再仅仅局限于对工作流程的掌控,而是更关注对整个项目所需人员以及资源的统筹协调与管控,如图4-10所示。小米的发展历程说明,一个好的管理模式是企业走向成功的巨大助推剂。

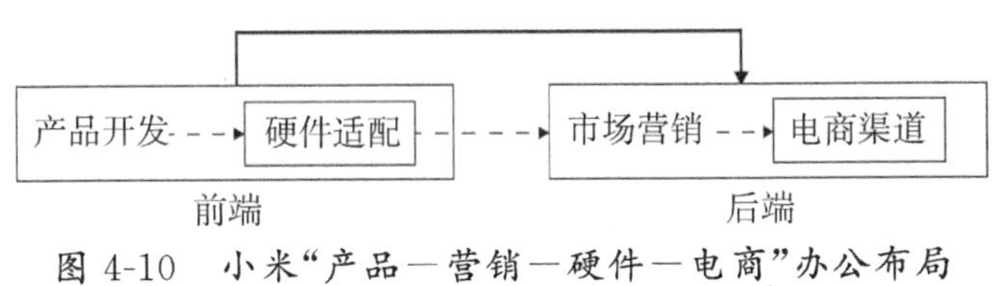

图4-10　小米"产品—营销—硬件—电商"办公布局

4.3　海尔——从“人单合一”模式到全国范式

海尔创立于1984年，是一家国际性家电企业，公司总部设在山东青岛，集团以家用电器为主，同时涉及多种家居行业。目前，海尔拥有全球最大的冰箱生产线和世界一流的冰箱生产设备。1984年，张瑞敏接管海尔电冰箱厂，任海尔集团董事长、首席执行官。因其不断创新管理模式，受到海内外管理界的关注和赞誉，著名的战略管理大师加里·哈默曾经说：张瑞敏是互联网时代的CEO代表。

4.3.1　海尔设计管理的发展之路

海尔品牌一直走在技术革命和时代发展的前沿。目前，海尔已经成为中国最大的家电企业之一，并且在新的环境下仍继续创新和转变。海尔集团始终保持着良好的发展势头，2000年全球营业额406亿元，职工人数3万余人，品牌价值预计300亿元，它的产品涉及69类10800多种规格品种，并于2001年成为《福布斯》杂志评出的全球白色家电品牌第6名。1994年10月，海尔集团与日本GK设计集团合资成立青岛海高设计制造有限公司，这是我国第一家由国内外企业合资成立的设计公司，后来该公司成为海尔集团核心设计机构之一。海尔在发展壮大过程中，始终把创新和技术进步放在首位，是全国首批建立未来生活体验馆的企业之一，如图4-11所示。海尔集团总裁张瑞敏非常关注设计对一个企业的影响，他高度肯定集团内“设计”所扮演的角色，并不断地带领设计团队丰富和完善着海尔的产品线，如图4-12所示。

时至今日，海尔已经走过传统的工业时代、互联网时代、物联网时代三个时代，以及名牌战略阶段、多元化的战略阶段、国际化战略阶段、全球化品牌战略阶段、网络化战略阶段五个战略阶段，如图4-13所示。

在传统工业时代，海尔品牌初创，凭借卓越的品质与服务，打造产品品牌，致力于成为国内家电知名品牌。并考虑进军全球化品牌，实施过程中，海尔不断探索、扩展自身产品领域，延长企业产业链。取得一定规模后，海尔集团并没有一味地提高产量，而是严把质量关，推行全面质量管理，秉持“要么不干，

图 4-11　海尔生活创新体验馆

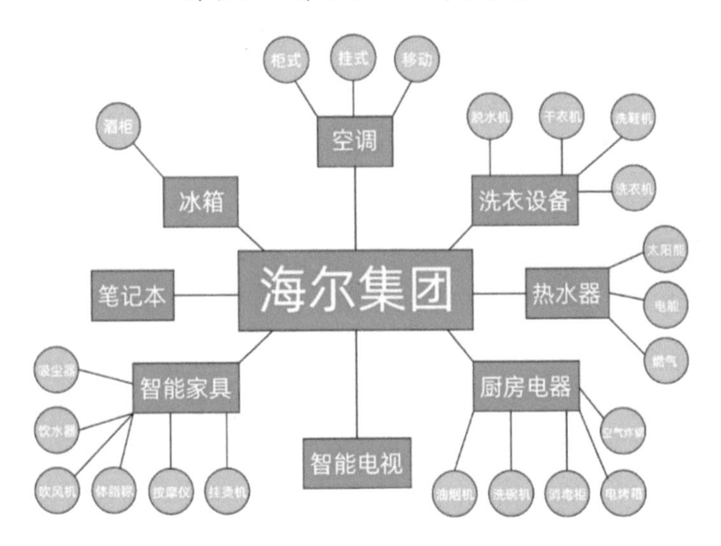

图 4-12　海尔集团产品族系图

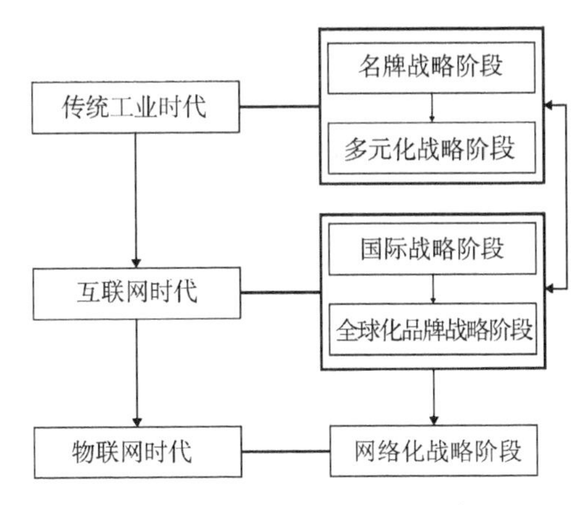

图 4-13　海尔的 3 个时代和 5 个战略对应图

要做就要做到第一位”的信仰。

在互联网时代，海尔打造网络平台品牌。这是海尔由传统家电企业向互联网企业转型的过程。在“人单合一”价值引领的基础上，通过创新设计管理模式，海尔使其与上下游关系由零和博弈向利益共享共同体转变。

在物联网时代，海尔实现了由传统制造企业向共创共赢物联网社群生态转变，开创了国内物联网生态品牌的先河。如今，海尔一边满足用户最佳体验，一边和用户持续互动迭代，打造共创共赢链群生态，实现生态圈中各利益相关方持续增值。通过打造智能家电、智慧家居和智慧城市三大产业生态系统，让消费者享受到更多的价值和服务。作为世界生态品牌的领导者，海尔从为用户提供具有竞争力的传统家电产品，迭代至为使用者提供全套生态智慧家电产品的品牌。海尔为消费者所提供的不单单是产品，而是一整套智慧家庭解决方案，旨在改变用户的生活方式。

在品牌战略阶段(1984－1991 年)，海尔集团坚持不盲目增产，而是严格控制产品质量，在社会上树立起品牌形象。建立以市场为导向，以用户满意为中心的质量体系，推行全面质量管理。在多元化战略阶段(1991－1998 年)，海尔文化激活“休克鱼”计划，兼并国内众多家电企业，并在内部推行 OEC 管理模式，成功地调整了组织结构和业务流程，实现了产品差异化、成本领先等竞争优势。在国际战略阶段(1998－2005 年)，海尔集团计划走出国门，对“市场链”进行流程再造，打造国外“三位一体”的本土化模式和出口品牌。在全球化品牌战略阶段(2005－2012 年)，海尔致力于打造互联网时代的全球化品牌，面向用户，销售服务，探索“人单合一，互利共赢”的经营模式。在网络战略阶段(2012－2019 年)，海尔以客户需求为导向，打造互联网时代的平台化企业。海尔集团在网络化方面进行了市场探索，平台型企业应运而生。

4.3.2 海尔的企业文化与价值观

海尔集团负债时也能摒弃其他外在干扰，保证产品质量，树立品牌形象，足见其内部对海尔的市场定位有着清晰的思考。海尔于 1985 年开始引进德国电冰箱生产技术，当有消费者反映海尔冰箱的质量问题时，海尔公司领导班子考察了整个工厂的冰箱情况，发现 76 台冰箱存在制冷问题，于是张瑞敏作出了一个让大家目瞪口呆的决策：当着所有人的面将这些有质量问题的冰箱公开砸毁，并扣除了包括本人的所有相关负责人当月的工资。在他看来，有瑕疵的产品就等于废品，他挥舞着大锤，亲手砸碎这些冰箱。那时一台冰箱的价格相当于普通工人 2 年的收入，砸掉 76 台冰箱，就意味着 20 多万元的钱付诸东流，这件事对海尔内部员工的触动很大。在此之后，海尔建立了一套完善的管理制度，把管理理念融入每位员工的心中，然后把注重质量的观念外化为制度，形成一种内部机制，从重视质量隐患的细节做起，到探讨提高质量的方法路径，更是一种深沉的自省和思考。经过一段时间的思考和实践，最终形成了“质量零缺陷”这一全新概念。随后，在公司领导的倡导下，“质量零缺陷”被作为一项重要指标写入了《企业生产经营活动全面风险管理指引》。

“砸冰箱事件”让海尔在那个年代成了一个注重质量的代名词，让海尔全体职工对质量的观念发生了变化，使海尔就此成功树立起品牌形象，更为其博得了行业声誉，并成功推动了中国企业的质量竞争，体现了中国企业质量意识觉醒的现状，这对于中国企业乃至全社会质量意识提升都具有深远意义。如今，当年被用于砸冰箱的铁锤，已由中国国家博物馆收藏，这是对海尔质量管理的精神肯定。“海尔大锤”代表了海尔集团对品质的重视，以及敢想敢为、敢为人先的奋斗精神，如图 4-14 所示。

图 4-14　中国国家博物馆收藏的“海尔大锤”

4.3.3 海尔集团OEC管理模式

OEC管理的含义就是在工作中不断地学习新知识,并将之与自身实际相结合,从而实现持续改进和提高。OEC管理法是一种全方位的优化管理法,又称日清管理法,可理解为日事日毕、日清日高。它是一种全新的管理模式和工作理念。在这种理念下,企业会对每一个员工进行严格的考核和评价。用海尔的话讲,就是"总账不漏项、事事有人管、人人都管事、管事凭效果、管人凭考核",如图4-15所示。

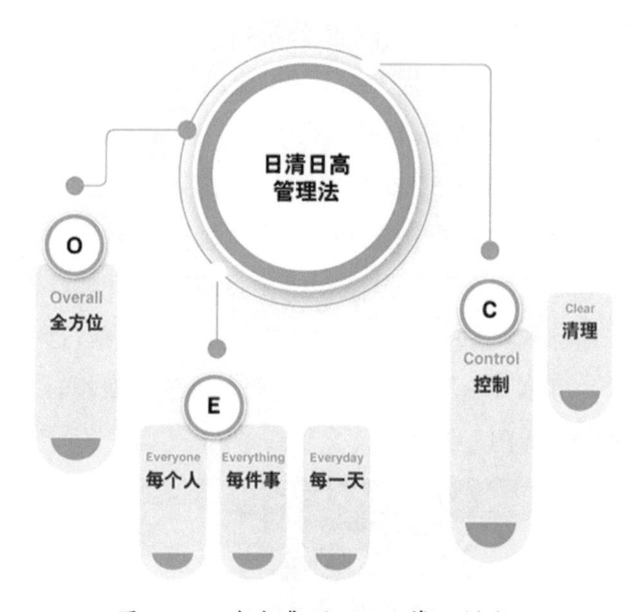

图4-15 海尔集团OEC管理模式

1. OEC管理的思想基础

OEC管理的思想基础,一方面源于中国传统文化思想。《道德经》说:天下之大事必做于细微处;天下之难事,必作于易。《论语》讲:吾日三省吾身。这些都是关于如何做事情的经典论述,也可以说是关于如何做事的哲学和理念。OEC管理法在此基础上传承创新,针对企业内部如何做事提出了新思考,强调做事要注重细节,并且帮助企业内每个人"三省吾身",减少整体出错的概率,持续对企业改进提高。另一方面来自管理学上的斜坡球体理论。依据斜坡球体理论可以得出,企业仿佛是斜坡中的小球,小球所处位置不进则退。市场往往都是残酷的，企业要想在市场中立足并发展壮大，必须有强大的作用力，也就是我们常说的驱动力和拉力，同时还要有制动力作为保证。海尔正是运用OEC管理法作为推动力，在攀升过程中不断创新发展，保持企业的良好运作，如图4-16所示。

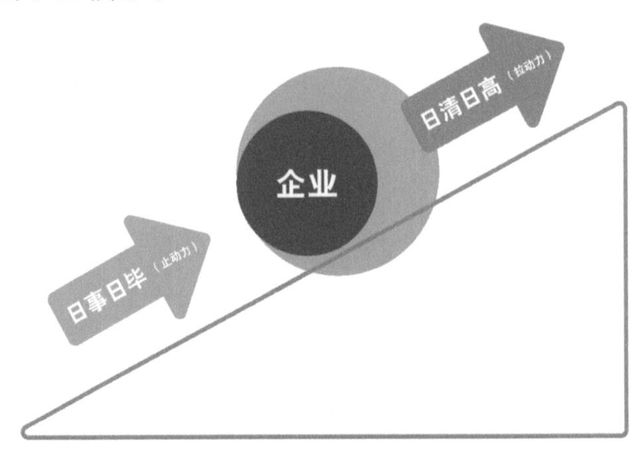

图4-16　斜坡球体理论示意图

2. OEC管理模式的内涵

OEC管理模式的内涵可归纳为"一个本质，二个特点，三个原则，四个标准，五个要素"。"一个本质"是对人的尊重与关怀，即企业内部全体员工每天都要尽职尽责地做好一件事情。在企业发展中实现自身价值，员工就像齿轮，当每个齿轮都在为自己而努力时，企业整体就能稳步向前。"两个特点"是指OEC管理既简单也不简单。简单的是能够轻易看懂、做到，难的则是需要日积月累地坚持去做。比如海尔集团员工坚持做好一件事不难，但把时间线拉长，做到把简单的事千百遍重复绝非易事。基于此特点，OEC管理模式提倡将复杂问题分解，分步骤、分方面地解决。"三个原则"即闭环原则、比较分析原则和持续优化原则。只有比较分析才能发现不足，只有不断改进才能持续发展，在激烈的市场竞争中坚持把握分析与创新才能让企业立于不败之地。"四个标准"即严谨、细致、务实、坚持。不仅要在管理全过程中坚守这些标准，更要使之融入企业的日常生活之中。"五个要素"是指总账不漏项、事事有人管、人人都管事、管事凭效果、管人凭考核。管理的核心是制度建设，制度必须落实到每个人身上，才能发挥作用。

在收购公司后全方位运用OEC管理模式，是海尔在启动“休克鱼”之后能够快速转危为安的一个重要因素。可以说离开了OEC管理模式，也就不会有今日的海尔。当海尔成功收购这些硬件尚可但即将濒临破产的企业后，想要快速使其成长壮大一定要采取一种适合自己的管理方法。因此，在并购之后，海尔采用了“3+1的格局”来管理，“3”是指由青岛总部派出3名员工，分别为总经理、副总经理和财务总监；“1”是指海尔一整套管理模式，即OEC管理。通过总部分派内部员工，采用“日清日高”管理，在最低程度影响原本企业内部组织结构的情况下实现整合资源，并在极短的时间内使濒临破产的小企业扭亏为盈，实现“休克鱼”的起死回生。由此可见，OEC管理模式是海尔集团能够不断创新、不断走在时代前列的制胜法宝。

4.3.4 与时俱进的创新与本心

对一个发展的企业来说，在市场中立足的关键要把握未来的发展动向，提前作好战略布局。而海尔在这一领域堪称楷模。在当时供不应求的时代，许多公司都力求扩大生产规模，而海尔则预判未来，严把产品质量。在家电市场的供应持续增加的情况下，海尔以差异化产品赢得了市场竞争优势。在家电市场竞争日趋激烈之际，产品质量成为人们的基本需求，海尔早年间坚持质量的发展战略为海尔赢得了市场。在市场竞争转变为价格战后，许多品牌纷纷压缩成本降低价格，而海尔则启动了星级服务体系，以优质的差异化服务获得竞争优势，并通过出海创牌，进一步提高它在消费者心理上的品牌价值。当飞速发展的互联网给传统行业带来冲击的时候，海尔首先实现了向互联网思维的转型，打破了传统企业“生产—库存—营销”的格局，走向以用户为中心的“即需要即供给”格局。可以说，海尔集团在家电市场中的每一步都是走在时代前列的，它并没有屈服于时代现状，而是不断创新、不断探寻当前时代的破局之路。它善于抓住外部环境变化，适时进行策略上的调整，先发制人，始终保持领先核心地位。这种不同于他人的长远思考是海尔企业能够不断发展的基石，是其不会为时代所淘汰的重要手段。能随时保持“精益求精”的本心，灵活适应于不同时代和阶段，是海尔取得成功的一个关键因素。

Part2:汽车行业

4.4　福特——“进无止境”的百年管理

美国福特汽车公司创建人是亨利·福特,他于1903年建立了福特汽车公司。福特对汽车情有独钟,福特决定自己设计一款全新的车型。他曾设计过一辆名叫“飞毛腿”的轿车,但因车速太慢而未能实现。1908年,福特公司推出了福特T型车,福特T型车赢得了许多赛事,从1909年至1918年,美国行驶的车辆有一半为福特T型。福特的目标是“要制造一种能够使所有人都能乘坐、舒适、美观并且有竞争力的车辆”,至1927年,福特总共制造出1500万辆T型车,这期间,福特的汽车一直被人认为是最成功的车型。

4.4.1　企业设计管理的发展之路

福特是一位具有开拓精神、勇于实践和善于总结的科学家,也是一个富有创新意识和创造才能的实业家。他不仅发明了世界上第一辆轿车,也是世界上最早利用流水线大量生产汽车的人,他创造的流水线生产系统,被称为“工业史上最伟大的技术成就之一”,其生产方式使汽车成为大众产品,不但引起了工业生产方式的改变,而且对现代社会和文化产生了巨大的影响,如图4-17所示。

图 4-17　福特T型车及其生产流水线

福特汽车这个流传百余年的汽车品牌在发展过程中，不仅建立了汽车行业发展基础，也对社会进步有着极大的促进作用。在其发展过程中，经历了三大阶段。

第一阶段是福特的初级发展阶段，福特成立之初，在全球范围内已有多家汽车制造公司，他们用流动生产线这种常规办法生产高价汽车。然而陈旧的管理理念已逐渐不适应时代需求，一方面，传统经验主义、臆断法无法满足社会发展需要，由于企业管理方法落后，导致企业生产能力小于预算水平。福特决定改变自己的管理模式，创立了一整套自给自足的有效生产法。它不仅使工厂的生产率得到提高，而且还保证了产品质量的稳定，降低了成本。从科学管理出发，它以追求最高生产效率为基本宗旨。这种方式不仅使企业取得了巨大效益，而且也为人类提供一种新的思维模式——效率至上。福特以高效率的生产，成为各国汽车工业纷纷仿效的目标。1914 年，福特提出“每天上班 8 个小时，支付五美元”倡议，职工工作效率与收入同步增长。他认为，只有将科学管理理论的观念运用于企业管理之中，才能达到理想效果。相应地，科学管理理论已具有一个清晰的中心思想和建构轮廓。

图 4-18　福特售后服务零件品牌首次亮相 2020 上海法兰克福汽配展

第二阶段是福特对于不利因素的危机管理阶段。这个时期大规模消费的爆发，是导致生产与消费恶性循环的根源。为了解决最近发生的不利因素，福特面临两条道路：一是采取弹性工资关系，通过工资的下降，促使利润回升，二是采取激励措施来刺激工作强度,进而提高劳动生产率。这两条道路都能实现改善生产率、降低成本、增加收益的目的。

第三个阶段,即福特变革之后,后福特主义管理理论得到了革新发展,出现了新的发展路径。危机后的福特寻求新的发展,采用提高劳动生产率、细致分工的办法,提升机器设备生产、标准化产品等措施,使得福特企业结构进行了大幅度调整。通过这种重新设计,可以生产出更多的优质产品,同时又能降低产品成本。在企业再造的过程中,突破了传统生产方式,代之以新的工作方式与管理理念。企业再造的目的在于提高企业效率,改善经营业绩,增强竞争力。企业再造将引起企业个性的显著变化。它将给企业带来一系列革命性变化,并产生巨大影响。既有技术变革,又有管理创新,也包含着组织结构、领导风格和人际关系等方面的改变。企业再造是针对企业内部的灵魂而言的,实施 1～2 次全面变革,后福特主义也因其特有的灵活性生产模式而独树一帜,它成功地应对了 20 世纪八九十年代以来变异的信息化世界。

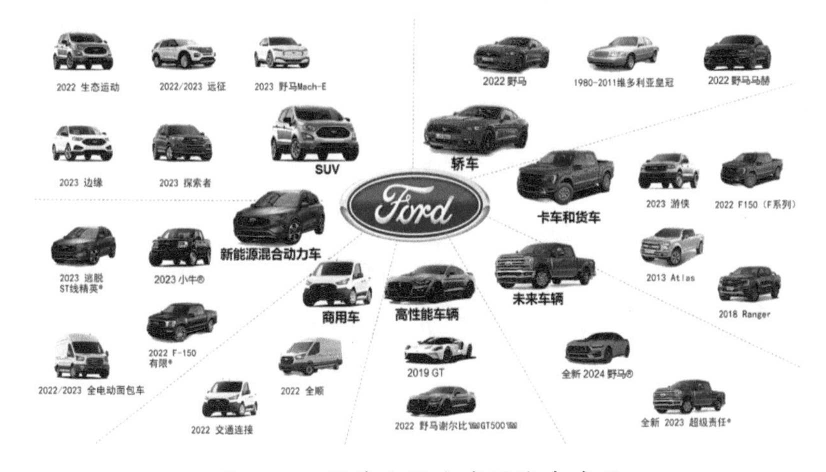

图 4-19　福特公司生产的汽车产品

4.4.2　福特公司的文化价值观

福特公司始终坚持雇员是企业发展的力量之源。在公司管理中,福特相信每一位成员都有能力去做自己喜欢的事,并且能够通过不断地工作来获得更多的成功。参与及团队合作为核心价值所在。在价值观上,将"创造价值"作为福特公司的核心价值观。在产品的价值上,福特认为自己的产品就是自己全部工作的成果，它们应该能够为世界各地的顾客提供最优质的服务。

从企业精神的维度来看，福特公司一方面坚持质量第一，产品与服务都要力求做到极致，使产品与服务令顾客满意。另一方面则是顾客至上，福特公司对自己提出了更高的要求，对所从事的每一个工作都要精益求精。对产品要从安全性、价值等方面来看，并且考虑福特公司的产品提供服务、福特公司竞争与合作关系、福特公司竞争力和福特产品的利润。

福特公司重视员工个人的能力与价值，对员工充满信任，尊重和关怀，福特会通过一系列方法来帮助企业部门和个人提升自身素质的综合培养。福特公司认为，只有在工作过程中不断发现人才、使用人才、发展人才，才能使企业立于不败之地。福特公司管理理念在董事长寄语里反映道：我们以挖掘每个员工潜能为宗旨。在实现公司业务目标达标的前提下，相信每个员工都有自己的天赋，并且坚持拥有天赋的员工只有得到信任，才能更好地发挥自身优势。在晋升方面，员工的个人素质被考虑得很全面，个人经历和能力会受到测试，工作态度和行为方式会被考察，福特的每个员工都会获得自我完善的机会，都有机会实现自我发展。

4.4.3 福特公司的管理模式

在组织构成上，福特公司具有敏捷机动性、适应性强等特点。这种灵活而有效的组织形式是以信息交流为基础的，并与其他部门保持着密切的协作关系。它是根据产品、经营单位或者某个项目的需要而制定，把有不同特长的相关人员动员起来，方便交换意见、集思广益，接纳新观念，帮助解决在项目推进中出现的棘手问题。这不仅能使管理人员得到充分锻炼，提高工作效率，还可以避免由于缺乏协调而造成的混乱，有利于在管理上更好地将垂直联系与水平联系相结合，强化各个职能部门及职能部门与经营单位的协作。这种组织构成管理有利于组织内部协调统一，使生产过程更加有序，从而提高工作效率，如图 4-20 所示。

1. 流水线开始的摩登时代

福特汽车在“泰勒制”的基础上，将标准化生产制度进一步完善并加以应用，创造了一个完美的工作管理制度，既能提高生产效率，又能改善工人的生

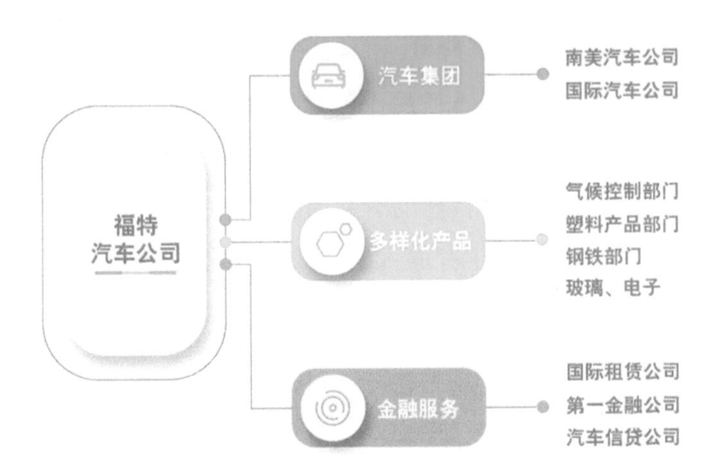

图 4-20　福特汽车公司的组织构成

活。流水线加快了汽车的制造速度,也降低了汽车的制造成本,让汽车作为一种实用工具,进入了寻常百姓家,美国从此被称为“车轮上的国度”。流水线改变了工人的生活乃至整个制造业的规则,流水线的工作模式使得生产效率大大提高,使得一个工作单位拥有了标准化和通用性。

“流水线”现在是指工业上的一种生产方式,指每一个生产单位只专注处理某一个片段的工作,以提高工作效率及产量。在福特汽车的流水线上,汽车生产被标准化地分解成很多步骤,每个工人只需完成自己负责的那一步。福特通过在专用工具的帮助下把复杂的任务细分成更简单的任务。简单的任务生产出每次都可使用的通用零部件,带来了适应性强的灵活度。流水线可根据最后装配产品的需求来改变它的组成部件。福特把它分解成能够重新更高效组合生产的部件,给现实世界带来了一套优化的模式。这样的改变减少了经营工厂所需的劳动力,同时无须技能的劳力也减轻了生产成本。

用流水线生产的福特 T 型车,创造了 1500 万辆的产量奇迹。质量也大幅度提升,它使用的是坚固、可靠的四缸 20 马力的发动机驱动,且离地面足够大,可以在崎岖的道路和泥泞的道路上行驶。因此,T 型车被很多人称为 20 世纪最具影响力的车型。在流水线模式的背后,管理模式则是通过增长工资,提高工人的积极性。在采用流水线的同时,福特用高工资和较短的工作时长来吸引工人。

2. 以服务为本、坚持不断创新

在福特看来,商业产品最本质的作用就是向消费者提供商品和劳务,在竞争中,企业必须不断地满足顾客需求并创造出符合顾客需要的新产品。企业要想生存发展,就要不断地寻找新的营利模式,而这种营利模式就是服务。一个企业离开了利润是不可能生存的,但是营利一定要靠好服务来实现,所以商业要以服务为本。亨利·福特认为,要想使汽车工业持续发展下去,就要不断地进行革新和改进,而不是简单地以牺牲效率来换取利润。从 1913 年第一次试验装配线开始,世界历史上第一条汽车装配流水线就产生了。福特公司一直保持对机器、工作程序或者技术持续改进的极致精神,并且改革和创新精神一直铭刻在福特的管理模式中。一辆福特车的零部件约为 5000 个,零件大小不一。为了完成这些任务,必须在一定时间内将每一个零件都组装好。福特公司根据流水线操作流程,按操作程序布置工人及工具,为了让各部件行走的路程尽量缩短,使用带滑轮传送带或者其他传送工具对零件进行输送。通过这一改进,组装电机所需时间从 20 分钟减少到 5 分钟,组装 1 个底盘所需时间从 12 小时 28 分减少到 1 小时 33 分,组装活塞由 28 个人一天完成 175 只的最高纪录变为 7 个人 8 小时就能完成 2600 只的配置。这使得生产效率大大提高,且降低了生产成本。人员密集工作时,最容易出现的问题是组织上形成了过多的机构,由此而造成繁文缛节。福特工厂及企业中实行任何岗位都不存在特殊责任,不存在上下级、权力等级等系列。在选人理念上,坚持雇佣公平原则。进入公司之初,还得从底层做起,几乎所有的管理者都是这样从最基层提拔上来的,比如最初掌管罗格河大工厂的造型设计师,后来又担任过汽车装配厂厂长,最后才成为总裁。

3. 社会公益责任与担当

自 20 世纪 50 年代发明塑料以来,大约制造了 91 亿吨塑料,世界上 91% 的塑料废料没有被回收。塑料不可生物降解,几乎所有的塑料都还在世界上。早在 20 世纪 90 年代,福特就启动了塑料回收计划:福特试图通过回收塑料瓶,并将其用于制造汽车零部件来减少碳足迹。平均制造每辆车使用 300 个回收瓶,每年使用大约 12 亿个塑料瓶,用于汽车和 SUV 以及 F 系列卡车的轮胎制造车底护板，如图 4-21 所示。福特表示，回收的塑料是理想的汽车零件，因为它重量轻，而且还有额外的优点，可以改善车辆的流线型。

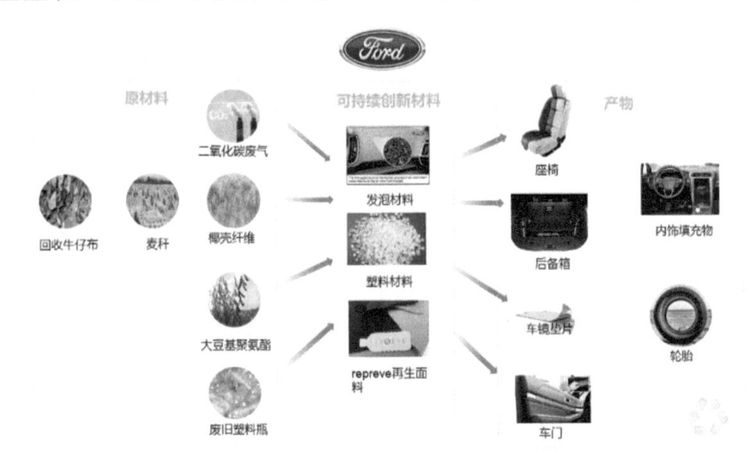

图 4-21　福特回收塑料资源造车计划

福特将收集塑料的瓶子，粉碎成小块，卖给供应商，供应商把它们变成纤维，用来制造塑料片。福特公司用这些塑料片来制作汽车的车身底板。这些回收而来的塑料强度和耐用性与尼龙材料相当，可保证使用寿命，而且还能节省 10%的材料使用，因此也将减少生产尼龙所需要的材料。并且，这些线束材料将放置在车辆第二排座椅的侧面，车上的乘客根本感知不到它们的存在，如图 4-22 所示。

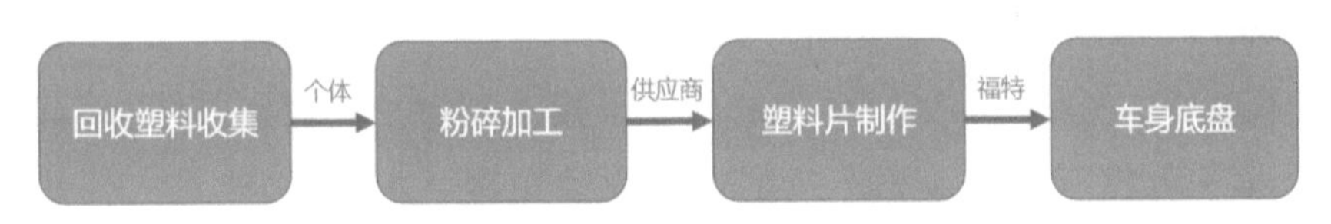

图 4-22　塑料回收管理流程

福特在他的自传里说道：人类的任何一个重大发展，均与人的同情心密不可分。我们应该把这种人道主义精神作为一种美德来培养。福特的塑料回收计划，本着企业家的社会公益责任心，从保护环境的角度和塑料污染的背景出发，通过回收塑料或其他可回收材料，将设计管理与社会责任相协调。目前，福特仍坚持保护环境，将消费者需求、回收技术、产品创新开发、社会责任担当通过设计管理的措施融为一体，致力于实现自身的企业责任担当。2019 年，福特宣布其部分制造厂将很快完全使用本地可再生能源风能发电。

4.4.4 “进无止境”,创新与坚持缺一不可

福特之所以能取得成功,其原因归结起来主要有:降低汽车价格,大幅度降低生产成本,革新技术,调动工人的积极性,克服市场风险。福特取得成功后,基于当时的时代背景,人们学习了其公司发展经验后得到了启发。我们也应该用新时代的眼光来看待我们所处的环境。企业家也应有服务社会的责任担当。福特的塑料回收计划、风能计划等不仅实现了技术创新、社会责任、设计管理等的协调,更展现出了企业自身的担当,将创新始终纳入自我的发展规划中,敢于作出尝试,带领其他汽车企业逐渐加入环保、公益的行为中。

福特能够带给我们的不仅仅是生产管理方面的知识,更多的是精神财富。通过洞察形势,分析能力,找准自身特点,确定发展目标并制订可行的计划。福特当时认准了市场上尚不具备私人汽车背景的汽车,开发了全球首辆私人汽车,由此开启了辉煌之路。福特的故事告诉我们,在做事前一定要先思考自己的能力,不要盲目地去做任何事情,一旦作出决定之后,就一定要详细地、周密地进行规划,并且要全力以赴地执行规划。

4.5 起亚——颠覆从前,焕新再出发

起亚汽车是一家韩国车企(如图 4-23),1971 年,起亚开发四轮汽车 E2000、E3800,它采用了当时最先进的电子技术和发动机控制技术,使其成为世界上第一款拥有自主知识产权的四轮驱动车辆。由此,起亚进入四轮汽车市场,并获得良好的盈利。为扩大范围,自 1979 年以来,起亚先后开发了“普杰特”604、“菲亚特”132 升小轿车、小型客车、农村多用型卡车。截至 1987 年,起亚出口车辆已达 7 万辆。这些产品都取得了很好的成绩,并受到了客户的好评。1982 年,起亚被誉为韩国最优秀模范企业之一。

图 4-23　起亚总部大楼

4.5.1　起亚设计管理的发展之路

起亚的发展从学习借鉴到自主创新，它的腾飞也代表了韩国汽车行业的崛起发展，起亚的发展之路大致可以分为以下几个阶段。

第一阶段，开始学习造车之路。早期的起亚公司并非一个汽车制造企业，起亚的前身是京城精工股份有限公司，主营自行车零部件制造。1952 年，金哲浩造出了韩国第一辆自行车——“三千里”牌。1961 年，已更名为“起亚”的京城精工花费近 10 年终于造出了小型厢式三轮货车 K360。这让 58 岁的金哲浩颇为扬眉吐气。“起亚”这个新名字源于汉语，“起”代表起来，“亚”代表在亚洲，合在一起就是“崛起亚洲”的含义，表露出了创始人的决心和魄力。但在很长一段时间内，包括起亚在内的韩国汽车都由于技术等因素，无法实现自主设计和制造车辆的生产，导致了很长时间内，韩国的汽车企业乃至整个工业都被外企打压。

第二阶段，困境中的探索。在韩国的国内汽车行业逐渐出现了新升级的时候，韩国的商人们开始期盼能够真正造出自主设计和制造的汽车，不过汽车工业的核心在于发动机，但当时的韩国汽车产业不满足生产国产汽油发动机的条件，这成为起亚等多家韩国汽车制造商的心头病。造成了技术没掌握、产能跟不上的局面，10 年之内，韩国汽车产量仅为 2.8 万台，街上跑的依然大多数是进口车。

面对这样的局面，政府实行相应政策给予国内汽车行业支持，在强有力的政府支持下，起亚杀出一条血路。1973年，韩国第一个整车生产的制造工厂在起亚成立。1974年，起亚推出的搭载了首款自主研发发动机的起亚Brisa轿车正式面世（如图4-24所示），正式结束了韩国无法自主研发和生产汽车的历史。

图4-24　起亚Brisa轿车

第三阶段，困境后的重新出发。在经历过困境的摸索阶段后，韩国的汽车工业开始呈现迅速发展的势头。1978年，起亚经过自主研发，制造出了韩国国内的第一台柴油发动机。20世纪70年代末，对标现代的Pony，起亚推出了墨菲特132型轿车。1979年，起亚考虑到市场上缺乏高端豪华车型，推出了标致604。在政府的主导和帮扶下，1986年，起亚汽车与美国福特签订了合作协议，开始了全面国际化的步伐，借助马自达和福特的技术，历时4年开发，1987年推出了超小型车PRIDE，进军国际市场，并借助这股势头，于1988年再次推出两款厢式货车，丰富了自身的产品线。

第四阶段，"强强联手"的起亚新征程。20世纪末期，随着韩国经济政策调整，企业面临着空前的挑战。1997年，韩国发生金融危机，在韩国政府的引导下，起亚与现代合并，采用了两个公司在市场上的独立操作的管理模式。新的起亚汽车集团成立不久，就推出了最新款的EF索纳塔（Sonata）和君爵XG车型，深受海外市场喜爱，为新公司赢得了"开门红"。如今，现代和起亚这两位车企竞争对手，从相互竞争到合作共赢已走过了70多年。它们共同推动、主导、见证了韩国汽车工业从无到有，再到崛起的时刻。起亚的发展对我们的新产品从学习到自主研发以及经营都有着关键性的学习借鉴意义。

2021 年 1 月 6 日,起亚汽车正式发布全新品牌标志,如图 4-25 所示。起亚的全新标识仍以“KIA”英文简称,但总体造型比较简约现代。在全球范围内首次使用了这样一个全新标识。据官方介绍,Logo 的设计来源于“均衡(Symmetry)”“律动(Rhythm)”“向上(Rising)”三大设计理念,三者相辅相成,共同组成了一个完整的品牌标志。全新的标识昭示着起亚志正致力于用变革与创新做行业标杆。当世界汽车产业正处在一个急剧变革的时期,起亚正在积极主动地适应并影响变化,在出行需求的变化中,起亚积极探索不同车型的自主研发,给用户创造更好的服务,如图 4-26 所示。

图 4-25　起亚最新品牌标志

图 4-26　起亚产品族系

4.5.2　起亚公司的管理模式

以起亚和现代为代表的韩国汽车企业,经历了长达几十年的发展,从最初的山寨模仿,到自主研发创新,并且进军国际市场,取得不菲的成绩。坚持独立研发和设计创新的管理模式，使得起亚在很长一段时间内，在韩国国内与现代汽车分庭抗礼。韩国的汽车企业发展同样也带动了韩国国内工业的发展。

1. 摆脱山寨，重树品牌形象

起亚的前身是手工制作自行车零部件的工厂，标志着起亚走向造车之路的是1962年花费10年造出的小型厢式三轮货车K360的问世。在之后的很长的一段时间内，在韩国的高福利政策下，起亚公司与韩国其他汽车公司一样，采用与外企合作等方式进行设计和生产汽车，其中起亚最具代表性的汽车就是借助马自达和福特的技术，推出的历时4年开发出的超小型车PRIDE。虽然在短时间内风靡全国，但是也给起亚带来了一定的品牌危机。在大众认知里，起亚成了一个“只会借鉴”的汽车品牌，其品牌价值急速下滑。在20世纪80—90年代末的20年间，起亚受经济变化影响以及自身的管理问题，几经沉浮，最终在1997年与韩国现代公司合并成为现代起亚集团。合并之后，起亚与现代采用了分开运行的集团模式。起亚的领导层痛定思痛，提出“创新引领品牌向上”，通过构建“服务＋创新”营销模式，全面创新服务品质，持续匠心营造。近年来，面对车市寒潮，起亚数次调整发展战略，创新求变，针对品牌、产品、渠道、管理等多个方面进行更深层次的变革。在生产过程中引入全球质量管理系统、制造企业生产过程执行管理系统、生产完结系统三大质量管理系统，为车辆品质保驾护航；另外，建立优秀的品控团队，将质检工作贯穿到生产的每一个环节。在售后上，发展多方位的为用户着想的理念，如“爱新不断”计划、“包牌价”购车政策。在“2022红点奖”评选中，起亚EV6再斩获产品设计类红点“最佳设计奖”以及“创新产品”类别红点奖，EV6从自然与人文的对比中汲取灵感，以面向未来的设计理念为基础，通过对比将鲜明的造型、结构和色彩等结合在一起，创造了前所未有的未来电动汽车设计风格。通过全新五大核心要素设计理念——大胆本能、理性喜悦、进取动力、科技生活和宁静张力，得到了评委们的一致认可。这正是起亚坚持多年，深耕于自主研发创新的成果。

起亚汽车的发展道路，经历了从模仿学习到自主研发创新，再到重塑自身品牌形象的过程。聚焦移动出行、电动化、互联科技和自动驾驶等领域的创新技术和服务研发，以更全面、更深入地了解汽车用户，推出满足其需求的尖端技术和产品是中国车企值得学习和借鉴的地方。中国国产车在车身造型设计自主创新方面的发展道路和起亚汽车几乎一致，为了实现自主知识产权产品零的突破，国产车与外企车成立合资公司，借助外资的造车技术经验，两者一起建立合资品牌整车厂，在生产制造的过程中，国产车也不乏花费巨资去学习合资车的先进技术，国产车现在正处于消化吸收阶段，先学习国外的技术，搞清楚弄明白之后，再应用到自己的车型上。

通过韩系车的发展道路可以看出，国产汽车如果想要快速发展，登上世界舞台，还必须经过一轮技术更新，独立自主地完成汽车开发工作，夯实我国汽车开发技术，同时在优胜劣汰中，国内车企也要经过新一轮的并购浪潮，使得国产车有能力站在世界的层面与其他大型汽车公司相互竞争。

2. 身份认同、重塑品牌价值体系

起亚在管理模式上从内部开启新的变革，包括统一品牌形象、电动化战略落地、组织架构调整以及高品质产品的引进等。在新的管理变革模式下，起亚逐步停止 10 万元以下车型的销售，抛弃以往以价换量战略，甩掉性价比的标签，由唯销量论转向追求高品质产品。

在 2021 年的成都车展上，起亚嘉华预售启动，作为企业全新战略的一款代表新品，30 万元左右的预售价格体现出企业想要转型高端车型的策略，即从第四代嘉华起入门即高配。同时还推出全新设计理念下的配置方案，力求将其打造成一款性价比极高的高端车型。在此基础上，起亚旗下各品牌高端化大幕徐徐开启。“重者恒重，强大的产品象征着品牌生命力。”起亚高端品牌布局策略，产品阵容彻底翻新，将推出世界范围内流行的车型，重新组合产品矩阵，提高产品定位，并且通过电动化转型，对中国市场上的起亚品牌进行了再定位，用全球标准再造起亚的高端品牌形象。

3. 优化产品结构，塑造运动时尚理念

在产品结构层面，起亚将从 2022 年年末至 2023 年年初开始向中国市场投放一款全新电动车，并尝试进口纯电动车的形式布局，投入更多高端定位的产品，同时从 2023 年开始，起亚还将陆续导入混合动力车型。在“年轻化”热潮下，东风悦达起亚对产品结构进行调整，强化了 K3、傲跑、智跑等走量车型的市场竞争力，旗舰车型凯酷更是凭借越级的产品体验让“技术起亚”的形象深入人心，如图 4-27 所示。

图 4-27 运动车型逐渐成为起亚的品牌形象

在运营管理层面，起亚还将建立高效的组织管理体系，包括本土化人才以及销售网络的培养和塑造。起亚将持续强化“以客户为中心”的理念，强化以MZ 世代为目标人群的线上、线下整合营销。例如，起亚正在加快优化数字化平台和渠道网络，构建线上线下多维度触点矩阵和完善的用户运营体系，吸引用户参与品牌活动，增强用户参与感，提升用户满意度和忠诚度。

4.5.3 经历风雨，方见彩虹

在欧洲、日本及美国车企大洗牌的背景下，中端走量的车企品牌如何生存和发展是这一变革时代值得讨论的问题。起亚主动积极地去适应和影响改变，在出行需求不断变化的前提下，为其用户打造更优质的汽车设计服务。

2021 年，起亚汽车正式发布全新品牌标识，依然是英文“KIA”的字母缩写，但是整体造型更加简洁摩登，还使用新媒体流行蓝色、红色和金色以及其他颜色的组合。全新品牌标志在视觉上将更加简洁明快且不失美感。据官方介绍，Logo 的设计来源于均衡、律动、向上三大设计理念。全新标识在外观方面体现出较强的科技感和时尚气息，并通过简洁明快的线条表达出其对高品质生活方式的向往。其中，“均衡”体现了起亚汽车将始终以客户满意度为已有业务领域的中心，面向未来，拓展产品与服务，给客户体验注入了新的信心。

起亚的成功，不仅离不开自身不断地创新和面对困难的应对能力，更有着从学习借鉴到自主研发的探索历程，以及在外资企业入侵下的运营模式的自我心得。我国的车企发展也大致经历了模仿借鉴—外企入侵—自主研发的阶段，起亚对我们国家的自主品牌创新十分具有学习意义。在自主品牌的创新中，首先，应该正面面对市场需求，从需求的角度挖掘自身品牌的定位以及产品的开发。其次，坚持创新研发和创新意识，打破关键技术的枷锁和掣肘尤为重要。最后，在起亚的几次低谷期，都离不开及时的策略调整，积极地面对困难，结合自身基础进行新产品的研发，方能渡过难关。

4.6 小鹏——智能电动汽车的新秀

随着新能源汽车的兴起，电动汽车让造车门槛降低，引发众多的创业公司纷纷加入这个新兴行业。2015 年被称为互联网造车元年。除了众多的互联网巨头们的加入，还涌现了一批新的造车新势力，如蔚来汽车、小鹏汽车等。在互联网企业看来，传统汽车制造的技术和工艺壁垒，可以通过引进相应人才来打破。近期不少传统车企高管如丁磊、戴雷等闪电离职并投身互联网造车大军，就可见“互联网＋”、智能自动驾驶、物联网等新技术的发展，驾驶习惯随之变革，进一步刺激了市场新需求产品的诞生。在这场轰轰烈烈的汽车工业新革命中，小鹏汽车应时而动，成为第一批参与互联网造车的科技企业之一。

4.6.1 小鹏企业设计管理的发展之路

小鹏汽车(如图 4-28)成立于 2014 年，研发总部位于广州，作为一家互联网公司，其核心产品是以自动驾驶技术为基础的无人驾驶汽车。尽管成立时间很短，但其目前已经完成了多项国家重大科技项目及产业化项目的建设工作。2016 年 9 月，小鹏汽车发布首款车型 IdentyX 新能源车，但当该汽车量产走向大众的时候，小鹏汽车却遭遇了难题。2017 年 8 月，在朋友的邀请下，拥有丰富的互联网设计管理经验的何小鹏加入小鹏汽车，出任小鹏汽车董事长，何小鹏的加入，给小鹏汽车带来了更为丰富的互联网基因，在何小鹏的带领下，小鹏汽车结合“互联网＋智能技术＋需求”的多方思考模式，打造新的设计理念。

图 4-28 小鹏汽车办公大楼

2017 年 10 月，小鹏汽车首次发布量产车，率先在互联网造车行业实现量产。伴随“互联网造车”的热潮兴起，小鹏汽车 2018 年的销量稳居互联网造车企业中的榜首。在这一关键时期，小鹏汽车则回归本身，坚持以智能为核心竞争力，致力于打造拥有独立研发的全栈式自动驾驶技术和操作系统。以核心技术为基础，通过技术创新来推动整个产业升级发展。之后由于国家政策的调整以及众多新势力车企经营等问题，整个互联网进入困难时期，到 2020 年，新能源车拉开增长序幕，小鹏汽车及时抓住市场机遇，并根据中国当地的路况进行分析，自动导航辅助驾驶系统的开发。在这个基础上，又开发出以“智能互联”为核心的全新技术产品。

小鹏汽车具有很强的互联网基因，目前小鹏汽车已经有了一个相对完整的智能出行生态。此外，小鹏汽车已经开启了国际化进程，针对欧洲出口推出对应车型，打开了欧洲这一庞大的市场。未来几年，小鹏汽车在国际化上会有越来越快的步伐，也需要有一个全球统一的品牌定位、品牌理念和品牌识别。

一辆电动车的诞生，要经历从产品规划、研发设计、小批量生产、规模化量产、市场推广，最终向消费者销售、交付等多个环节。从产品规划上看，无论是传统车企，还是大多数造车新势力，都遵循“平台化”的原则，通过高度集成化来缩短研发的周期、摊薄零部件成本、降低供应商管理的复杂度。比如蔚来的所有车型的设计都是跟着电池包走的，在此之上做研发，理想则是一款车型打天下，从 L6、L7，再到 L8、L9，几乎是一个模子里刻出来的，各个款系之间的差别不大。而小鹏汽车与之相反，何小鹏要求每出一款新车就要有创新，而且要求比例大部分在 20%以上，甚至有的在 50%以上。小鹏内部一共有两条产品线，一条是基于 David 平台设计的中低端电动车产品线，研发了 G3、G3i 和 P5，另一条是基于 Edward 平台设计的中高端电动车产品线，研发了 P7 和 G9。

小鹏汽车坚持通过自主研发，以领先的软件、数据及硬件技术为核心，为自动驾驶、智能网联和核心汽车系统带来创新，为中国消费者带来广受欢迎的智能电动汽车。小鹏汽车是自主开发包含定位和高精地图融合、感知算法和传感器融合及行为规划、运动规划和控制的全栈式自动驾驶技术，并在量产汽车上应用该软件的汽车公司。在 AI 技术和互联网技术的支持下，小鹏汽车的生产理念以质量、持续改进、灵活性和高运营效率为中心，采取精益生产方式，以不断优化运营效率和产品质量，如图 4-29 所示。

图 4-29　小鹏汽车产品族系

4.6.2　小鹏汽车的智能网联汽车全景构架

小鹏汽车认为智能汽车（“AI＋互联网＋汽车”）是汽车时代的下一个全新赛道。“数字化＋电动化”，形成了“双擎”传动互联网基因的智能电动车，正是小鹏汽车产品品质制造的根本和小鹏汽车创造的核心。小鹏汽车所提出的“双擎”模式已经成了一个全新的概念，而这一创新思维也正在被越来越多企业所运用，如图 4-30 所示。

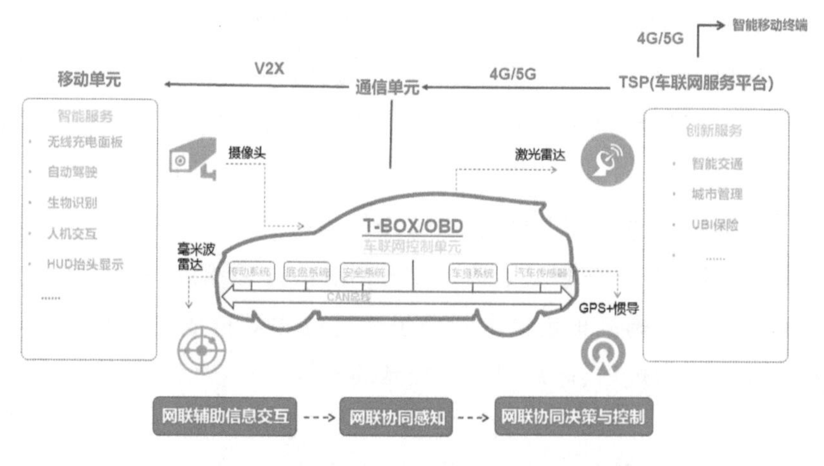

图 4-30　基于车联网的智能汽车服务蓝图

1. 协同运营平台帮助小鹏汽车完善经营协作体系

小鹏汽车是制造型企业，信息化开始得比较早，基本随着企业业务的发展不断地改进和完善。从最初的单机应用到现在的网络信息共享和智能分析，再到现在的大数据时代，其信息化程度已经达到相当高的层次。因此，建设协同运营平台前，其信息化建设已经具有规模基础，甚至超过多数同类型企业智能化水平。小鹏汽车通过北京致远互联软件股份有限公司的协同运营平台，搭建了一个中心、三个集成应用的协同综合管理平台。这是在互联网技术快速发展和普及下的又一次尝试，也为未来智慧交通提供了一种新模式。

2. 智能制造协同平台融合了多项业务应用，充分实现了企业数字化转型

小鹏汽车的定位是互联协同运营平台。借助协同运营平台，面向全国用户实行统一定价、销售和服务标准。平台由 110 多条涵盖行政、人事、财务等方面的内容组成，实现了 20 多个跨系统流程整合，统一全国门店流程和销售流程，建立了统一的报销填写标准、人事管理规范与法务、IT 等管理规范等，形成全国服务运营闭环管理体系。同时建立了一个共享服务中心，以满足企业集团总部对于内部各子公司的需求，并提供一站式服务平台。最后，借助协同运营平台的连接整合能力，对小鹏汽车原有业务应用进行整合，解决了各个业务线彼此孤立造成信息传递迟滞等问题。通过建立企业内部的“云”计算架

构，实现信息资源共享，从而降低运营成本，提高管理效率。在协同运营平台的推动下，小鹏汽车对多个后台业务系统的应用进行了连接整合和融合共享，如图 4-31 所示。

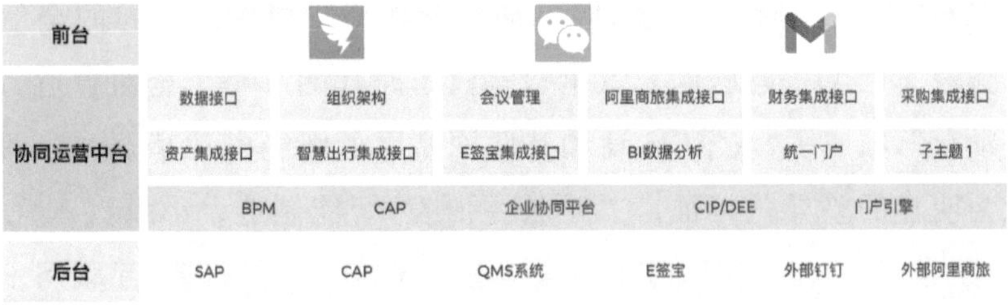

前台						
协同运营中台	数据接口	组织架构	会议管理	阿里商旅集成接口	财务集成接口	采购集成接口
	资产集成接口	智慧出行集成接口	E签宝集成接口	BI数据分析	统一门户	子主题1
	BPM	CAP	企业协同平台	CIP/DEE	门户引擎	
后台	SAP	CAP	QMS系统	E签宝	外部钉钉	外部阿里商旅

图 4-31　智能制造协同平台

3. 实现数字化会议中心

在会议中心设置了一个信息数据可视化的会议室，实现了对公司会议的全流程的智能化管理。通过设置一个图形窗口来方便管理人员对会议记录资料的查看和及时修改。数字化会议中心承担会议资源的登记处理任务，登记信息与会议室名称有关、会议室地点、情况、会议室设备，是否审批、可容纳人数等基本信息。通过数字化会议室查看面板，直观地展示会议室占用状况、申请会议时间，并对已占用的时间冲突自动提醒。由此实现节约资源，优化效率，如图 4-32 所示。

数字化会议管理				
建立会议室	**查询会议室**	**会议准备**	**会议召开**	**会议结束**
区域分类	状态查询	会议室预订	会议投票	会议查询
		会议申请	会议表决	
信息维护		会议审批	会议纪要	
		会议通知	会议连接	
资源授权	会议看板	会议鉴到	大屏	纪要查看
资源建立	资源检索	资源占用		资源释放

图 4-32　数字化会议管理内容细则

4.6.3 小鹏汽车管理模式

在互联网与汽车产业深度融合的大背景下，汽车行业正在进入一个以人工智能和自动驾驶技术为主线，以电动汽车作为重要发展方向的全新阶段。一是智能汽车（“AI＋互联网＋汽车”）是汽车时代的下一个全新赛道。“数字化＋电动化”，形成了“双擎”传动和互联网基因的智能电动车，正是小鹏汽车产品最为明显的差异化特征。二是自主研发，智能制造。小鹏汽车凭借450件专利，跻身2019年中国汽车专利公开量Top20。三是打造“互联网＋”汽车产业新业态——新能源汽车，实现从产品到服务全产业链创新升级。

1. 小鹏汽车的管理思想

作为年轻的造车企业，小鹏汽车敬畏传统，坚信品质的制造是基础，一方面，打造生态链，构建“互联网＋金融”，实现“车我贷”“车贷贷”“车我险”三驾马车联动发展。另一方面，销售总体布局、售后及充电服务等各项工作，通过闭环的产品运营，实现服务运营闭环，从产品的整个生命周期来看，满足用户的全触点体验。同时还建立起自己的专属服务平台——车联网平台，为消费者提供个性化、定制化的服务体验。小鹏汽车以“自建自营加授权经营，线上线下相结合”新零售模式，为用户提供“一体化，多触点”的服务体验，实现全国线上线下价格一致、统一的销售流程、统一的服务标准，确保用户体验。

2. 小鹏汽车的组织构成

小鹏汽车立志为未来创造精彩的出行体验，在短短的5年里迅速发展，由四大业务板块构成。随着业务的不断拓展、新技术的引入，以及客户群体的多样化，整个集团的运营效率也随之提升。其流程与组织架构都发生了巨大的改变。

总体来看，小鹏汽车的构成分为前端服务和后端支撑两大部分。前端服务包括日常服务、后勤服务和业务支持。日常服务主要为前台问询接待、会务接待、印章管理、物业服务；后勤服务分为差旅管理、车辆管理、员工餐厅管理、宿舍员工管理；业务支持包括城市销售门店建设、行政费用管理、总裁办以及行政BP。后端支撑分为规划运营、行政体系和业务支持三大板块。规划运营负责场地租赁、基建装修、资产管理、安全管理；行政体系负责制度体系、组织架构管理、岗位分工管理、岗位操作手册管理；业务支持包括人员盘点管理、内部培训管理以及晋升/淘汰机制管理，如图 4-33 所示。

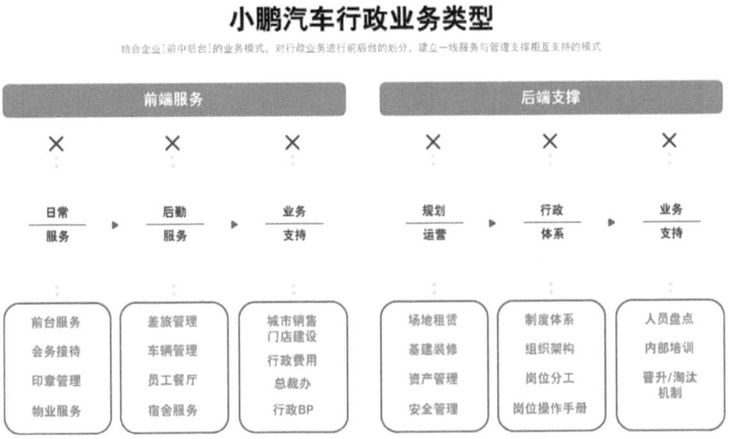

图 4-33　小鹏汽车组织管理构成

3. “以慢制快”的互联网造车模式

目前，新能源汽车发展迅速，抢占市场必然是通过数量去提升更高的市场份额，这也造成了新能源汽车出现了井喷式发展。不过即便是在这个大环境下也存在例外，小鹏汽车通过“慢就是快”的理念去经营市场，犹如太极中的以柔克刚，以慢打快。这种管理模式在今天或许和大部分车企的管理模式相左。但事实上，该理念和小鹏汽车创始人何小鹏有着很大的关系，因为何小鹏有着丰富的互联网工作经验，所以他带领的小鹏汽车的经营理念就是将汽车看作一个实现智能驾驶的最终平台，真正的核心是互联网和智能驾驶整个体系的发展。小鹏汽车其实更像是一家互联网公司，而并不是一个汽车生产商，互联网造车实质是在“互联网＋”的环节上，专注于如何给汽车加上智能化的“外挂”而已。其本身对车企造车的过程并没有涉猎。从零开始造车，主打高品质高体验的小鹏汽车所需要的是经验和时间，为了让用户们在交付时感受到小鹏的品质、创新和安全，小鹏汽车自主建立了一整套电动汽车试验开发体系。

小鹏汽车的互联网基因是基于阿里技术平台提供的便利，同时又有着自成体系的技术创新与团队风格。没有了老互联网企业的技术包袱，以更新的技术架构和思想去改变行业团队。小鹏汽车不仅擅长借用各种阿里技术平台能力来创造价值，更在规则引擎、异常管理、质量处理和团队模式上有着自己的风格。团队由各领域大厂精英抽调组成，来源于车联网技术领域、智能服务领域、网络营销领域和电商领域等，思维的碰撞让团队更好地推进小鹏汽车销售服务工作的智能化，与各职能团队、门店站在一起，为售前、售中和售后工作提供强有力的保障。

4.6.4 紧握时代、创新至上、品质为先

2021 年小鹏 Q4 交付车辆 41751 辆，居造车新势力企业的销量之首，也使得小鹏成为 2021 年度交付数量最多的新车企之一。在工业 4.0 的概念下，造车新势力发展势头迅猛，能在如此激烈竞争的市场环境下，足可见小鹏之厉害。

回过头来看小鹏汽车的成功，我们可以学习到在企业的管理运营中，一是要适应新时代需求。当前消费者对于新能源汽车的要求不仅仅局限于先进的技术，而且对于扎实的造车基础要求同样很高。在汽车行业里，品质是企业生存和发展的根本动力所在。二是要秉持品质至上的理念。三是要追求个性和创新。无论哪个时代，不管消费者购买的是哪种车型，都渴望得到质量好的商品。四是要树立正确的品牌观。以小鹏汽车为代表，新能源汽车的出现，始终以质量为重，力争技术水平超前，为用户打造了品质卓越的优质产品。五是要用心打造好产品。

仅仅有先进的理念和技术作支撑，而非实实在在的动作语言，一切都是一句空话。小鹏没让企业“鹏派特点”只停留在口号上面，而是用行动将其变为现实。通过生产线对 MES 系统进行集成，抓住工厂的一举一动，从下订单开始，直到产品完成的全循环过程，实现精细化管理，对所有可能产生协同作用的步骤进行了优化。

Part3:餐饮食品行业

4.7　雀巢——经久不衰的商业秘密

雀巢公司成立于 19 世纪中叶,企业创始人内斯特发现当地婴儿因为没有合适的乳制品,死亡率很高。1860 年,内斯特结合自身药剂师的身份,将米粉、牛奶、燕麦制品按比例混合在一起,经过多次尝试与反复试验,成功调制出适合于无法喝母乳的婴孩的奶制品,既营养丰富又成本较低,解决了当地婴儿死亡率高的现状。那时虽然没有互联网,但这款拯救过生命的雀巢产品不久后就广受欢迎,大家开始抢购雀巢乳制品,之后雀巢为适应当时消费需求,陆续推出各种方便饮品,如图 4-34 所示。

图 4-34　亨利 · 内斯特和他的早期雀巢奶制品

4.7.1　雀巢公司设计管理的发展之路

在企业开创之初,当时英瑞炼乳公司在瑞士创办了欧洲第一家炼乳厂,是以“婴儿”为主要服务对象来销售产品。1867 年亨利 · 雀巢(Henr iNestlé)开发了突破性婴幼儿食品,1905 年与英瑞公司合并,组建了现在人们所熟悉的雀巢集团。同时由于轮船运输降低了商品的成本,催生了消费品国际贸易的繁荣。1905 年,雀巢公司已有 20 余家工厂,并且开始在海外子公司的帮助下,成立横跨非洲、亚洲的子公司,以及拉丁美洲和澳大利亚的销售网络。企业得益于繁荣时期,一举成为全球性奶制品企业。

1914年，第一次世界大战爆发，炼乳与巧克力的需求量上升，但原材料缺乏，跨境交易受限，雀巢的国际市场合作受到限制。针对这一问题，该公司通过全球化战略，在美国、澳大利亚购买加工厂，全球化的就地生产，有效地减少了原料、运输、人力资源等成本，在战争末期拥有40家工厂。“一战”结束后，部队对罐装牛奶需求量减少，使雀巢英瑞公司面临巨大的危机。由于经济危机导致消费者购买力下降，雀巢开始实行多元化产品战略，为满足不同消费者对不同食品口味的要求，逐步开发出一系列除奶制品之外的食品。

第二次世界大战期间，雀巢英瑞公司在逆境之下坚持自身发展战略，向平民及军队供应产品。战争结束后，雀巢将美极汤料及调味料加入产品范围，并且使用雀巢 Alimentana 公司命名。1948—1959年，战后经济日趋繁荣，人们对于便捷食品情有独钟，雀巢根据这一要求，推出了包括雀巢巧伴巧克力饮品、美极即食食品等新的产品，迅速在消费者心目中树立起亲民形象。

1981—2005年，雀巢以营养为公司发展的主要导向，并且根据“营养丰富，身体健康，快乐安康”这一宗旨，大力推动发展收购的能够不断满足消费者需求的品牌。与此同时，企业开始拓展向美国、东欧和亚洲的经营，争取做全球饮用水、冰激凌及宠物食品领先者。2006年至今，雀巢致力于创造共享价值，首次明确“打造共享价值”经营方针，并启动了“雀巢可可计划”和“雀巢咖啡计划”，进一步发展可可和咖啡可持续供应链。除此之外，雀巢公司也专注于医学营养品的研究，如图4-35所示。

图4-35　雀巢公司产品族系

4.7.2　雀巢的企业文化与价值观

不断改进和创新，是雀巢生生不息的生命之源，而无论是创新，还是改革，都必须依靠研发。创新可以使企业获得更高的利润，而研发活动又能带来新的市场机会和竞争优势，二者缺一不可。雀巢将创新理解为一种新产品，新技术的创造和改良就是要不断地改进产品与技术。创新包括了产品开发、生产工艺改进和市场拓展等多个方面。对企业而言，创新最为关键，也最困难。创新要靠强有力的研发机构支撑。雀巢历经岁月积淀，不断成长，已经构建了覆盖世界的巨大研发体系。

它的成功不仅在于其拥有一支优秀的团队，更因为其在研发方面有着独到而有效的做法。雀巢公司极其重视本身产品的品质。在全球范围内都有其优质食品监督机制。正如雀巢公司的第一款产品婴儿米麦粉一样，当它被送到消费者手里时，它的味道、口感和外观都经过了严谨的筛选。如此优质的商品，拯救了一个邻家婴儿的性命，继而拯救了更多的婴儿。从那时起，品质就成了雀巢公司文化中的中心内容，并成为它成长为世界知名食品及饮料公司的基石。

4.7.3　雀巢公司的管理模式

成立于1867年的雀巢公司经历了两次世界大战和几次横扫世界的金融危机，但是它内部的财务状况却始终十分稳健，这与它独特的经营理念和方法密不可分。雀巢公司挺过许多洪水猛兽似的灾难，保持可持续稳定增长的“秘诀”便是拥有高效的内部管理。

1. 雀巢公司去中心化管理模式

外延战略是雀巢成长的一个重要途径。在企业发展过程中，其不断地收购与优化其他公司。在购买那些与雀巢今后发展策略相一致的公司时，一面出售不符合或者未来不符合其发展路径的公司，一面对这些公司进行再度评价。在此策略的基础上，雀巢由原来的小厂变成了非常庞大的机构。它不仅拥有众多子公司和分支机构，而且还将其划分成许多独立经营的业务单元。为了能够驾驭如此庞大的组织结构，雀巢所采用的组织结构与管理模式极其灵活，即所谓“集中型—分散型”的管理模式。

这种模式强调以最短的时间、最少的努力来完成工作任务并取得最好的绩效。所谓“集中”，就是雀巢瑞士总部确定重大战略决策与基本政策，“分散”意味着各区域市场有许多执行层面的自主权，特别是市场营销与服务的创新。“集中化”和“分散化”之间存在着相互制约又相互促进的关系。为了维持组织的敏捷性，雀巢的许多决定是由分支机构作出的，这也能够激发基层员工工作热情。管理者一定要非常明确企业的整体目标与策略，且首要的任务是在组织中建立信任，对下属有信心，唯有如此，才会对一线员工所作的决定产生真正的认同。同时还要在员工之中树立起公司的价值观，并将之贯彻到日常工作之中。这种去中心化的管理模式的优势是在面临地方复杂多变的市场环境下，各地区雀巢分公司可直接依据消费者饮食习惯和地方特色文化，迅速作出回应。

2. 应时而动的品牌经营策略

当面对世界大战时，雀巢决定反其道而行之，实行全球化战略，当时的管理者深知，世界大战势必会导致粮食的紧缺，战后世界各地也必然会增加此类需求。因此早在大战时，雀巢公司就已经在世界各地布置好了自己的商业地图，从而保证了雀巢在战时经济的稳固增长。当大战结束后，雀巢转而采取多元化战略，根据时代和消费者的需求，积极响应市场，快速研发多种产品，以期占领食品类大部分市场。当其他企业还在收拾战后残局时，雀巢公司早已凭借出色的设计管理在全世界范围内实行产品多元化市场策略。

在和平年代，雀巢公司通过实行外延战略在世界上具备了十分大的规模。在这个策略下，雀巢的商业帝国逐渐庞大。进入体验经济社会后，雀巢针对市场需求的变化调整企业细分市场产品，通过开拓便捷食品、健康食品等多种蓝海领域，成功把握新时代的社会需求。同时通过“集中型－分散型”的管理模式对旗下子公司与分支机构进行管理，赋予旗下公司以及分部极大的自主决策权，这种管理方式极大地提升了分部的工作热情，当面临地方性质的复杂多变的市场环境时，各地区分公司能够直接根据消费需求及时进行市场反馈。雀巢在体验经济社会正是凭借自身出色的管理模式以及对市场需求的灵活把握取得了成功。

4.7.4 大局观下的价值共创共享

自亨利·内斯特研制出婴儿营养麦片粥以来，雀巢一直从社会大众角度出发，思考研发产品的问题与研发方向。最初的雀巢婴儿奶粉被用来降低婴儿死亡率，到现在，雀巢不忘初心，一直在努力全面挖掘着食物的魅力，以期提高每一个人的生活品质。在未来，雀巢想要做的是为社会带来共享价值。从“爱”出发，不断地将消费者带入美好的食品世界中。这充分反映出百年雀巢内部优良的企业文化和价值，展示了其特有的设计和管理方式。通过去中心化的管理模式和在不同时期之下都及时反馈的市场策略，雀巢既做到了内部稳定，又使各个分公司得以良性运转，也真正做到了雀巢品牌与各地区文化的深度结合。

4.8 百事可乐——随机应变，与年轻人创造快乐生活

百事公司成立于1965年，经过多年发展，如今已经成为一家集研发、生产和销售于一体的跨国公司。公司业务遍及全球。目前已成为全球最大的食品企业之一，并拥有众多的分支机构。公司下属机构近百家，主要由百事可乐饮料公司生产，同时经营快餐馆、啤酒餐馆、北美运输公司和威尔逊体育用品公司等。其子公司分布较广，美国境内有48个州参与，境外涉及100多个国家和地区。“百事可乐”饮品的问世，可以追溯到1898年，当时是一位叫科尔贝·布莱德汉姆青年药剂师在实验过程中偶然得到一种味道新奇的饮料，并受到苏打柜台客户的欢迎(当时命名为“布莱德饮料”)。他认为这种具有特殊风味的饮料，会给人们带来食欲与精神上的愉悦感，由此以苹果、香蕉等水果作为主要原料制作出了以碳酸水、糖、香草、胃蛋白酶等为主要原料的碳酸饮料，之后百事可乐陆续推出各种年轻化的产品，如图4-36所示。

4.8.1 百事可乐设计管理的发展之路

百事公司为饮料及休闲食品公司，它以“创造快乐生活”为宗旨，致力于成为全球消费者健康与娱乐的解决方案。在全球200多个国家和地区拥有14

图 4-36　科尔贝·布莱德汉姆和他的百事可乐产品

万名员工,2004 年销售收入 293 亿美元,在全球消费品企业中最为成功。1965 年,百事可乐公司和休闲食品巨头菲多利联合起来,正式改名百事公司。百事公司自 1977 年涉足快餐业以来,逐步将必胜客、TacoBell 和肯德基收归麾下,步入了多元化经营巅峰。

1981 年,百事可乐同中国政府签订了合同,在深圳建立了百事可乐灌装厂,成为最早进入我国的美国商业合作伙伴。百事公司在 1997 年进行了一次大的调整,必胜客、肯德基和其他餐厅的业务都是从企业中分离出来的,将其打造成独立上市公司,也就是百胜全球公司,逐步形成了百事公司独有的产品族系,如图 4-37 所示。百事可乐从最初生不逢时的现状,发展到能够与可口可乐分庭抗礼,这和百事内部的企业文化、价值观及设计管理有着必然的联系。

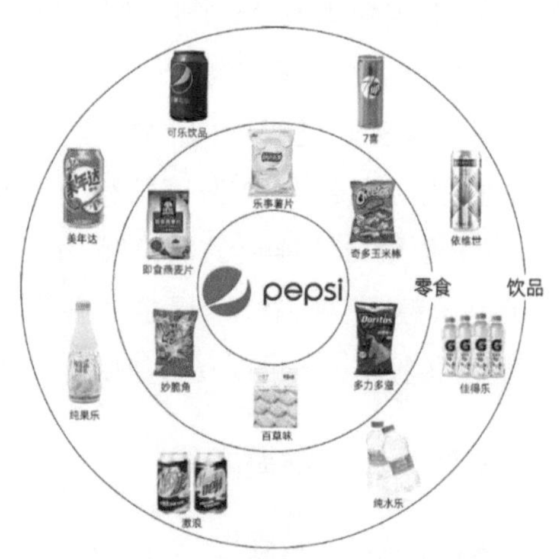

图 4-37　百事公司产品族系

4.8.2　百事可乐的企业文化与价值观

百事公司的企业文化与价值观是聚焦青年一代，以文化定位市场。对饮料来说，百事可乐与可口可乐产品在味觉上很难区分孰轻孰重，所以，商业成功的焦点则是塑造产品个性的广告(即品牌与企业文化之间的关系)。1983年，百事可乐公司聘请罗杰·恩里克担任总裁，上任后，他采用各种手段，通过广告的形式使百事可乐的品牌个性得到充分展示。通过广告语传达“百事可乐，新一代之选”并且加入了新概念——“渴望无限”，以突出它的年轻性、创新性及对未来发展的信心。通过企业文化来寻找市场定位，百事可乐将目光聚焦在年轻人一代，为达到此目的，百事在产品、广告语、代言人等方面均经过慎重考虑。它主张年轻人进取的生活态度，寓意在年轻人的眼里，机遇与幻想之间有无限广阔的天地，他们能放纵自己的遐想与追求。建立在如此年轻的企业文化以及准确的市场定位之上，百事又迎来新的开始。

4.8.3　百事可乐的管理模式

在碳酸饮料领域，百事可乐面临可口可乐这样的强力竞争对手，无论是在企业品牌，还是在市场领域，可口可乐存在着一定的先行优势，因此在百事可乐的企业发展过程之中，百事公司深知这一领域的先天优势，实际上百事可乐与可口可乐在配方、口感、色泽、味道方面都十分相似，绝大多数的消费者品尝不出两者的区别，百事可乐想要赢得市场就不能依靠产品层面差异化，或者说依靠产品差异化难以达到快速抢占市场的效果。因此，百事可乐想要分得可乐市场就需要从设计管理、企业文化价值观的传达方面着手。

首先，百事集团针对企业文化提出了“新一代的选择”这一概念，在社会面树立起和年轻人打交道的企业新形象。如此一来，百事可乐仅仅通过企业形象就抢占了一部分可乐的年轻人市场。将目标定位在年轻一代的消费群体并不是百事集团管理层随随便便提出来的，而是通过对市场、社会大环境以及竞争对手的仔细分析得出的。可口可乐作为老品牌，对年轻人影响的时间较短，在年轻人心里留下的印记较浅、影响力较轻，同时，年轻人有着天生的对于新事物的好奇心，喜欢特立独行和与众不同。且在战后年代，全世界迎来婴儿潮,不久的将来市场的消费群体一定年轻化。百事的设计管理者正是基于对市场、社会的深度思考,把握住了这一机会,如图 4-38 所示。

图 4-38　紧跟年轻人时尚和热点的百事可乐蓝色主题元素

在年轻化的市场战略下,百事集团内部的设计管理可概括为“注重成果、真诚做事”这八个字。百事认为,在有了最初的产品市场和战略目标后,企业产品的质量以及成果的产出应当提上首位,而员工工作能力的高低会影响企业设计管理的运行效率。因此,百事集团基于自身的设计管理模式选择合适的人才,且每年对员工进行各项工作考核。

当百事可乐跟上可口可乐的步伐之后,设计管理逐渐在产品差异化生产中发挥作用。百事可乐推出了包括美年达、七喜在内的多种碳酸饮料,还推出了多种可乐口味,以此来占领更多的市场份额,在这一过程中,“注重成果”的设计管理在百事集团中起到了极大的作用,通过稳定的设计管理模式,百事可乐实现了产品差异化的快速产出,迅速地占领了很大一部分的市场份额。

4.8.4　年轻一代成就百事集团

百事集团强调以结果为导向的管理模式,在百事集团企业理念和文化的指导下,其产品和服务都取得了巨大的成功。从百事可乐的成功经验可以看出,基于市场和环境思考下的企业市场战略非常重要,在市场中根据企业发展战略找准自身企业定位,并通过设计管理强化企业价值观以及产品。设计管理具有能够保持企业设计师在项目设计中凝聚力和效率的优势。

中国有句俗语，“冰冻三尺，非一日之寒”。企业在成长过程中针对企业发展方向付出长期艰苦努力的同时，还要不断地完善自身的管理方法、经营战略。仅仅依靠确定高难度目标和强硬制度作为手段还不够。要想实现公司的持续、健康、快速地增长，必须有一套行之有效的设计管理机制来支撑公司的成长与发展。在这个过程中，企业需要根据市场环境的变化不断地对自身的发展战略和内部设计管理模式进行调整，以此来保证企业始终保持在时代前列。从百事集团的年轻化战略来看，百事的成功绝非偶然。它通过对竞争对手的了解、正确的企业文化定位、在产品上勇于创新始终，让内部的设计管理模式与营销策略顺应时代需求。

4.9　海底捞——服务是最好的营销

海底捞餐饮有限责任公司 1994 年成立于四川省简阳市，经过近 30 年的发展，公司已遍布北京、上海、天津、西安、郑州、南京、沈阳等地，在国内有直营店 50 余家，拥有四个大型现代化物流配送基地和一个原料生产基地，获大众点评网年度“最受欢迎十佳火锅”。海底捞火锅最具特色，也是让广大消费者津津乐道的，是它特有的餐饮服务模式和文化理念。

4.9.1　海底捞企业管理的发展之路

从 1994 年成立一家只有四张桌子的普通火锅店，到 2019 年拓展 768 家连锁经营的火锅店，10 万名员工遍布全球，营收超 250 亿元，海底捞成功的秘诀是什么？是合理有效的企业管理。海底捞的发展可分为以下三阶段。

第一阶段是创业初期。海底捞最初在四川简阳主要以火锅餐饮经营为主，有一家分店，属于个体户经营阶段，并没有形成规模，创始人张勇自己就是总经理、服务员、厨师。第二阶段是高速发展期。张勇已经实现了从服务员到投资人的转变，企业经营主要以西安为起点，进入连锁扩张期，这个阶段还是以餐饮服务为主要行业目标。第三阶段是平稳稳定期。海底捞已经由一个纯火锅品牌裂变成一个餐饮集团，设立上下游产业链上的各分公司，组成一个群体。这个时期海底捞的经营，开始更加倾向餐饮过程中的服务体验。

在服务体验中，以提高客户忠诚度为目标展开，早期的经营管理强调“热情的”服务员，设计服务过程中注重客户的消费体验，以“服务高于一切”作为经营的核心理念，除了用餐环节，从迎宾、带位、点餐、结账等的细节都为客户考虑到，如为排队等餐的顾客提供免费擦鞋、美甲服务，提供免费发圈避免女性客人用餐时头发沾上味道，甚至在独自用餐的客人对座放上玩具熊作陪。随着智慧技术的普及，海底捞的服务侧重“智慧流程＋服务”重新定义智慧餐厅，强调整体环境和服务的可持续性、可复制性和可传达性，以符合消费者预期的服务为主要目标，店长进行最终决策。以此为基础在北京、上海、南京等地开设智慧餐厅。

4.9.2 企业文化与价值观

作为一家经营范围覆盖世界的连锁餐饮企业，海底捞坚持诚信为本，促进食品质量稳定，其理念是通过精挑细选产品，不断创新服务，打造快乐火锅时光，将健康火锅饮食文化传达给全球美食爱好者，给广大消费者带来了更加周到的服务和更加健康安全的生活，并且致力创造一种让全球年轻人喜欢，并可以参与其中的餐桌社交文化，如图 4-39 所示。

图 4-39 海底捞宣传图

海底捞提倡注重客户体验和文化内涵，在服务过程中，从各方面考虑顾客的感受，海底捞企业文化一直以来都是以客户为导向、以顾客体验为出发点。在服务方面，注重人性化和情感化设计，创新性地为顾客提供愉快就餐服务。

通过不断地创新和升级，将顾客的情感需求转化成现实的价值创造。店内所有个性化服务均源自服务员的创意，员工在餐厅内享受到了最贴心的人性化关怀和体贴，他们用真诚的微笑对待每位客人。这些有温度的个性化服务，也确实使客户的每次就餐变成了愉快时光。

同时，在内部员工管理中，其管理哲学核心价值观倡导“双手改变命运”，海底捞雇员职业发展计划，正是基于这一思想。“双手改变命运”的核心价值观强调人是创造价值的主体，而人又是需要被塑造的，只有通过不断地自我提升才能获得持续的竞争力。在这种价值观的基础上，海底捞管理人员通常不属于外聘人员，而是来自企业内部的晋升，如表 4-2 所示。

表 4-2　海底捞晋升途径

<table>
<tr><th colspan="3">海底捞晋升途径</th></tr>
<tr><th>管理晋升途径</th><th>技术晋升途径</th><th>后勤晋升途径</th></tr>
<tr><td>海底捞副总经理</td><td rowspan="3">功勋员工</td><td rowspan="5">业务经理</td></tr>
<tr><td>大区总经理</td></tr>
<tr><td>区域经理</td></tr>
<tr><td>店经理</td><td rowspan="2">劳模员工</td></tr>
<tr><td>大堂经理</td></tr>
<tr><td>领班</td><td>标兵员工</td><td>文员、出纳、会计、采购、物流、技术部、开发部</td></tr>
<tr><td>优秀员工</td><td colspan="2">先进员工</td></tr>
<tr><td colspan="3">一级员工</td></tr>
<tr><td colspan="3">合格员工</td></tr>
<tr><td colspan="3">新员工</td></tr>
</table>

4.9.3　海底捞的管理模式

海底捞的成功之处在于具有能够让体验过服务的客人愿意再次光顾的力量，靠的就是海底捞那令人称赞的服务质量。海底捞的服务质量可以追溯到成立之初，创始人张勇在四川简阳的火锅店时，时常给前来吃饭的客人提供一些细节上的服务，比如帮忙擦鞋或是免费送自家辣酱。虽然只是一个小小的动作，却能让消费者感受到温暖。也正是张勇细致入微的服务，使得他的店铺生意越来越好。自那以后,张勇确立了以服务顾客为最高的宗旨,并逐渐将理念传递到每一个门店、每一位员工。这是海底捞兜售服务的起点,也是海底捞成功的诀窍。

为了实现海底捞全部门店的服务至上观念,海底捞在企业中引入了特殊的管理模式,也就是授权管理模式。就算是最普通的海底捞员工也有权利自主决定是否为顾客免费加菜或者赠送礼品。在别的企业中,这种现象是罕见的。通过这种独特的管理模式,海底捞成功地将服务至上的经营理念渗透到了企业文化与价值观之中。也只有这种授权管理模式,才能够让每位员工为消费者主观能动地做一些服务。同时海底捞依据不同消费者的不同行为习惯实施差异化服务策略,真正做到了让每一位消费者都享受到了只针对自身习惯的优质服务。

尽管海底捞的经营理念是"顾客第一,服务至上",但是在对于内部员工管理方面,海底捞始终遵循着"以人为本"的管理理念与态度。例如,给予员工许多公开的权利,使员工在工作中感受到自身的力量。除授权管理模式外,海底捞还实行师徒制管理,师傅的升迁及报酬都与其所带徒弟有密切关系,督促员工对其徒弟认真用心培训。

海底捞就是这样,凭借优质服务的差异化战略以及独特的管理模式从一家地方小火锅店发展蜕变成为火锅界的翘楚。

4.9.4 规范化直营模式的餐饮服务行业标杆

服务是一种无形的产品,很多人提起海底捞,首先可能想到的是火锅,其次就是服务。在产品中巧妙应用服务进行营销,是海底捞的特色。海底捞将这一特色做到了极致。海底捞的服务是餐饮中的佼佼者,走出了一条不同于其他火锅店的极致服务之路。海底捞从成立至今都一直以优质服务扬名在外,将"服务是最好的营销"这句话体现得淋漓尽致。各行各业都在学习海底捞的服务理念,但海底捞的优质服务难以被复制。海底捞最负盛名的优质服务,本身就是一种营销方式。正是通过优质的服务质量,海底捞积累了大批客户反复消费,提升了客户黏性。创始人张勇曾说,其实海底捞并没有刻意地讨好顾客,只是想要让顾客吃得开心,没想到这些家常的小事后来成了行业标杆。

除了优质的服务，海底捞深知食品在餐饮行业中的重要性。因此，在连锁发展阶段之初，海底捞就十分注重食品以及企业整体形象的标准化。海底捞为了达到所有门店装修风格方面的一致性，专门成立了“蜀韵东方”装修公司，确保海底捞在社会上的形象保持高度一致。不仅如此，海底捞菜品的规格大小与价格设置也具有十分严格的标准且底料均来自颐海国际，这些做法最大限度地保证了菜品口味及企业形象的稳定性和一致性。甚至对顾客的服务都有一套完整、规范、标准的流程与话术。海底捞的这些做法极大地提升了品牌辨识度，增强了企业以服务为中心的核心竞争力，真正实现了企业全方位的规范化经营，成了餐饮服务行业的标杆和灯塔。

海底捞看似是一家火锅店，实则在兜售自己优质的差异化服务，以差异服务优势，塑造品牌效应。海底捞的案例向我们证明，企业的成功不仅可以从宏观规划，还能从细处入手，通过细致入微的差异化服务赢得人心，进而赢得市场。

Part4:现代服务业

4.10　宜家家居——拉近人与人之间的关系

宜家家居是一家跨国性的私有居家用品零售企业，1943 年成立于瑞典埃尔姆哈尔特。宜家家居在全球多个国家拥有分店，贩售平整式包装的家具、配件、浴室和厨房用品等商品。宜家家居是开创以平实价格销售自行组装家具的先锋，目前是全世界最大的家具零售企业，在全球家具产业中具有举足轻重的地位。2004 年，创始人英格瓦·坎普拉德以个人净资产 185 亿美元荣登福布斯全球富豪榜排名第 13 位。中文的“宜家”除了是取 IKEA 的谐音以外，还引用了成语“宜室宜家”的典故，来表示带给家庭和谐美满的生活，如图 4-40 所示。

4.10.1　宜家家居设计管理的发展之路

宜家创立之初，以铅笔为主业，售卖相框之类的家居小物件，历经近 80

图 4-40 英格瓦·坎普拉德与他的宜家品牌

年，宜家已发展成为世界最具影响力家居用品领军品牌。它还是世界上集供应链管理、生产制造、批发零售于一体的大型企业，是家居行业的领导者之一。宜家成长过程分为以下四个阶段。

第一个阶段为营销期。这个阶段的主要特征是产品和服务创新。1943年，瑞典宜家正式成立，宜家创始人坎普拉德认为区别于传统家具带来的负担，商业家具可以为家庭带来更多的乐趣，他希望能够把家具变成一件艺术品来出售。公司在成立之初，是一家精品家居售卖的小商店。处于北欧地区的瑞典，20 世纪受世界范围内的战争影响较小，在第二次世界大战之后，瑞典经济进入繁荣时期，新建住宅和家居需求给家居行业带来很大的发展机会。1946 年，宜家借助当地乳制品公司的物流渠道，建立了自己的家居商品物流网络，并在企业更新过程中，不断地扩大自己的物流供应系统。1947 年，宜家正式将房屋数据输入供应系统，宜家的规模进一步扩大。

第二个阶段是宜家的自主品牌研发时期。因为来自竞争对手的压力，供应商停止向宜家供货。1955 年开始，宜家不得不开始自己设计家具，这无形中也为宜家的发展奠定了基础。宜家自主设计的家具很有创意，而且价格较低。在这个自主设计的过程中，宜家的设计师发现把桌腿卸掉可以把它装到汽车内，而且还可避免运输过程中的损坏，这种平板包装方式也能够进一步降低加工制作和运输成本。从此之后，所有的宜家产品都在设计时考虑平板包装的问题，逐渐形成了宜家特有的一种设计工作模式，把问题转化为机遇。与此同时，宜家开始快速地进行国际扩张。1963 年后的 10 年里，宜家占领了北欧和德国，也来到了澳大利亚、加拿大、奥地利等国市场，20 世纪 90 年代苏联解体，宜家还获得了进军东欧国家的机会。经过多年的发展与商业推广，宜家逐渐形成了其世界范围内的家居商业板块，如图 4-41 所示。

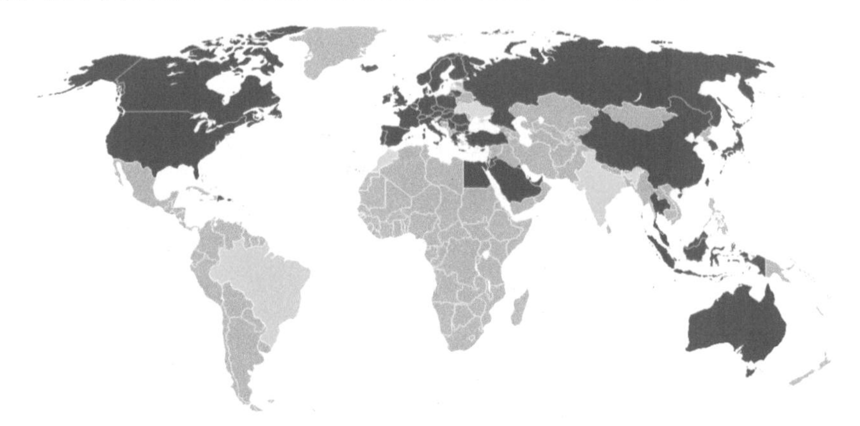

图 4-41　宜家家居的全球商业板块(蓝色国家)

宜家经营模式的第三个阶段，是全球化经营阶段。在扩张迅速发展之后，宜家认识到要想不断地得到成长，必须瞄准具有强大消费生命力的新兴市场，进而把目光聚焦全球各大洲的成熟市场领域。1993 年，宜家在全球 25 个国家和地区开设了 114 个营地。1997 年，宜家在北京成立了零售办公室，正式开启了中国消费市场。全球化的经营环境逐步建立的同时，宜家产品供应链也逐步成熟，如图 4-42 所示。

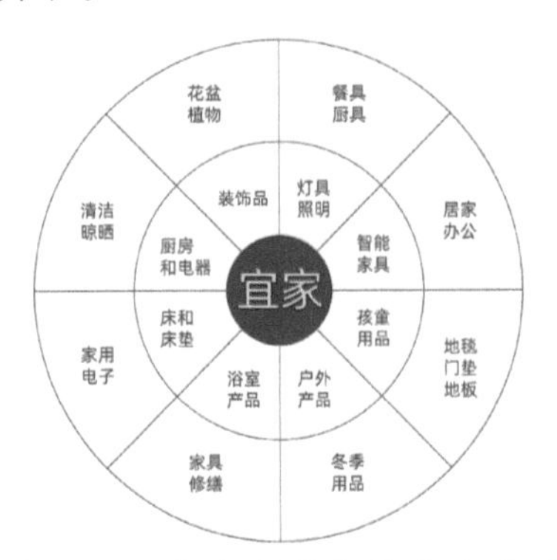

图 4-42　宜家家居主要产品类别

4.10.2 宜家的企业文化与价值观

宜家始终坚持为消费者营造“家”的消费场景和消费服务，企业文化崇尚平等。当你在购物的过程中，不会有任何一个导购出现为你推荐商品，也不会出现一个你不知道的商品价格。

宜家的创始人英格瓦·坎普拉德的设想是为了提高大部分人民的生活水平，并通过特殊购物体验，改变这些人群自身。如今的宜家，确实让无数家居消费者为之欢呼雀跃，感受其中舒适且温馨的购物体验。并且在宜家已经如此强大的背景下，无论是其创建者还是继承人，都已宣布“宜家永远不会成为一家上市公司”。他们认为公司已经在过去10多年中取得了巨大的成功，并为投资者提供了丰厚的利润来源。这不仅是对“宜家方式”的坚持，更是坚守自身核心价值观。他们仍然坚守本心，尽心尽力地为消费者打造最好的服务。

4.10.3 宜家家居的设计管理模式

宜家家居经过多年的探索，形成其特有的设计管理模式，相较于其他行业有多家齐头并进的龙头企业，宜家在家具家居行业具有绝对的市场竞争力和统治力，这得益于宜家家居“一个核心、两个攻略、三大营销、四大控制”的设计管理模式。

1. 一个核心：“娱乐购物”的家居文化

宜家一直倡导“娱乐购物”的家居文化，“宜家是一个充满娱乐氛围的商店，我们不希望来这里的人们失望”。宜家率先把“家居”的新概念带到中国，普通家具商店在大家印象中是非常呆板的一家店，是毫无美感的家具“仓库”。宜家则把自己打造成一个娱乐消费的场所。宜家凭借其独特的作风，把商场建设成为一个适宜人们消遣的购物场所。

2. 两个攻略：“低价＋连锁”

宜家的攻略一是高品质的设计感，同时保持低价位。宜家的市场策略是为中国人提供廉价的家居解决方案，并提高产品和服务，通过降低产品价格来提高市场占有率。宜家的战略很稳健，首先以精品、高档品作铺垫，再逐步价格滑落，会使得消费者总觉得宜家的产品价格并不高，也不会让客户感觉到其产品是便宜货，保持“高品质设计感的同时，又能够保持低价位”策略点，如图 4-43 所示。

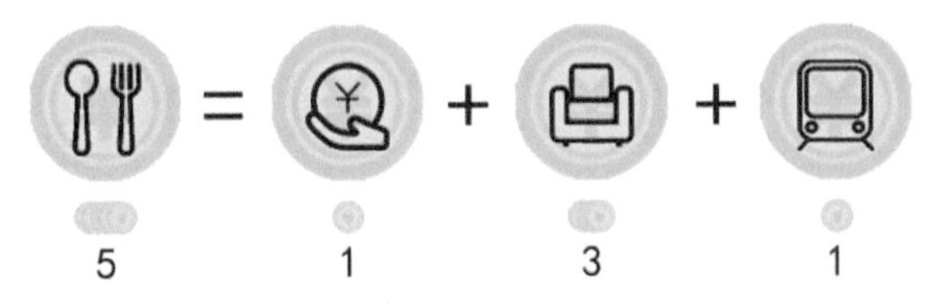

图 4-43　宜家家居的产品成本构成

攻略二则是连锁店的模式。1999 年，北京的家具市场仅有几十家，但并无特别著名的品牌，市场已经积蓄了相当规模的家具消费能力。在这个市场空缺期，宜家进入中国市场，恰到好处地把握了进入中国市场的时机，并且宜家一直顺应中国国情，进行了灵活多变的调整和变化，如图 4-44 所示。

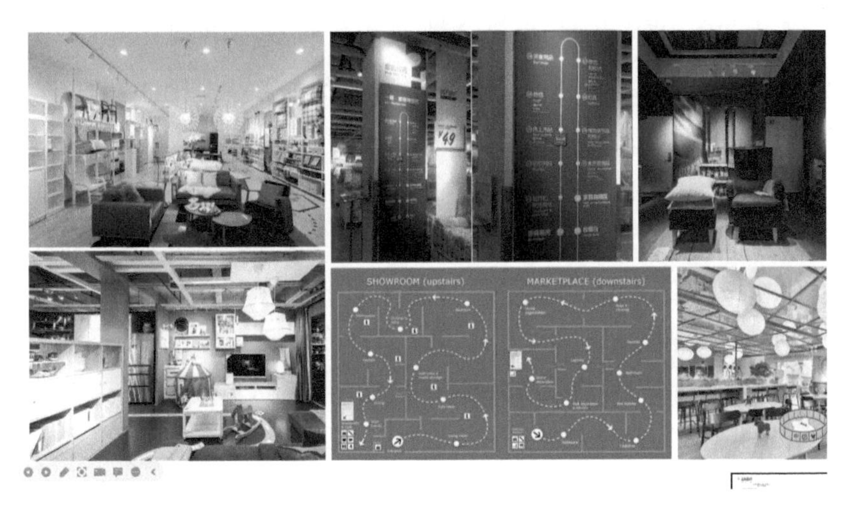

图 4-44　宜家家居的经营门店

3. 三大营销：透明营销、DM 营销、一站式营销

第一大营销策略是透明营销。在该措施下，顾客可以通过在线渠道来购买商品，并且在宜家门店的购物方式采用自选方式。服务人员的任务就是帮助顾客更好地消费和享受服务。在宜家商店，没有“销售人员”，仅有“服务人员”。顾客可以在商店内直接体验到自己使用过的商品，也可通过货物提取获得这些产品。

第二大营销策略是顾问信息指导。消费者选购某一物品时，一般都会考虑该产品的优异性。因此，消费者需要了解自身实际情况，进行购买决策。但由于商品品种过多，不少消费者往往迷失于大购物场所，会不同程度地延长消费者决策时间，导致降低决策成本。宜家家居则采用顾问信息指导的策略，在营销中做到了信息完全开放、透明化，彻底破除消费者的担忧，并且为消费者节约时间。

第三大营销策略是DM营销。IKEA为每件物品都精心策划了“导购信息”，关于产品价格、作用、使用规则等，购买程序和其他资料应有尽有。这些信息可以让消费者一目了然地了解产品的性能、结构、用途以及相关注意事项等，而且在一定程度上也能够为他们提供帮助。宜家之自由，连主动服务都不具备，当然，并非不提供服务，宜家以信息为主，提供知识型的服务，并不只是出售、安装那么容易。

4. 四大控制：成本控制、管理控制、品牌控制、形象控制

第一个武器为成本控制。成本控制的核心在于对设计过程进行管理，即在设计阶段就开始考虑成本问题，并将其作为整个产品设计开发流程中最重要的一环。宜家采用先定价后研发的方式，突破了传统的先生产后基于成本的基础上考虑定价的思维。这种设计管理模式其实是很矛盾的事情，因为成本上升，价格随之上升，所以多数厂家通常都是首先进行产品设计，进而确定这类产品应以何种价格出售。但是宜家产品设计师在进行产品设计之前，需要先预算产品的价格，接着选择质量差不多的材料与工艺，并直接与供应商进行研究，协调降低成本的方法。这种管理方式既降低了成本，又不对产品品质造成影响。

第二个武器为管理控制。宜家的品牌塑造及其低成本运作模式之所以能够取得成功，与其成功的管理模式密不可分。宜家的吸引力和竞争力来源于其特有的企业运作方式，而模块化的家具设计方法则是宜家保持成本领先的基石。宜家给它的每一件家具都制定了目标成本，因而宜家进行产品设计的第一步便是设计价格牌。由于宜家目录中的商品价格在一年内是绝对不会发生变动的，这就迫使宜家保持固定的生产成本，而这个固定的生产成本又必须低于竞争对手20%以上。

第三个武器为品牌控制。宜家为全球员工制定了统一的服装，而且宜家工作人员的工服以他们宜家招牌的背景蓝色为基调，配上"IKEA"黄色作为辅助色彩，有力地凸显了工服视觉效果。简洁的品牌标识，象征着家居用品的可信任性、耐用性、简洁性。宜家强调产品简约、自然、清新、设计精良的独特风格，巧妙地运用几何图形来塑造出"宜家"独特且蕴含深意的品牌标识，由这些旧元素重新组合成的品牌标识让人自然地联想到"宜家"的行业特点，同时也给人一种稳重、朴实之感。宜家精神蕴含于产品的开发、销售的点点滴滴中，这些正是宜家最为玄妙的市场管理模式。

第四个武器为形象控制。宜家源于北欧瑞典（森林国家），其产品风格中的"简约、天然、清新"亦秉承了北欧风格，瑞典的家居风格完美再现了大自然，充满了阳光和新鲜气息。宜家的这种风格贯穿产品规划、出产、展现出售的全过程。宜家一向坚持由自己亲身规划所有产品并拥有其专利，每年有100多名规划师在夜以继日地疯狂工作，以保证"全部的产品、全部的专利"。统一的产品和品质保证了宜家家居一直贯彻的经营理念，满足了大众对宜家家居的期待，宜家始终给人一种"舒适、阳光"的家居感受。

4.10.4 为大众创造更美好的日常生活

宜家家居的成功之处在于创造了瑞典家居风格的设计，许多人将宜家家居定义为新的、健康的生活方式。宜家产品系列具有现代感但不追赶时髦的设计风格，很实用而不乏新颖的设计理念，设计注重以人为本，在多方面体现了瑞典家居的设计管理的现代主义和实用主义风格。宜家家居的销售门店所用的色彩和材料以及它们创造的空间感体现了清新的户外感。这些轻松、明快的生活空间给人一种常年充满夏日阳光的感觉。宜家造就了低价格，但并不为了节省成本而降低质量标准的产品设计。

宜家的成功给予了我们极大的启发。全球化时代，企业保持竞争力的关键是必须有创新意识，企业的发展需要宜家这样能建立全球价值链，拥有全球思维的企业管理案例。企业必须不断地进行技术创新以满足消费者需求，同时还要对产品研发投入足够资金。从宜家取得巨大的竞争优势不难看出，企业的成功更离不开把创新与低成本战略相结合，把企业经营理念与文化支撑这两点融入企业的设计管理中也尤为重要。

4.11 美团——快速发展本身就是一种好文化

美团是一家科技零售公司，以“零售＋科技”的战略实践“帮助每个人都能吃得更香、活得更精彩”的企业使命。企业目前已拥有外卖、餐饮、酒店等多个业务板块。美团创办于2010年3月，2018年9月在港交所挂牌上市。创办至今，美团不断推进服务零售、商品零售从需求侧、供给侧实现数字化升级，与众多合作伙伴合作，共同致力于消费者品质服务的实现。目前已建立了包括餐饮外卖、酒店预订、图书阅读、汽车租赁等多个细分市场在内的全渠道体系。美团一直以来都专注于顾客，持续加大对新技术研发的投入。美团会和大家一起努力，更好地担当社会责任，更多地创造社会价值，如图4-45所示。

图4-45 高识别度的美团企业形象

4.11.1 美团的服务设计管理发展之路

2010年美团公司成立后，以团购业务起家，并逐渐向垂直领域转型，之后陆续推出电影票线上预订/酒店预订及餐饮外卖/旅游门票预订服务，围绕本地生活进行无边界扩张。

2015年，美团与大众点评战略合并，组成新美大，通过战略性合并确立行业龙头地位，并推出出行票务预订服务，面向餐饮B2B推出“快驴”服务，同时外卖业务由下沉市场向核心市场推动，2017年推出“小象生鲜”和“美团打车”，多举措扩展业务半径。

2018 年，美团在港交所上市，提出“Food＋Platform”战略并构建本地生活服务生态，在此期间，美团收购摩拜单车布局出行领域，推出“美团买菜”“美团优选”和“团好货”，分别以前置仓模式、社区团购模式和平台模式进入零售业务，持续拓展本地生活服务生态范畴，如图 4-46 所示。

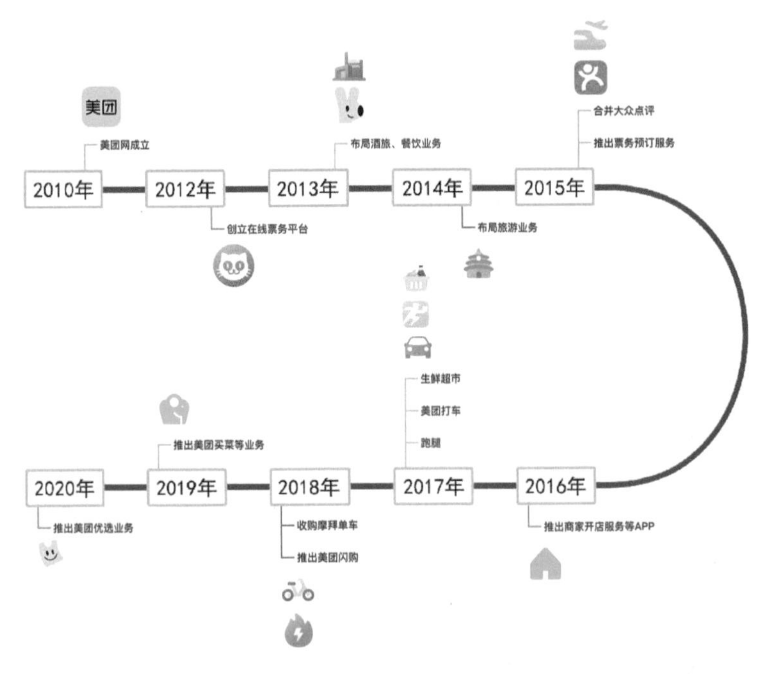

图 4-46　美团的发展历程

美团的业务范围从“餐饮”的核心延伸到本地化生活服务的全场景，其业务模块分为五个大类。外卖模块的外卖与跑腿两种业务结合；酒旅模块的四种业务组合分别为大众点评、酒店、民宿、旅游；零售模块的四种业务组合分别为零售模块闪购、买菜、团好货、首选；出行模块为单车与打车；配送模块中，美团推出了专送、双台专送，台速快、众包外卖的配送模式，如图 4-47 所示。

美团的业务模式主要有两种：给商户一个展示平台，给商户配送。其收益来自佣金与营销。佣金包括配送模式所涉及的平台服务费，以及每一笔订单所包含的配送费用。收入是由外卖平台向用户收取的佣金，而非传统的销售提成或广告费。

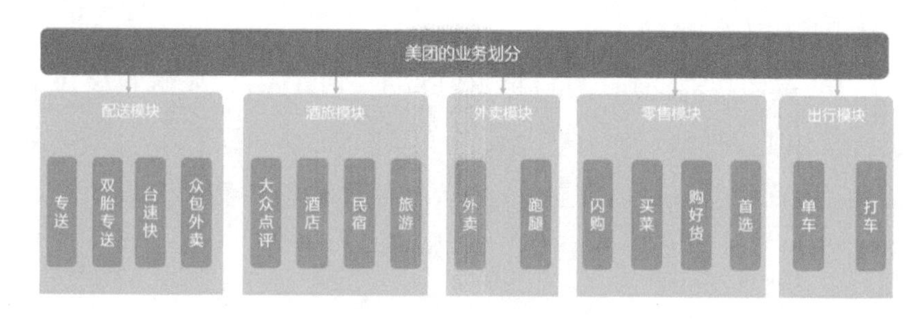

图 4-47　美团的业务划分

4.11.2　美团的企业文化与价值观

美团的价值观简单而又朴素，主旨在于号召志同道合的人完成一件件平凡而又伟大的事。美团的企业文化和价值观主要分为四个方面。首先，以客户为中心。客户需求是公司所有策略、行动的最重要的输入，帮客户解决问题，借此创造价值，公司才有存在的理由。美团以客户需求为中心的企业文化，打造优质的服务生态链。其次，正直诚信。诚信经营是公司持续发展的根本。在原则问题面前，美团宁愿牺牲短期利益，来换取长期的成功。从早期的美团发展不难看出，“德才兼备，以德为先”也是公司干部选拔任用的导向。

合作共赢是美团的业务管理价值观。相比绝大多数互联网公司的业态复杂多样而导致流程环节多的现状，美团则依据合作共赢的价值观，坚持各平台及各业务线，通过线上线下各团队，包括生态链上的合作伙伴，一起高效合作，全力服务客户。业务管理价值观还包括追求卓越，这点要求美团持续改进的卓越服务以赢得客户口碑，行业特点要求美团必须极致地追求流程改进及效率优化，以构筑成本领先的竞争壁垒，用精益求精的产品和技术提供支撑，如图 4-48 所示。

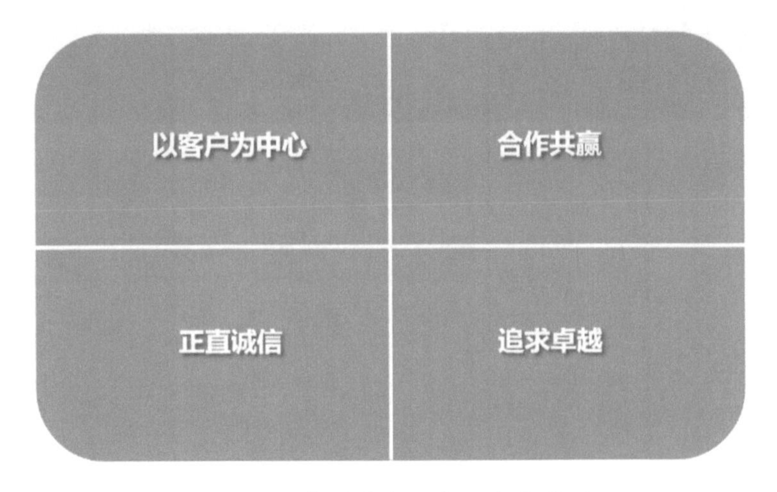

图 4-48　美团的企业文化和价值观

4.11.3　美团公司的管理模式

具体而言，美团做了两件事情，一是控制规模，更有效率地花钱，美团将以提高效率为导向来做未来一年的人员和资源的配置。二是战略升级，2021 年美团宣布将其战略从“Food + Platform”升级为“零售＋科技”。制度上，美团用“核心决策小组”和“委员会体系”来管理公司。美团目前有两个核心决策小组和十几个委员会。核心决策小组负责公司业务的重大决策，委员会负责人才培养和知识沉淀。组织上，美团是少数没有分拆业务设立子公司的互联网大公司，更倾向于灵活的组织结构，各业务线独立汇报给业务第一主管，美团的人员计划从大扩张走向正常增长。在管理过程中，美团倡导消费者至上，利用三纵四横理论、三层四面分析法、AB 面管理法等进行管理。

1. 美团的组织构成

美团隶属于北京三快在线科技有限公司，是王兴在 2010 年发起成立的国内领先的以美团和大众点评为核心的生活服务电子商务平台。美团外卖这样一款 App，业务涉及餐饮、外卖、生鲜零售、打车、共享单车、酒店旅游、电影等，包括休闲娱乐在内的 200 余种类别。归纳总结，可将其分为“两大事业群＋六大平台＋五大事业部”，如图 4-49 所示。

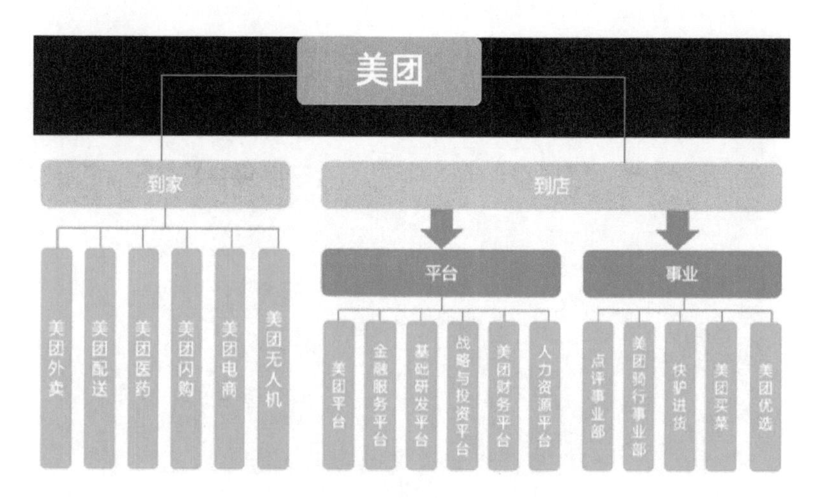

图 4-49　美团的组织构成

2. 三纵四横与四纵四横理论

在美团 CEO 王兴看来，企业的价值是用户需求在技术变革中的一种覆盖，分为用户需求和技术变革。用户的需求包括娱乐、资讯、通信、商业等。技术变革带来的搜索、交易、流动，在两个层面中的每个节点上，细分为各个小的维度。这两点进行细分后构成了王兴独到的设计管理模型，即三纵四横理论。通过三纵四横理论，美团在进行业务变革、设计执行等环节时，可以考虑节省成本，提高决策的效率和正面积极性，如图 4-50 所示。

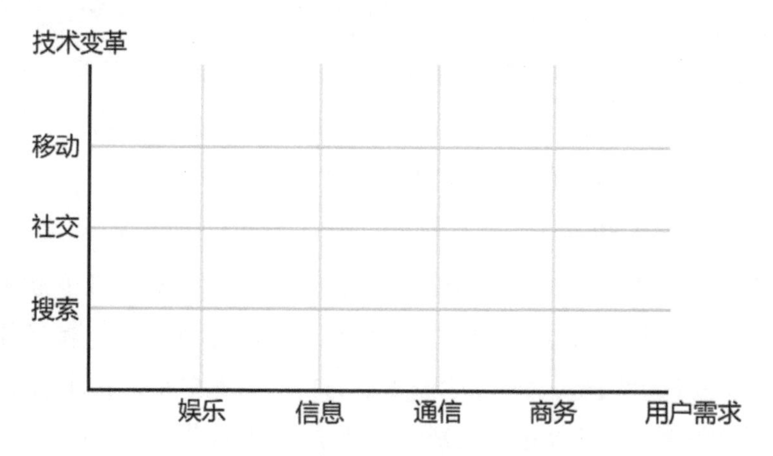

图 4-50　王兴最初的三纵四横理论

几年之后，王兴把“三纵四横”理论升级到“四纵四横”，增加的“一纵”就是物联网。物联网的加入，标志着王兴四纵四横理论的完善。“四纵四横”，就是把用户需求的发展方向与技术变革方向结合，使得创业管理需要考虑用户需求的发展方向与技术变革方向，来预测最合适的创业机会，每一纵与每一横的交叉点，都可能成为风口、诞生商业巨头，如图 4-51 所示。

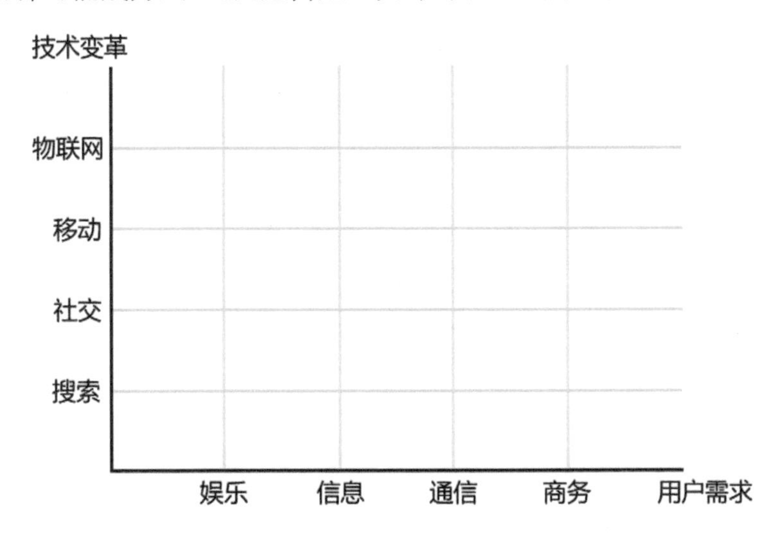

图 4-51　在王兴增加“一纵”后的四纵四横理论

3. 三层四面分析法

三层四面分析法由王兴等人总结创造出，被称为入门级商业管理分析方法。从美团的内部来看，评判一个生意是否划算，使用三层四面分析法。这种分析法，运用在战略层面与战术层面上，“三层”用来看业务本身大小，确定是否进入该地区，“四面”为战术层面，一旦确定了进入这一领域的途径，应如何开疆拓土。“三层”是战略层面的思考，指市场现状，在线率和市场占有率，是对一个行业的市场规模和潜力分析，包含三个问题：母行业规模、子行业规模、公司市场规模。“四面”是战术层面的思考，是对用户量、订单量、收入和利润的增长策略的落地研究，如图 4-52 所示。

4. AB 面管理法

在互联网时代，企业通过研究、梳理用户的生活方式、兴趣爱好和习惯等信息并进行分类，再把这些分类结果推送给用户，让用户按照自己的需求去寻找自己感兴趣的东西。把事物归类，自己完成设计的这个过程，对于互联网行

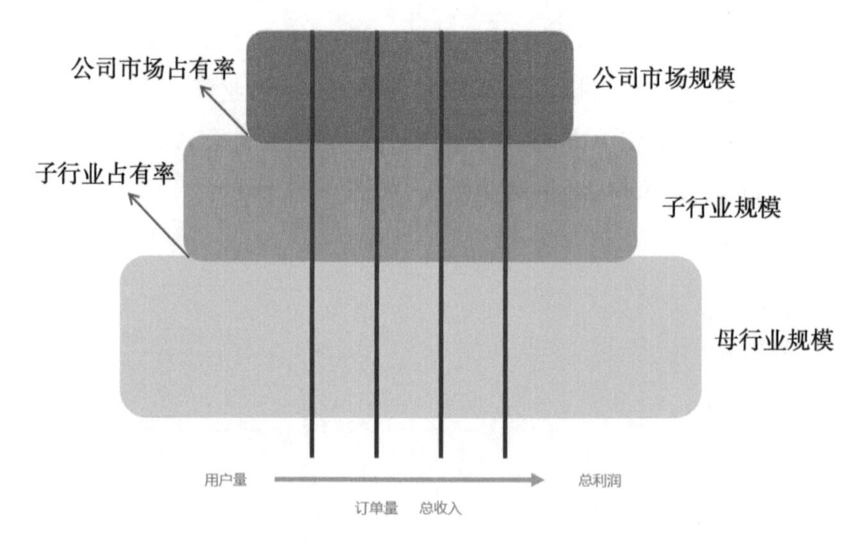

图 4-52 美团“三层四面”分析法

业来说，则需要考虑如何划分。美团将其总结并作出阐释：A 类为供给与履约的线，B 类为线上与线下的供给与履约，如图 4-53 所示。

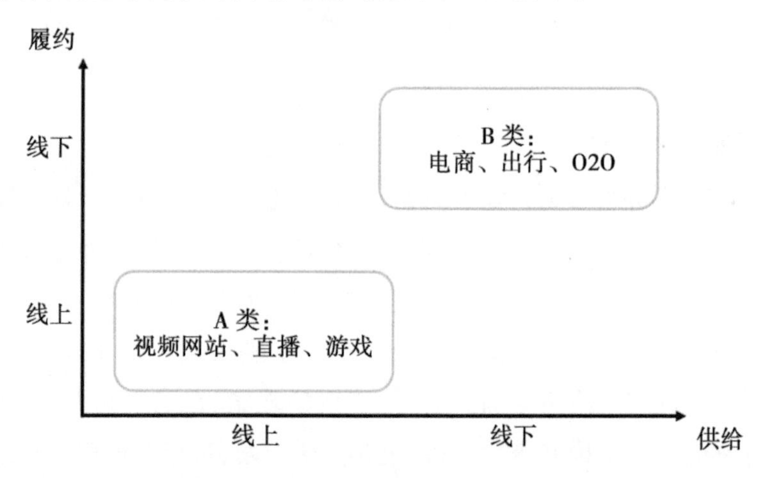

图 4-53 美团的 AB 面供给与履约

A 类企业以视频为基础，以腾讯、爱奇艺、抖音等为代表，其主要是在社交网络上进行产品推广和营销。B 类企业包含淘宝、京东、美团、滴滴，以服务为中心进行营销。在此基础上，B 类又可以依据供给与违约的不同划分为两种类型：B1 类与 B2 类。B2 类的供给与履约都有自己特定的范围，共同点是其配送效率。淘宝的供给与履约遍布全国甚至全世界各地，但是以美团为代表的外卖与旅行是参考淘宝的供给与履行范围，如图 4-54 所示。

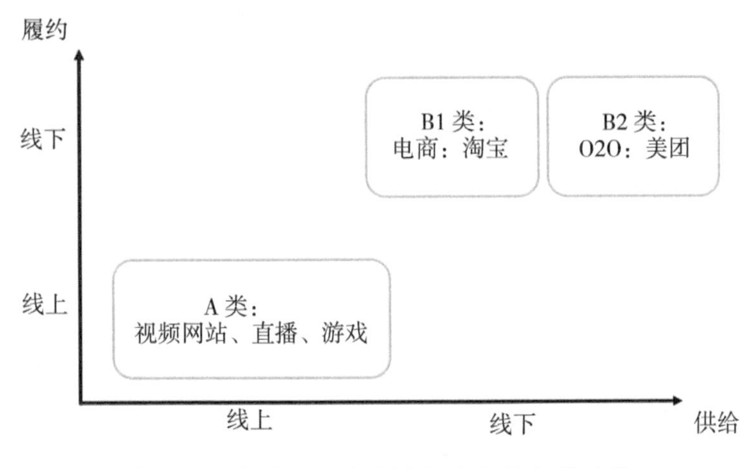

图 4-54　美团 AB 两类划分的主要合作对象

4.11.4　快速发展本身就是一种好文化

许多的互联网公司其实不具备真正的“互联网思维”。美团的创始人王兴曾说：“不能遇到事情的时候会抖机灵，拍拍脑袋就觉得自己创新了。”美团一直关注互联网企业，认为构建一个基本思考框架非常重要，并不通过一些认识不清的常识来探讨问题。现在的很多互联网公司做的是一个复制的过程，而不是原创的过程。与其他互联网公司相比，美团基本掌握了科学运营的方法，其做法直接与国外最新运营以及设计管理理念相联系。因此，当美团面对困难时，懂得如何学习和用科学有效的方法解决问题。

此外，美团给我们更多的启示在于美团对于市场的快速响应。美团始终坚持为大众服务、客户至上的服务理念，围绕用户的需求进行业务的设计和拓展。2015 年，美团创立了各地区的团购业务，在经历了初创期、成长期以及发展期后，美团根据市场的快速变化，调整内部的业务模块，共发展了生鲜超市、美团打车业务、单车规模拓展、美团买菜等业务板块，逐渐地形成了衣食住行的全链路互联网服务业。

4.12　顺丰——营造迅捷和亲切的服务

1993年,顺丰在广东顺德横空出世。经过多年发展,顺丰在国内快递物流综合服务商中已处于领先地位。顺丰秉承“以用户为中心,以需求为导向,以体验为根本”的产品设计思维,注重行业特性,以客户应用场景为基础,深度挖掘客户端对端整个过程接触需求以及其他个性化需求,如在不同场景下,设计适合客户的产品服务及解决方案,产品体系与服务质量持续优化。顺丰以物流生态圈为中心,向多元业务领域横向延伸,纵深提升产品分层,以适应不同细分市场的需要,涵盖顾客完整的供应链条。历经多年的发展,以公司所具有的覆盖全国乃至世界主要国家与地区的高渗透率快递网络为依托,顺丰对顾客的服务贯穿于采购、生产、流通和销售等各个环节,售后一体化供应链解决方案等。目前,顺丰已形成了以仓储运输服务为主线的综合服务网络,在国内率先建立起从城市到乡镇直至农村的全程物流体系。同时,作为一家具有“天网＋地网＋信息网”网络规模优势的智能物流运营商,顺丰具有全网络有力控制的运营方式。图4-55为顺丰集团大楼。

图4-55　顺丰集团大楼

4.12.1　顺丰的管理发展之路

初创时期。顺丰公司刚刚成立时,仅有6人,为了扩大快递业务和提升送货效率,当时的顺丰大多采用合作和代理的加盟模式。随着生意逐渐扩大,松散的加盟体制的弊端也开始显现，对于许多地方站点的管理大多时候是一纸空谈，监管力度严重不足，这让高速扩张中的顺丰面临着失控的危险。在最严重的时候，顺丰一些大的加盟商甚至能够自立门户，抢走顺丰的客户。此时顺丰 CEO 王卫就已经有了下定决心摒弃加盟制的想法。

业务整合期。此时的顺丰集团考虑到物流行业的特殊性，决定开始逐渐从加盟制转向直营制。但那个时期的顺丰已经在除了珠三角地区外的许多地方都有了加盟网点，想要成功转型十分艰难。直到 2002 年，顺丰才正式从加盟制转为直营制，这也使其成为国内仅有的两家采取直营模式的快递公司之一。通过转型，顺丰的业务延伸至全国，已初具规模。在运营方面有效的改变了加盟制松散的状况，全面提升了顺丰的企业形象。

管理优化期。现阶段的顺丰经过了业务整合阶段，无论是企业规模还是企业影响力都在逐渐扩大。当企业在迅速扩张时，企业内部管理的创新必不可少。顺丰在这一时期，全面推进总部管理能力的提高，迅速进行内部组织变革，推行大区管理模式，强化人力资源、财务、营运及其他职能部门构建。在集团内部全面实行标准化的统一管理。通过一系列对组织构架优化以及对业务流程的打造，顺丰集团在迅速扩张的同时，保持了企业的稳定经济增长。

竞争领先期。这一阶段顺丰在企业规模、企业管理模式、企业业务能力方面均已是行业内的领先企业。随着我国航空运输需求结构和航线布局的优化调整，顺丰从起初的承包专机慢慢建立了自主的航空公司。现阶段，顺丰大区管理模式已渐趋成熟，形成总部一大区一分区三级管理模式，进一步强化总部对整体的把控，如图 4-56 所示。

4.12.2　企业文化与价值观

企业文化是被企业员工与社会共同认可且行之有效，可以被全体员工遵守的基本信念和道德规范。企业文化集中体现了一个企业经营管理的核心价值观。在 20 多年的发展中，顺丰逐渐形成了诚信、担当的文化与价值观。对于运输服务业而言，诚信担当永远是摆在首位的，因为运输服务行业首先需要做到的就是赢得消费者的信任。顺丰也不例外，就像创始人王卫早年帮人在香港和广东之间运送货物一样，靠的就是顾客对其的信任。如今的顺丰将诚

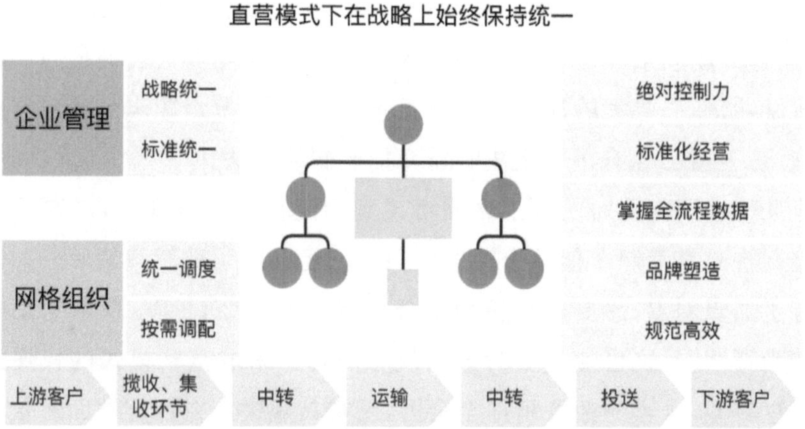

图 4-56　顺丰的直营模式

信、担当融入企业核心价值观之中，使每一位顺丰员工都报以这样的工作态度。

在员工的管理方面，顺丰倡导平等尊重、以人为本的企业文化。每位员工都是顺丰的一分子，在工作中都应该得到平等的尊重。顺丰平等尊重的企业文化并不是写在纸上，而是真正落在了实处，当顺丰快递员被殴打的信息传到了创始人王卫那里时，一向低调的王卫果断挺身而出，对这件事追查到底。顺丰 CEO 出面维护快递员权利的同时，也维护了顺丰的形象，是顺丰企业文化的良好展现。

4.12.3　顺丰的管理模式

顺丰的管理模式简单来说可以概括为一句话："在合适的环境下做合适的事。"初创时期的顺丰为了能够快速扩大规模，实行加盟制的市场策略，而在具备规模后，为了保持优质服务而选择直营式策略。现今的顺丰为了适应新时代的市场需求也在积极地转变企业内部的管理模式，延伸自己的上下游产业生态链。

1. 顺丰组织构架

顺丰集团的内部组织构架基于企业的特殊性质，由大量的基层人员和各层级管理者组成，每一层级都由该层级的管理者负责。内部采取双轨晋升策略，有管理轨和技术人员轨两种途径，如图 4-57 所示。顺丰在内部构架起的这一套体系不仅能够很大程度上保持企业的稳定性，还能够维持顺丰基层员工的低离职率。

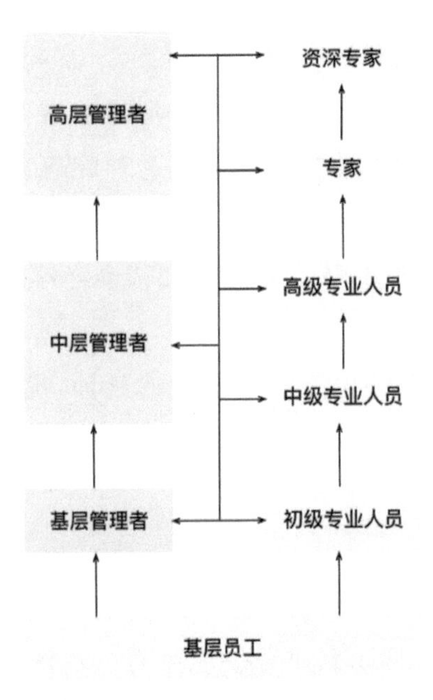

图 4-57　顺丰人员组织构架

2. 向上游延伸价值链，发挥规模经济效应

顺丰与“四通一达”相比，优势在于早年确立的直营经营的管理模式，由总部统一经营管理的方式确保了整个顺丰在社会层面的企业形象，也确保了顺丰的运营质量。在这种管理模式下，顺丰针对企业核心业务发展需要，努力向上游延伸其价值链，通过建立自有货运航空公司，将交通运输方式从陆运改为陆空运输，并以航空运输为主，成功地降低了货运航空运输的成本，提升了快递的运输速度。

除了筹建货运航空公司外，顺丰内部快速决策，涉足与快递业合作紧密的电商领域，继续延伸上游的产业价值链。快递和电商双方可实现资源共享、优势互补。顺丰集团通过打造“物流、信息流、资金流”三流合一的闭环式商业模式，保持了与电商行业的深度融合，延伸了顺丰企业的产业生态链。

3. 向下游延伸价值链，改革传统行业模式

快递服务业普遍存在着末端配送问题，这也是快递行业成本管理的瓶颈。快递物流的流量从干流到支流，不足以支撑批量运输时，就需要借助人力派发。但快递的人力成本大多集中在收件环节，末端配送的人力成本成了一大问题。顺丰针对这一问题创造性地在产业链末端开辟了一种创新配送方式——与便利店相结合的配送方式。通过这种配送方式，顺丰降低了人力成本，提升了服务水平。消费者能够根据自己的时间安排自行到店取件或收件。

除了改善下游配送方式，顺丰还借助和移动终端的有机结合，给予消费者更好的服务体验，增强了用户黏性。

顺丰集团通过对上下游生态链价值链的延伸，优化了企业内部管理和外部市场占比。借助成功的市场决策，顺丰稳居快递服务行业龙头的地位。

4.12.4　“承诺”带来成功

透过顺丰的发展路径，我们能够清晰地看到，顺丰速递在企业运营过程中始终坚守“承诺”，认真准时地完成每一笔生意。也正是顺丰“信守承诺”的做事方式，让每一个消费者都能放心地托付物品。这也是为什么在众多民营快递中，顺丰虽然价格最昂贵，但也是最受欢迎的原因。这是顺丰内部设计管理与企业文化的共同作用的结果，可以说“承诺”带来了成功，“承诺”成就了顺丰。目前，尽管顺丰已经成为民营快递业的龙头，但是仍然在不停地探索更迭自己的业务，不断创新自身的服务质量与品质，全力满足用户的个性化、多样化需求。

顺丰遵守承诺的优良传统不仅来源于企业文化，更是直接来自其创始人王卫先生。信守承诺是顺丰的成功原因之一，也是能够被所有企业借鉴的优良品质，因为顺丰深知自身所依靠的能量来源于何处。除了给予消费者“承诺”外，顺丰以人为本，极力满足为内部全体员工做出的“承诺”，从高层管理者到基层员工一人不落。在公司运营中不断地与时俱进，创新管理模式，始终保持诚信的办事方式，始终围绕现状变更市场策略，是企业永葆青春活力的秘诀。

第5章　践行中的设计管理访谈——设计·师说

对现代企业来说，设计管理不仅仅是技术问题，更是一种经营战略。企业要想在竞争激烈的市场中脱颖而出，就必须拥有独特的设计理念，并通过有效的管理手段将其转化为实际的产品和服务。设计已经成为企业发展壮大的关键之一。

发达国家的实践表明，工业设计已成为制造业竞争的核心动力之一。设计是一个综合的概念，它不仅仅局限于产品和广告设计，更涵盖了更广阔的领域，包括市场生产、采购、物质材料等范畴。当前，设计的对象已不再仅局限于有形的实体，而是扩展到一个系统、一种服务、一种体验乃至社会变革以及未来的事物，设计正日渐成为一种整合资源的能力和策略。企业要想提高设计效率和质量，就必须搭建起一套完整的设计管理体系，包括人力资源管理、项目管理、质量管理、成本控制等。这样，企业才能有效地激发设计团队的创造力，并将其转化为更强的市场竞争力。设计活动正与品牌及其他领域更为深入地融合，并在这个过程中超越自身，成为让生活更为美好的动力。随着企业设计工作的日益系统化和复杂化，设计活动本身也需要进行系统管理。设计管理是企业孕育创新设计的基础。企业通过有效的管理，保证设计资源充分发挥作用并与企业的目标相一致，能更好地发挥设计的潜力。

本书通过专访国内设计行业有一定影响力和丰富行业经验的设计管理者，包括北京格物者创始人许方雷博士，杭州博乐设计公司董事长/全国工业设计产业创新联盟副主席/杭州市工业设计协会会长周立钢先生，重庆小爱科技创始人兼CEO/资深产品人龙汝倩先生，深圳市佳简几何工业设计有限公司创始人兼CEO/深圳市工业设计行业协会副会长魏民先生，赛力斯-华为AITO汽车前瞻设计部部长/AITO品牌设计经理姚国栋先生，珠海凌际汽车有限公司董事长/凌际品牌创始人蒋昊凌先生，力帆科技(集团)股份有限公司摩托车研究院副院长伯勇先生，黄山首绘 & 设咖工场 CEO/设计师职业提升与思维训练导师严专军先生，小米汽车 CMF 专家申学娟女士，重庆市工业设计促进中心副主任冉攀先生，重庆市设计驱动型企业研究中心执行主任/小米生态链谷仓学院重庆负责人付立平先生等，以设计管理者的视角，从企业管理具体方式、行业业态及动向、设计管理实施流程、企业发展等方面进行交流探讨，对未来设计师职业发展及企业管理具体实施有一定的启发意义。

5.1 许方雷：设计管理的初心与真诚

许方雷是格物者创始人，是北京格物乐道科技有限公司总经理。北京格物者是专注于工业设计的服务平台，致力于为客户提供合理高质量的工业设计方面的解决方案，并开设线上线下关于设计的分享会，助力工业设计及设计师的发展。

许博士从“零”起步，将设计理念付诸行动，同时创立了斯克莱特 SCRAT3D 公司，实现了“草根”创业，在管理上也有自己的独到之处。创业过程之中，之所以能够平衡“生存”与“理想”，源于许方雷对设计管理的初心与真诚，采用扁平化的管理方式，带领大家共同朝着同一个目标前进，始终坚持坦诚相待。因此，我们邀请了许方雷先生，与我们分享如何打造积极化的团队管理、如何与甲方实现项目共创等问题。

个人简介(见图 5-1)：

博士，SCRAT3D 创始人

北京格物乐道科技有限公司总经理

中国年度人物小鲨鱼奖

被誉为创意与商业整合领军人才

北京设计学会增材制造专委会委员

工信部领军人才

图 5-1 许方雷

5.1.1 聚众之力方破难局

问:现在国家倡导创新创业,您是在怎么样的一个环境下选择创业的?您在创业之初的设计管理模式是什么样的?

答:创业对于我而言,并不是一个突发奇想的决定。2006 年大学毕业后,我曾先后在美的、奇瑞、安踏等公司就职。但我作为工业设计专业出身,虽然所获待遇不错,但朝九晚五的工作,框架以内的设计,不得不完成的规定任务,未尝不是一种束缚。在我的心里一直有一个创业的梦想,有着追求自由和设计极致的热望,我只想做自己喜欢的事情,关于设计,关于生活理念。从开始创业之前我就知道,这不是一条好走的路,但却是在做自己喜欢的事情。在创业初期,由于企业内部人员较少,我们企业采用的管理模式是人情内驱式,依靠的是我们大家之间互相鼓励,朝着共同的目标前进。斯克莱特(如图 5-2)在管理上更扁平化一些,我们不分领导与下属,大家在设计时各抒己见,以最优解决方案为准,而非领导的喜好去进行评判。这种管理模式可以促使设计师更投入、更积极地发挥创意,设计出好的方案。同时,也可以避免产品在一个人的领导下逐渐形成同质化风格。

问:对于创业者来说,创业过程中,企业会遇到各种各样的问题,当您的公司遇到挫折和困难时,您是如何带领团队渡过难关的?

图 5-2 许方雷的斯克莱特之家(受访者供图)

答：在创业过程中会遇到各种各样的问题，有些问题很好解决，诸如设计观点、项目认知等工作上的意见都是可以调和的。有些问题严重到会影响企业存活，诸如资金链条的短缺、项目的空窗期，遇到这样的问题就需要大家团结一心，去找项目，去找投资人甚至自己往公司投资。公司最艰难的时候，每次都有贵人相助。而这些贵人，大多是我的客户和在各个场合结交的朋友。

5.1.2 认真对待团队管理和项目是创业的第一要诀

问：初创型企业的项目最具有特殊性，您能否介绍一下斯克莱特在面临具体设计项目时是如何推进管理工作的？

答：对于我来说，无论项目大小，只要到我们公司手里，都会被认真对待。我们的项目流程和一般工业设计来说是差不多的。以我们的3D打印童鞋项目为例(见图5-3和图5-4)，我们以一个设计小组为研发单位，包括项目牵头人、外观设计师、参数化设计师、平面设计师等，每个人负责自己的部分。

图5-3 斯克莱特品牌的松鼠贝贝学步鞋(受访者供图)

项目步骤分为三步，第一步是进行产品的调研与分析，首先确认这个项目的可行性及市场规模，然后对童鞋相关竞品进行调研与分析，从中找到核心点和突破点，确定3D打印童鞋项目可行后，开始对童鞋本身进行分析与数据收集，诸如标准尺码、儿童足部力学、儿童正确步态培养等。第二步进行草图脑暴，基于第一步得出的基础理论，进行童鞋造型的脑暴，包括鞋底与鞋面的造型设计。第三步基于草图选定一到三款设计方案，进行三维建模。第四步使用 3D 打印机打印成品，测试童鞋性能与方案验证。

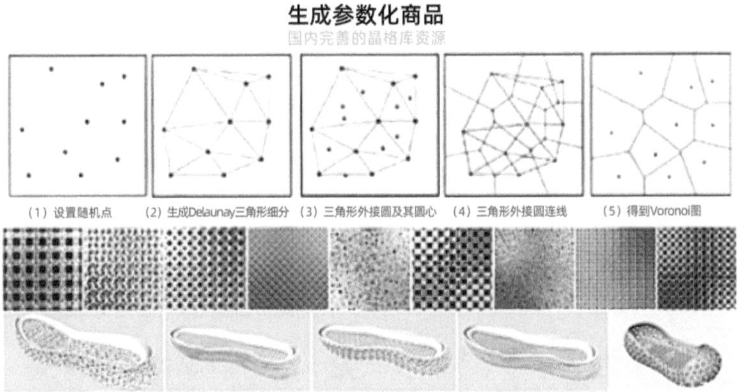

图 5-4　斯克莱特参数化生成流程（受访者供图）

问：您所处的行业涉及上下游产业链资源的整合，能否从工业生产的角度谈一谈在具体设计项目落地中遇到的问题，如何解决这些问题？

答：在设计项目落地的过程中可能会遇到各种各样甚至是想象不到的问题，问题有的时候来源于项目设计方案本身，有时来自客户，这两点还要加上一点儿不可抗力。有的项目做着做着，客户就推翻自己的想法，全部重来，这对于设计师来说是个非常大的考验。甚至遇到过做着做着客户消失了，不做了的情况。这种情况发生后，只能去和客户沟通，适当增加设计费用，来弥补我们设计师的时间成本；或者沟通项目结案，避免后续因项目结束得不够清晰，而产生纠纷。而关于设计方案本身可能产生的问题一般都是技术问题，我们会先内部分析造成的原因，进行方案调整，如果实在不能调整好，也会寻求一些资深专家朋友的帮助，一切以设计方案的最终落地为准则。

5.1.3　引导甲方思维，实现双方共创

问：如果用一个词，您怎么形容自己的企业？在设计管理工作中，您是如何在满足甲方的同时又保持自身对于设计的独立性和自我坚持的？

答：关于这个问题，我脑海里冒出来的第一个词就是相辅相成。斯克莱特

的成长从来不是某一个人的功劳，是整个团队的同事们大家一起努力的结果。因为大家的付出，斯克莱特得以成长，同样，因为斯克莱特成长了，大家也获得了进步。我一直以来所注重的是设计师的创造力，这也是我们公司一直保持扁平化、人性化管理模式的原因。除了管理模式之外，我们也经常外出看展旅游来开阔设计师的眼界，保证设计师有一个好的设计环境。其实与甲方的交谈，最难的不是满足甲方，最需要的是激发甲方的想象力，让甲方可以精准地描述出他的需求，而我们的设计师要做的是基于甲方的需求，从设计的专业角度赋予产品更多附加值。

5.1.4　真诚与初心缺一不可

许方雷先生就是这样一个极具个人魅力者的创业者，给人以随和、真挚的印象。源于创业的初心，其公司采用扁平化的工作模式，上下层一起讨论问题并解决问题，共同协调问题和交流想法，有效节约了沟通成本，提高了工作效率。对待员工，他平衡“理想”与“生存”的关系，建立公司成长引领个人成长，个人成长促进公司发展相辅相成的友好协作关系。对待客户，奉行真诚为先的行为原则，认真地对待大大小小的项目，引导并激发客户的创造力，促进双方完成共创共建。正是由于许方雷的真诚的处事态度，以及不忘初心的理想与坚持，在企业面临危机时，员工不离不弃，共同面对每一个大大小小的挫折和困难，更是能得到因项目结识的客户的相助，帮助企业渡过难关。

5.2　周立钢：设计管理工作者的“自燃”

周立钢先生是杭州博乐设计公司负责人，也是重庆消费品工业创新设计研究院（简称重庆消研院）执行院长。消费品研究院是搭建面向消费品工业的集创意设计、品牌培育、市场营销、大数据支持等功能的公共服务平台，在提升消费品工业企业的系统创新能力，推进各地的优秀创新设计成果在渝产业化，建设培育一批具有全国影响力的特色消费品品牌方面，都起到了举足轻重的作用。

重庆消研院的负责人周立钢先生，给人一种随和健谈、积极的印象。一次偶尔的机会，笔者与其在“博乐钢哥”视频号结识，在之后的交流中，发现周立钢先生是一个“燃烧”的管理者，对于激发和带动团队成员具有独到之处。因此，邀请到了周立钢来与我们分享：如何在设计管理中实现自我的“燃烧”，并以此来带动其他人的“燃烧”，以及重庆消费品研究院的设计管理模式分享。

个人简介(见图 5-5)：

杭州博乐工业设计有限公司创始人兼 CEO

重庆消费品工业研究院执行院长

浙江大学企业管理硕士

中国设计业十大杰出青年

中国工业设计十佳杰出设计师

全国工业设计产业创新联盟副主席

杭州市工业设计协会会长

光华设计基金会理事

北京服装学院客座教授

图 5-5　周立钢

5.2.1　具体的管理流程决定设计价值

问：无论是杭州博乐还是重庆消研院，您都有着丰富的设计管理经验，您如何定义设计管理？设计管理对于您所在的研究院有着怎样的价值？

答：我认为设计管理是为企业战略管理服务，以创新产品和创新设计人才为管理对象，对企业发展和形成竞争力具有很大意义和价值，其最重要的价值在于形成有效的产品竞争力和创新设计的效率。在研究院的日常工作中，设计管理起着十分关键的作用，我时常认为设计管理者是一把火焰，燃烧了自己，带动自己的周围一起产生热能，随之通过管理的实施，聚点成面，“点燃”全场。

从总体上看，通过设计管理，可以帮助企业制定合理的远、中、近的发展规划，对于企业在战略布局、市场规划等方面进行了一定的把握；在创新产品上，通过设计管理，可以有效地辅助创新产品的开发全过程，具体表现在单个产品开发的节点控制、效果呈现等方面，从而形成产品竞争优势；最后是创新设计人才，对创新人才制订培养计划、绩效考核制定等管理，提升创新设计的效率。

图 5-6 为重庆消研院办公环境。

图 5-6　重庆消研院办公环境(受访者供图)

问:消费品行业市场前景巨大,在成立重庆消费品工业研究院的过程中,也有政府和企业的共同参与,那么消研院在日常的工作和管理中主要涵盖哪些领域呢?

答:重庆消费品工业创新研究院(如图 5-7)由重庆市经济和信息化委员会、巴南区人民政府、杭州博乐工业设计股份有限公司共同组建,以构建消费品工业创新生态为目标,是一个集产业、人才、资本于一体的公共服务平台,将建设产业研究、创新设计、产业合作、品牌营销、人才培养、展示体验等六大中心,整合国内外优秀的创新设计机构、上下游产业链,面向农副食品、特色轻工、轻纺服装类消费品企业及新兴消费品行业,提升我市消费品创意设计水平。在对于具体的设计管理上,需要紧紧围绕公司战略和产品定义去开展,需要高度重视时间、进程、效率和平衡性,最终形成设计成果的最优解。在研究靶向上，快速消费品行业是当今社会工业、商业中非常活跃的一个行业类别。最早的快速消费品概念不是从食品开始的，而是从洗涤用品、化妆品和个人护理用品开始的。但是由于在卖场布局当中，这种商品开始越来越靠在一起销售，在这样的条件下，快速消费品的概念逐渐延伸到食品、调味品、饮料、酒类、纸制品、保健品甚至 OTC 药品。因此对于我们而言，市场趋势、同行竞品和用户需求洞察就尤为重要。

图 5-7　重庆消费品工业创新设计研究院落成典礼(受访者供图)

问:能不能分享一下您对于管理项目和团队的一些经验心得呢?

答:在设计管理的过程中我分为四个主要环节:设计研究(定义)、设计策略(方法)、设计执行(落地)、设计转化(商业)。我认为这主要包括四个层面，七个步骤构成了我们的设计管理(如图 5-8)。设计研究包含了前期市场调研、竞品分析等，通过前期对于消费者、市场等的把控，规划设计战略，制定设计策略，推进设计项目。设计策略则是依据设计研究的意向概念或关键词说法，展开头脑风暴、卡片法等小组讨论，对设计进行发散，并考虑多方面因素进行设计创新。再到设计执行，这一环节主要考虑创新产品的落地性问题。设计转化上，主要是进行宣传、营销推广、销售层面的问题。七个步骤则是顶层设计－BP 验证－组织保障－爆品设计－渠道建设－传播推广－用户运营实现设计管理和项目推行。

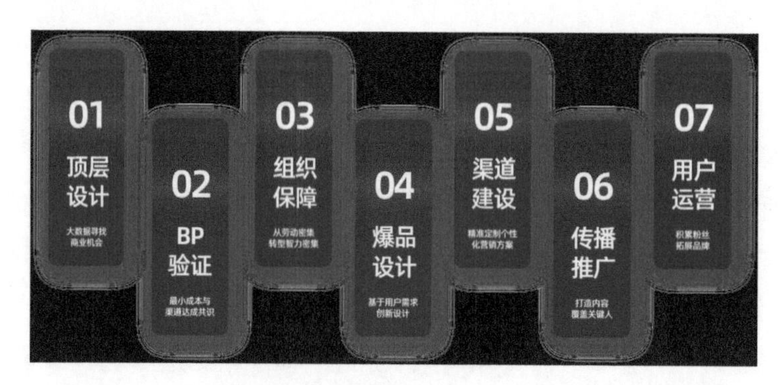

图 5-8 重庆消研院的设计管理环节(受访者供图)

5.2.2 研究＝“趋势＋设计”

问:区别于设计公司,研究院在日常工作中的主要工作有哪些?如何将研究成果与市场转化有效地相结合?

答:我们研究院业务是在设计驱动、数字引领的指导原则下,从机会产品和趋势产品设计两方面进行推行,就能够通过数据支持、洞察消费、创新决策、沟通策划四大方面输入,采用智能匹配和高效协作的方式进行“趋势＋设计”考量(如图 5-9)。在我们的日常工作中,主要面向市场、用户等方面,通过调研方法,得出大量的数据,再根据大数据分析,同时对我们的目标用户展开用户研究,探究目标用户在消费过程中的心理特征,得出关键的切入点,将这两点结合实施。

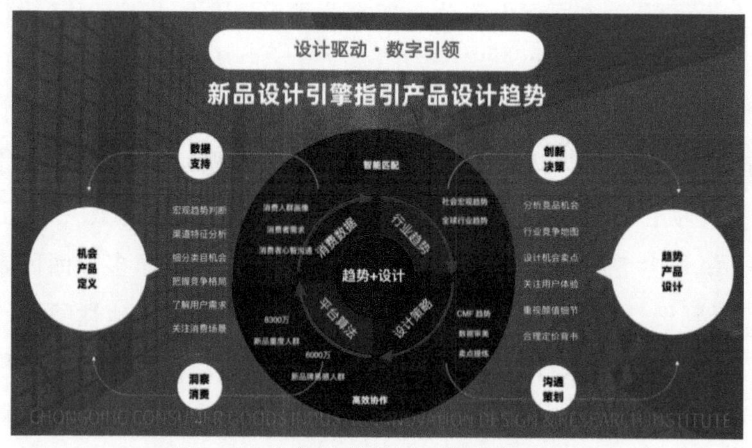

图 5-9 业务运作构成(受访者供图)

对于研究和设计两者，我认为研究比设计更重要，研究是目标方向，通常我们在说选择比努力更重要，用到这里也合适，研究的把控可以避免我们少走很多弯路，避免了在后期的设计执行中出现的一些问题；设计则是执行落地，仅是业务流程中的一个环节，在研究的指导下进行。

5.2.3　自我经历过的思考才能更好地带动团队的创造力和积极性

问：从一线设计师到企业负责人，您应该积累了不少实践经验，这里能否请您谈谈您从事设计相关工作的体会呢？

答：从我个人的成长来看，大致经历了四个阶段：设计师、设计主管、设计总监、企业管理者。从事设计管理的历程，是从设计主管开始进行的。作为设计主管，负责的是跟随企业整体的战略布局，以及企业创新优势梳理，并协调上层管理或甲方和一线设计师之间的交流，对设计创新项目进行整体把控。此外，还负责协调团队中的创新设计人才，设计师相对来说具有个性化、创新性的职业特点，在管理中我会尤其注意项目与人才的适配性，考虑各个设计师的特点及所长来安排项目的人员配置。之后我担任设计总监，与设计主管最大的区别在于我对公司的战略层面考虑更多，更多地从全局的角度看待设计。在管理的过程中，更多地考虑各部门之间的协同增效，考虑如何链接产业资源帮助设计创新。最后到现在的企业管理者，注重的是企业的发展道路上，对于消费者进行展开研究，依据各类前期调研数据，制定企业的发展规划，更多地考虑如何对消费品行业做出差异化和特色化。

问：设计公司员工的原创力应该是核心资源，在设计管理中，您会通过哪些方式来激发员工的创造力和积极性？

答：设计管理模式很多种，要激发员工的创造力我们主要通过几个方面。首先，快速消费品行业的特殊性、要求我们的创新人才以及员工具备丰富的知识面，对于行业有相应的了解和一定的自我见解，以公司的战略导向为基础。其次，通过清晰的流程管理，对各个设计环节的具体把控，包括时间、效果方面，在结果管理上要求必须严格且有效。

我们设计师经常要面临与甲方或者上层领导的沟通，难免会产生一定的分歧，当出现分歧时候，作为设计管理者，我们还是要坚持以目标导向为主，明确设计定义，清晰设计评价，不以客户或设计师的意志为转移，而是以目标和定义为导向。

问：在周总的观念中，您认为设计管理者和一线设计师的区别在哪里？哪些能力和素养是管理人员必备的？

答：我认为设计管理者和一线的设计师最大的区别在于，一线的设计师更注重于具体某个产品，注重于自己负责的项目的进度以及结果的把控，而设计管理者注重项目的结果和企业发展的目标达成。从一线设计师到设计管理者也是两者的差别的转变融合的过程，就是要从产品思维升级为产品经理思维和企业管理思维，不再拘泥于具体项目，而是要站在更高的角度，将企业的战略推行、企业文化等吸纳采用，从全局的角度对工作的方方面面进行考虑。在我看来，具备高超领导力的管理者，都有一个共同点：他们不仅能“自燃”，还能让身边“可燃”的人成为与他们一样的人，这是普通领导者和高超领导者之间的区别。基本素养包含最基本的三项：思想管理能力（领导力）、经营管理能力（业绩力）、团队管理能力（执行力）（如图 5-10）。首先是思想管理能力，作为管理者是要具备一定人格魅力的，并且能够快速洞察到每个员工的潜在特质，掌握并使得员工的思想与企业的战略、策略等方面达成一致。其次是经营管理能力，这里我想突出一点就是业绩力，管理者最大的价值是像催化剂一样，能够使得我们项目或者团队不断地提升，重点表现在业绩力，而并非日常的业务过程中看起来的表面功夫，更多的是结果的务实。最后是团队管理能力，团队管理能力更多的是强调管理者能够对应每个员工的人格特征和工作能力，协调处理员工和项目并行的问题。

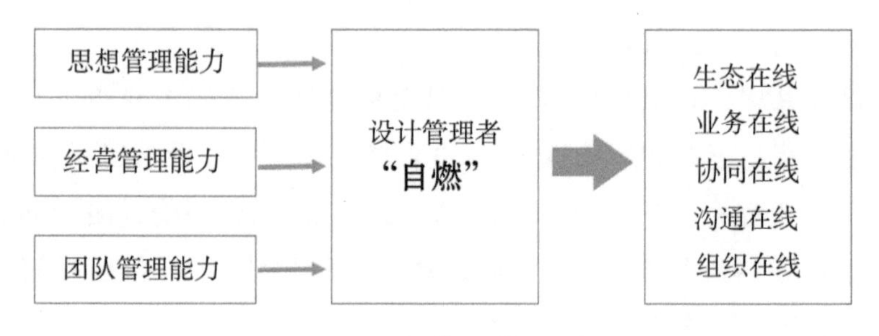

图 5-10 设计管理者的“自燃”

5.2.4　“自燃”带动“可燃”

多年以来,周立钢先生像是一个永远不会停下来的机器一般,无时无刻不在学习和工作中。他从顶层设计、BP 验证、组织保障、爆品设计、渠道建设、传播推广和用户运营七步,将设计管理的全过程进行了清晰明确的划分,通过数据支持、洞察消费、创新决策、沟通策划四大方面来研究设计与市场的转化。周立钢的管理最独到之处,是他有着丰富的从事设计管理的经历,从设计师逐渐到企业管理者的一步步提高,不仅使得他了解团队成员在不同的成长阶段的成长需要和面临的问题,更是源于自身的不断进步学习,形成独具感召的人格魅力,带动员工的创造力和积极性。这便是设计管理者的“自燃”,让身边“可燃”的人成为与他们一样的人。

5.3　龙汝倩:创业的四句箴言

小爱科技是一家以医疗健康理念打造专业足部穿戴护理产品的科技创新企业。旗下品牌芯迈以鞋垫形态为主,涵盖足部轻舒护理、智能运动、智能保暖等细分领域,提供户外足部保护解决方案。作为创业公司,团队在创始人兼 CEO 龙汝倩先生的带领下,获得多轮投资,在“互联网＋”创新创业大赛等相关赛事中,收获了众多奖项。

与龙汝倩先生相交多年,他是一位极具创业激情、敢想敢做的创业者。常与他交流设计管理方面的感受和想法,了解其对创业以及公司的管理的见解,十分敬佩他的创业管理经验和心得。因此,本次邀请了龙汝倩先生为我们解答了关于创业公司如何面对风险、融资问题以及大学生创业困惑等方面的建议。

图 5-11　龙汝倩

个人简介(见图 5-11):

重庆小爱科技创始人兼 CEO,资深产品人

中国最早一批接触互联网的创业者

早期创立“360问医生”在线医疗问诊平台并迅速成长为行业前四。

凭借敏锐的商业嗅觉果断带领团队实现业务转型，进入从纯互联网到智能穿戴的过渡探索。当前聚焦运动健康科技领域，积累机器视觉识别、织物传感核心技术体系，积累自主知识产权壁垒，创新产品研发，并完成需求验证和用户体验提升，已实现业务规模化。

5.3.1　创业管理需要发展的眼光和全局的角度思考问题

问：作为最早一批互联网创业者，在您的创业过程中遇到了哪些困难？您是如何应对处理这些问题的？

答：创业的过程往往并非说已经有成熟的品牌或者是一个成熟的解决方案，如果是已经是成熟的市场的话，创业的机会也不会出现。创业实际上就是解决问题的过程，每天都会遇到各种各样的难题。作为团队leader来说，最大的一个难题是面临方方面面的质疑、挑战和自我纠结，对于选择和决策需要有承担责任的勇气。具体来说有三点，第一点是正确地认知创业这件事，随时作好面对风浪的准备，选择当前阶段最适合你的创业点或者产品，满足当下的市场现状和需求。第二点是我们在创业过程中，会遇到一个持续性的问题，包括战术目标不达预期、营收增长不够等方面，这个时候考验的是运营和销售渠道的建设能力。第三点是创业环境的问题。创业环境决定了我们创业过程中的资源，决定了我们的人才结构等方面，也许，你当前所在的城市对于你的项目来说可能并不是最理想的，所以可能会面临环境的选择。

作为团队leader则需要带着整个公司，寻找正确的方向，并在大方向上持续作优化性选择和摸索。以我们公司来说，在保持大方向不变的基础上，根据外部环境、行业现状等进行调整，小爱科技从一开始的纯互联网平台过渡到足部智能穿戴，再转型到面向足部的检测，再升级为我们现在运动健康科技的整体解决方案。从创立之初到现在，形成面向运动健康、运动康复以及康复医疗的AI数智化解决方案以及品牌的定位，我们摸索了接近10年的时间。世界上从来没有一蹴而就的爆发式增长，往往我们看到的“突如其来”的成功案例，背后都藏着多年甚至数十年的坚持。图5-12为芯迈线下销售平台。

问：资金是所有初创企业亟须解决的问题，在小爱创业之初，您是依靠什

图 5-13　芯迈线下销售平台(受访者供图)

么吸引风险投资的?

答:当然,项目本身需要具备很强的多维度优势,必须具备超前的前景,并布局面向未来的创新产品或创新方案。一定要想明白所选择的项目如何进行商业落地,如何规模化,要有着完整的商业计划以及明确的阶段规划,并且熟知完善的资本运作规划。当初作为创业者,对于自身的要求我认为首先要想明白一件事儿,首先需要明确我到底靠什么去吸引投资。一个靠谱的创业者至少应具备以下几个特点,首先,实事求是、客观诚信且有拼搏精神,这也是无论哪一个阶段的团队领导者或企业家最基本的素质;其次,创业者应该本身是一个在某一方面优秀或具有人格魅力的人,这样能够得到他人的认同,能更好地凝聚团队;更重要的是,作为团队 leader 的创业者一定是那个在具体工作中,能够带着团队持续创造结果的人。图 5-13 为重庆小受科技有限公司业务划分。

5.3.2　双创大背景下的创新与践行

问:国家鼓励大学生创新创业快 10 年了,您怎么看待大学生创业?作为普通大学生,在决定创业之前需要具备哪些能力?

答:我认为有三点。首先,这个同学必须具备"不守规矩""不安分"的特

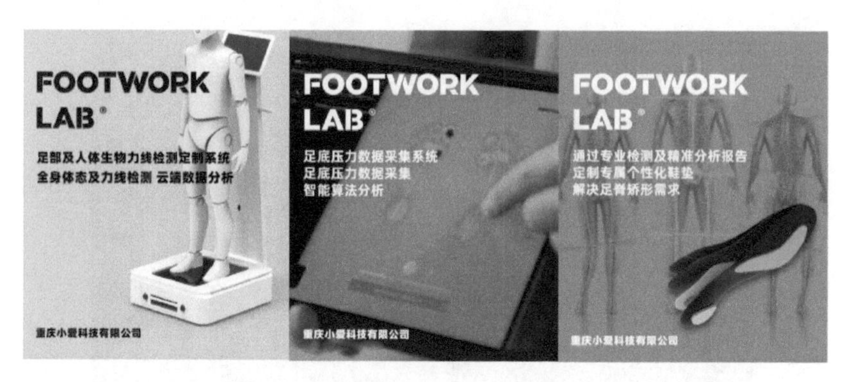

图 5-13　重庆小爱科技有限公司业务划分(受访者供图)

点,并且善于去学习和借鉴,因为创业,其实就是打破规则、改变行业现状。其次,能够深入地思考,学会观察,有着自我的想法,且不人云亦云。还有一个需要具备的能力,就是能持续地达成结果,追求结果而不是单单地追求过程。

但是,我个人是不鼓励大学生在大学期间全身心投入创业的,大学阶段更应该是充实自己和学习成长的过程。但是,在大学的时候可以尝试一些小的生意,甚至是开发产品的尝试,去培养自己在创业方面的能力,但不鼓励去正式地创业。利用好大学这一段难能可贵的时间,完成自身对于一些系统化知识体系的掌握和思考能力的塑造,其实会对创业实践有非常大的帮助,当然,这个时间段要足够充实有效而不是虚度,它必定有它的价值。

5.3.3　坚持以“结果”为导向

问:在创业管理过程中,管理者需要考虑的问题很多,在日常的设计管理中,您是如何保持员工对创新的热情的呢?

答:从管理上来看,我认为是划分为经营管理和产品设计管理的。从经营管理上来说,主要有三个维度的考虑,第一个是人才基础。能够在所对应的岗位持续拿出公司所需要的结果,以结果为导向,能够持续地产出结果。第二个是经营管理人才的执行力。如果只擅长想和说,不具备下沉执行能力是绝对不行的,如果一个团队里允许“想”和“说”的角色存在,那么他只可能是制定战略的那个 leader,所以对于执行力与响应速度的要求不能放松。第三点是精英人才的管理。管理人才作为公司的核心层,必须对公司的事业和公司发展方向有着足够的认知与认可度。对于产品设计管理而言,相对来说我们可能没有那么多的标准化和流程化，更多的是实用派，我们公司是以产品为导向，借鉴小米对于产品的定义方法和营销的方法论。需要去思考："用户在哪里？我要卖给谁？我怎么去卖？"我们要遵循工业设计－产品体验－供应链实施的过程，具体而言就是借鉴以及借助产业链的研发能力来帮助我们更好地发挥自身的优势。

我们其实是没有针对全员激励的管理模式的，相对而言，对于一些关键岗位我们是优先考虑的。比如一个优秀的产品经理，借助于产品经理我可以实现对基层员工的快速掌握，也可以通过产品经理的策略提升产品的升级和调整。对于优秀的、合适的核心岗位人才，我会发展其为公司的合伙人，因为只有当这份事业成为他个人事业的时候，他才有更好地全身心地投入其中的理由与欲望。一个好的核心团队，一定是创始人这一路上沉淀下来的最好的"产品"。图 5-14 为芯迈－足部穿戴护理系列产品。

图 5-14　芯迈－足部穿戴护理系列产品(受访者供图)

5.3.4　创业提升离不开设计管理

龙汝倩先生总是用四句话来介绍自己：吃苦霸蛮的湖南人，执着坚定的天蝎座，折腾不止的创业者，身怀使命的企业家。这四句箴言不仅代表了他个人，也反映了他多年总结的创业心得。在创业管理中，龙汝倩先生以上层管理制定决策来把握公司的发展，敢于去面对方方面面的质疑以及自我的选择纠结，在大方向上持续地进行思考和优化选择。以发展的眼光看待企业乃至行业的发展，在小爱科技今日的成果背后，是他十几年的创业思考以及不断的优化性选择。在团队的管理中，龙汝倩先生通过多维的考虑来进行选择，天蝎座的务实特性让他坚持以“结果”为导向。

5.4　魏民：减少约束设计师“起舞”的枷锁

佳简几何是一家注重打造品牌年轻化、提升品牌活力的设计公司，正如佳简几何 CEO 魏民先生在产品设计方面的设计思想一样，“由内而外建设品牌，由外而内塑造产品”。他们所做的并非简单地创造一款产品或一种服务，而是想要创造一种引领这个时代的生活方式。

魏民先生不仅是设计管理者，也是早期在深圳打拼的设计师，圈子的人都很熟悉他，为了探究佳简几何内部设计赋能品牌活力、设计助力品牌年轻化的逻辑，我们有幸邀请他一起聊聊从业近 20 年的心得体会，魏总以他设计管理者和设计师的独特视角为我们解答了关于设计与管理的一系列问题。

个人简介(见图 5-15)：

深圳市佳简几何工业设计有限公司创始人兼 CEO

福布斯中国“30 位 30 岁以下精英”榜

深圳市工业设计行业协会副会长

深圳市工业设计协会副会长

江西财经大学客座教授

江西师范大学艺术设计专业研究生行业导师

江西省工业设计学会理事

金芦苇工业设计奖评审专家

品牌星球 2021 星球奖评委

图 5-15　魏民

5.4.1　佳简几何保持年轻化品牌的诀窍

问：深圳的设计公司竞争相当激烈，作为知名设计公司的负责人，您是怎么看待设计管理的？您认为设计管理都有哪些价值？

答:以我从事设计十几年的经验来看,设计管理可以分为两个维度:第一个维度是我是管理者,同时也是设计师,在这种维度之下我是在和团队共同推进或者解决一个事情,项目管理者形成自己具体的解决路径和方法。另一个维度便是作为一个纯粹的设计管理者,那么这个团队中的设计师应该有自己的执行思路。这时的设计管理者所需要做的并非约束设计师的想法,而是站在一个更高的角度帮助团队把控方向,类似顾问的角色。如果单纯从公司管理运营方面来讲,我能做的就是给予设计师相对开放自由的环境与氛围,相信并尊重每一位设计师都是优秀的。设计师在这样的环境下才能发挥自身主观能动性,更高效地促进项目完成。如果说设计师是戴着枷锁的舞者,那么我所做的便是减少枷锁。

问:请您谈一谈在某个具体的设计项目之中,您是如何管理或推进这一设计项目的。

答:在具体设计项目中,我能做的管理就是提升设计项目的价值,驱动设计师主观能动性地把项目做好。从管理者的角度出发,当接手一个设计项目时,第一步定下这个项目的流程及时间节点;第二步把控项目的大致方向和设计风格,以何种效果、形式呈现;第三步收集并梳理市场资料;第四步根据对市场的分析洞察得出设计策略和设计方向;第五步根据具体的设计方向提出不同的方案及具体的形态造型,通过和客户沟通选出一到两个方案进行比对,最终经过反复地修改确定具体方案。图 5-16 为佳简几何设计案例。

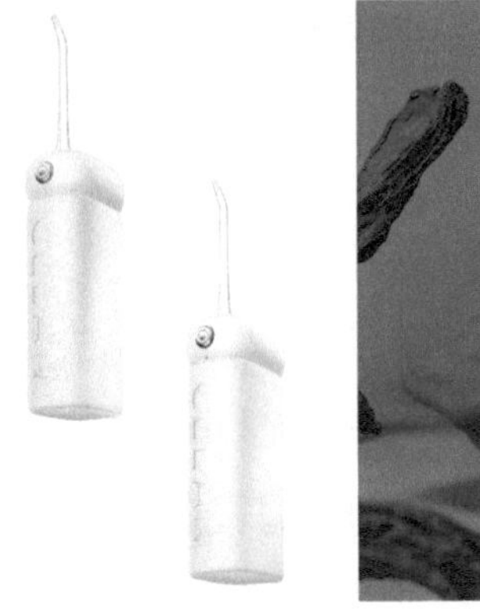

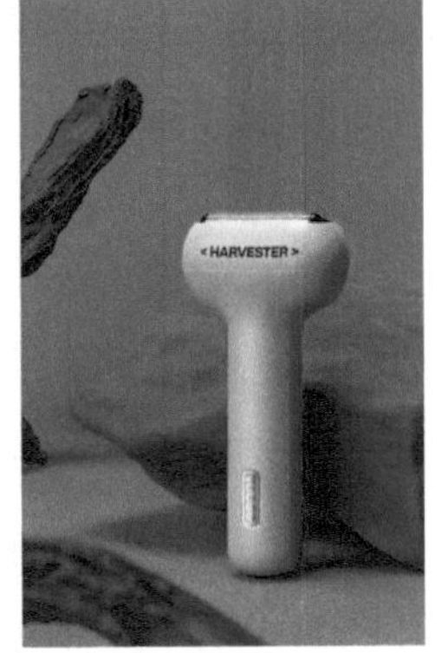

图 5-16　佳简几何设计案例(图片来源:佳简几何公司官网)

5.4.2 设计师的素养核心是热情

问:从您自身的角度来说,招聘设计师时看重设计师哪方面的能力和素质?从一线设计师到设计管理者需要具备哪些素质?

答:首先,佳简几何管理人员基本是内部培养的,是与公司的理念和价值观相契合的。其次从我自身角度来说,招聘设计师最看重的素质是对于设计的"热情",一个相信并热爱自己所选择的才是我们想要的。除了热爱设计行业外,稳定踏实的性格也是重要的,在我的认知中,设计是一个长期的事业,只有在其中日积月累,才能够做出良好的设计。因此我更加看重的是设计师对于设计本身所投入的沉没成本。能力可以培养,而热情却无法训练。

图 5-17 G3 Max VR 眼镜(图片来源:佳简几何公司官网)

问:佳简几何这几年发展迅速,您认为公司的企业文化和核心竞争力是什么?

答:佳简几何的企业文化可以用两个词来总结——"务实、勇敢"。"务实"的评价标准是看有没有实实在在为客户解决问题。设计团队要做一个以结果为导向的设计团队,其设计重心应该落实到客户最终需要的内容上面来,"勇敢"是体现设计师感性的一面,要勇于判断,与其猜测某件事的对与错,不如埋头直接去做;与其跟着趋势走,不如自己去创造趋势。图 5-17 和 5-18 为佳简几何的产品。

问:大型的设计公司需要持续的新鲜血液丰富设计团队,您从自身角度来看，在日常在校学生培训当中，是否有必要摄入一些工程方面的知识与技能？

答：对于设计类学科来说，我认为有必要在日常学习中增添一些工程或企业方面的知识与技能，它能让设计师对产品内部构造有一个更加深刻的了解。但是不必摄入过多或作为侧重点，设计师还是应该保持相对独立性和创造力天性，应该具有一些天马行空的想法。

图5-18　佳简几何的悦呼吸空气净化器(图片来源：佳简几何公司官网)

5.4.3　务实勇敢是设计师"起舞"的前提

佳简几何企业内部的设计管理方式在当前国内的设计公司中可以说是一股清流，他们并没有像传统企业那样实行纵深式管理模式，相反，佳简几何选择相信并尊重每一位设计师，给予设计师创作自由，让设计师充分发挥主观能动性，管理者只需要把控项目整体方向，充当一个设计顾问的角色。这种独特的管理思想加上佳简几何"务实、勇敢"的企业文化，是佳简几何设计活力的来源，帮助其自身完成了飞速发展。如果将设计师比喻为戴着枷锁的舞者，那么魏民先生所做的便是减少这种枷锁，努力使设计师"起舞"得更加优美。

5.5　姚国栋："扁平式"管理的践行者

姚国栋先生是赛力斯前瞻设计部部长兼AITO品牌设计经理。赛力斯诞生于2016年，在以智能化为核心的汽车行业“新四化”浪潮下，中国新能源汽车市场进入了持续高速增长期，新能源汽车渗透率已超过30%。在这种大背景之下，赛力斯联合华为打造AITO问界智能汽车品牌，在华为的加持下循序渐进、稳步增长。在国产自主品牌的新能源汽车品牌打造过程中，姚国栋先生深谙其中之道，对于赛力斯设计管理模式以及华为体系的设计管理有着独到见解。

采访姚国栋先生的时候，他以及他的团队刚刚为某车型在年内上市，连续加班了大半年的时间，虽然明显能够看到疲态，但一提到汽车的设计管理，姚国栋先生瞬间来了精神，有关车身造型前瞻性管理话题的话匣子顿时打开了。

个人简介(见图5-19)：

赛力斯-华为AITO汽车前瞻设计部

部长/AITO品牌设计经理

重庆大学设计学硕士

曾任

长安汽车股份有限公司专家

麦格纳宏立汽车系统集团有限公司造型部经理

长安福特汽车有限公司内外饰主设计师

图5-19 姚国栋

5.5.1 设计管理在跨界造车的价值

问：请您从设计管理的角度谈一谈您所在公司的管理模式和方式，这种管理模式对于项目开发来讲有怎样的吸引力？

答：赛力斯实行的管理模式是强项目制，以其他专业为辅。根据某一具体项目分配参与人员具体角色以及工作内容和强度等。这种强项目制管理模式在具体项目中，会天然地弱化参与人员之间的层级隔阂，无论是管理者还是设计师在项目之中均是组员。这会大大激发设计师的创造活力，同时也能更方便地进行资源整合与分配。

问：现在很多互联网公司参与造车产业，您是如何看待跨界造车这一趋势的？跨界造车在人员配置方面具体有哪些优势？

答：可以把目前各大科技企业的造车行为理解成一种企业产业链、生态链的打造升级。其目的并非单纯地打造出一款自身品牌旗下的智能汽车，他们想要达到的是通过打造自身产业链在社会中占领一部分企业的生态区域。比如小米近年来打造的一系列智能家居产品，实际上就是在打造企业整体生态链的过程。现如今汽车早已不再单纯作为一个交通或者代步工具而存在了，未来汽车更多地会作为一个私人智能的生活空间存在。在这种情况下，跨界造车其实就是企业技术产品的一种延伸，是一种移动终端。因此，互联网企业表面上看是在造车，其实是在争夺企业在市场中的生存区域。

5.5.2　华为生态链中的智慧出行板块

问：现在很多行业，包括互联网公司和车企，都在打造自己的产品生态链，您能简单介绍一下华为的生态链吗？

答：今年年初，华为发布了“1＋8＋N”生态链战略和相应的产品服务（如图 5-20）。“1”即智能手机，智能手机将定位为整个设备链的计算核心，“8”即当下华为亲自参与的一系列华为生态产品，“N”即当下华为与产业合作伙伴开发的一些生态链产品。其目的就是通过建设生态链来吸引华为用户，增强用户黏性。为了保证生态链闭环的完整性，在疫情大背景下，中小学生由于网课因素使用平板的频率增加，导致苹果平板许多地方供不应求，如果放弃平板电脑这一生态板块，就意味着基本放弃在线教育市场。现如今，华为生态链战略已经清晰无比，使用华为全套产品的用户，很难把其中某一产品换成其他品牌的产品，这也是为什么华为宁愿赔本做华为 MatePad 平板电脑的原因，同时也是近年来华为积极投身参与到智能造车之中的原因。实际上，华为早在 2009 年就已经成立了车联网业务部，重点研发车联网和自动驾驶领域。当前这个时代，汽车已经不再单纯是一种出行工具，而是越来越偏向智能化发展，因此，华为为了完善并提升自身产业生态链价值，已经把智能出行研发视为企业发展方向的一部分。

图 5-20 华为以手机为中心的“1＋8＋N”生态链战略图

5.5.3 设计管理者的自我修行

问：作为新能源车企前瞻部门的管理者，您也负责 AITO 品牌的设计，您如何把握设计风格和公司理念的关系？

答：影响设计风格的因素有很多，在一个具体设计项目之中，首先要划定产品的目标人群，目标人群不同设计风格也不尽相同。以 AITO 品牌来说，针对的是 35 岁到 45 岁之间的目标人群，那么设计风格就要满足这类人群的审美标准，就不能是活跃、跳脱个性的，一定是相对来说成熟稳重商务的。其次设计风格还和公司理念、公司价值有必然的联系，像 AITO 的设计风格要体现华为的设计理念，整体风格极致、简约、纯净。作为设计管理者，要在公司设计理念与设计风格之间寻求一种平衡，既要有企业内在的设计基因在，又要根据目标人群、市场、设计师个性来把握风格。

问：您在公司里，也负责一个比较大的团队，从您自身的角度来看，您认为设计管理者必备的素质是什么？

答：首先需要具备较强的专业能力。如果专业能力不达标的话，在具体的设计项目中，难以服众，所以作为设计管理者首要的就是具备专业素质。其次是能够基于自身的专业能力，在设计项目输入后，能够快速理解项目大致的定位方向以及整个产品，这样在进行管理时才能够提供一个明确的指导性的方向。假如缺乏这一能力，可能会导致设计工作中的反复性。最后是能够在设计项目中把控整体的工作氛围与环境，在好的氛围下进行设计活动会大大增加设计师的创造力和活力，良好状态也能得以持续。

问：设计管理过程中，很多时候是在做信息沟通工作，尤其是设计理念和消费者理解之间的差异，作为设计管理者是如何协调甲方（或上层领导）和设计师之间在方案上的一些分歧的？

答：作为管理者，我所做的协调就是预防，预防这种分歧的产生。在设计项目的前期阶段中，我也许会要求设计师在方案呈现上分为多种方案来呈现，A方案就完全按照上层领导的意愿进行，B方案是在满足意愿的同时增加一些设计师自身的个性与基调，C方案是对A、B方案的升华或优化。以这样三种方案的呈现方式来预防或协调设计师与上层领导在方案上的分歧可能会更合理些。

问：设计部门最核心的是保持员工的设计创造力，您认为哪种设计管理模式会激发员工的创造力？有哪些因素会对此产生影响？

答：我认为福特的扁平化管理模式比较能激发员工的创造力，目前我采取的也是这种弱化上下级关系的管理模式，在这种模式下，大家能够更加融洽地进行一些工作方面的沟通交流。实际上每位设计师都会有一种“自傲”的内在性格，这种“自傲”并非贬义，更多的是一种自信，所以在管理时要注意到这一点，更多地给予设计师一些正向激励。同时在项目中帮助设计师树立起主人翁的意识，只有认可这个意识后，在进行后续设计工作时才不会有过多的排斥感。

5.5.4　扁平不等于躺平

姚国栋先生作为华为AITO品牌设计经理，以强项目制内的设计管理者的独特视角为我们介绍了华为和塞力斯内部的设计管理以及整体产业链规划布局，从企业产业链、生态链打造升级的角度阐释了当前各大企业跨界造车的整体趋势。所谓强项目制管理模式，是以单一任务为目的，通过项目分配组织资源的一种管理机制，这种扁平化的管理模式在确保企业推进多个项目的同时，能够大大激发设计团队的设计活力，帮助管理者更快地进行资源整合。在目前的市场环境之中，设计驱动的重要性早已是老生常谈，如何正确选择符合企业发展战略的设计管理模式显得尤为重要。希望通过姚先生的此次分享，能够帮助我们了解到新时代背景下前沿企业的发展战略以及设计管理模式。

5.6　蒋昊凌：改装车行业的开拓者

LIMGENE(凌际)品牌，是国内致力于原创设计的汽车改装品牌，具有专业化汽车设计研发团队及整车设计开发经验。致力于满足客户豪华、时尚、个性、科技的定制化需求。在其董事长蒋昊凌的带领下，凌际坚持以产品为中心输出，将品质做到极致，向高端客户定制个性化产品。

在2022年湖南车展中，LIMGENE发布的凌际星云系列取得了巨大的关注和反响。好的设计离不开好的团队，更离不开优秀的设计管理。因此，我们邀请到了凌际汽车的董事长蒋昊凌先生，与我们分享凌际汽车改装行业的设计流程以及如何将管理的理念融入日常的设计工作当中。

图5-21　蒋昊凌

个人简介(见图5-21)：

珠海凌际汽车有限公司董事长

凌际(重庆)科技有限公司董事长

重庆安福汇工业设计有限公司执行董事

国内资深汽车设计师，凌际品牌创始人

曾任

中国汽车工程研究院研发中心汽车设计师/创意负责人

重庆迈奥汽车设计有限公司造型总监

5.6.1　设计管理是占领市场的重要部分

问：现在消费者对个性化需求越来越高，改装车企业与传统车厂的区别在哪里？

答：我们的定制车行业是比较细分的小众行业，我们企业的定位在生产制造销售高端定制车辆，服务于相对个性化的细分市场。传统的车厂，比如熟知的宝马、奔驰这些知名车企的产品定位，是以代步出行的传统需求为出发点去覆盖大众市场，而我们的产品则是服务于小众市场，为有个性化定制需求的消费者服务，除了商务车，对于越野车、轿车等也有涉及。相比于传统的车厂，我们在进行车辆定制化生产时，更侧重于车辆的娱乐功能升级，乘坐舒适性升级和材料品质的更新升级，更加注重高端消费者在使用车辆时的细节感受，打造差异化产品。图 5-22 为福建奔驰高级经理参观凌际工厂。

图 5-22　福建奔驰高级经理参观凌际工厂（受访者供图）

问：前几年改装车行业更像是一种少数汽车“发烧友”个性化定制，现在越来越多的车企也授权小批量定制改装，您怎么看待这一变化呢？

答：在国内，早期改装车的行业是比较粗放的一种经营模式，当客户有想把自己的车辆进行个性化定制的需求后，例如动力升级需求、功能设备的添置、内饰面料的升级，一般是找到改装门店进行单车的改装升级，但因为多数的改装工厂门店生产能力、供应链管理的能力不足，无法实现标准化高品质的改装升级服务、导致改装车辆品质参差不齐，所以这个时期定制改装车行业比较混乱。随着时代的发展，人们对于汽车出行不仅仅满足出行这一单一的需求，需求量逐渐增长，市场也随之扩大，定制车行业逐渐地向标准化，规范化进行转变，小批量定制企业随之增多。随着国内新能源产业的发展，未来的汽车很有可能像现在的手机一样，成为一个新的移动终端，那么定制行业的前景将有更大的发展空间。

问：针对小批量定制车型的设计与改装的设计管理，您是如何把握企业的自身竞争优势的？

答：我们企业，从开发方式上，完全按照标准化的车企的开发流程，对于定制车的生产改造流程都进行了标准化的管理，在管理体系上，我们严格按照主机厂的开发方式，供应链管理上，都有严格的把控。目前已经实现了整车内外饰全模具化开发能力，满足年产量 300～500 台的小批量定制化生产规模。图

5-23 为凌际公司的日常工作环境。

图 5-23　凌际公司的日常工作环境(受访者供图)

问:凌际公司在日常运营过程中,涉及产业链的方方面面,您在企业的管理中,主要负责协调哪些方面的工作? 您认为最重要的是什么?

答:我是设计师出身,所以我分管的核心板块还是研发部门。但是产品还是为市场服务的,设计研发必须围绕市场定位来进行,所以策划和营销也由我进行统筹。此外,我还负责供应链的管理。即使再好的设计、再完美的方案,最后也是需要通过生产来实现的。这样市场—研发—供应链三位一体地统筹管理,通过功能需求定位设计开发,再围绕产品进行营销和策划,才能取得市场的成功。图 5-24 为凌际公司 ERP 管理体系。

问:在中层干部的选拔和招聘中,您认为哪些能力和素养是管理人员必须具备的?

答:作为我们这个行业的管理人员,首先,需要有较高的审美能力和大量的高端消费体验,需要通过大量的见闻和学习来提升自我的审美能力和对高品质产品需求的理解,能够判断出美的、高级的产品。其次,需要拥有一定的市场洞察能力,能够对市场的需求、用户行为习惯和消费“痛点”做出精确的判断,清晰客户“画像”来寻找功能诉求。最后,我个人认为最重要的还是回归到产品本身，管理者需要对市场的需求进行吸收融合，转化为对于公司产品的特性打造。在我看来，一个企业的产品，一定是代表了公司理念，以及整个管理层对于市场的理解。

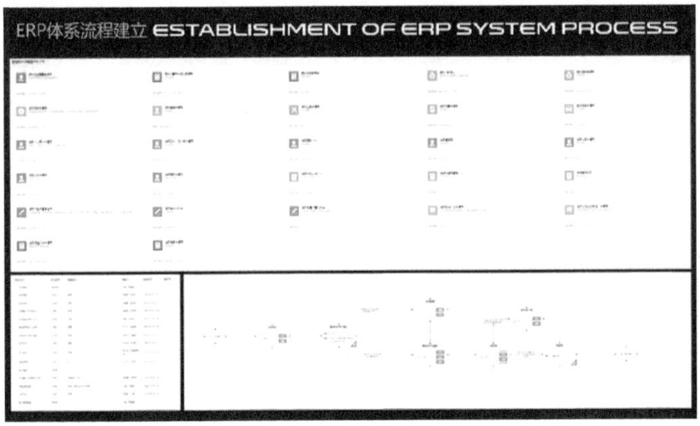

ERP体系流程建立 ESTABLISHMENT OF ERP SYSTEM PROCESS

图 5-24　凌际公司 ERP 管理体系（受访者供图）

问：改装车行业对于时尚的把握和解读是企业竞争的核心竞争力，在获取设计需求信息时，您企业的前期调研方式是如何具体实施的？如何把握目标用户的需求？

答：对于我们企业来说，通常不采用大规模的调研，我们有一套更适合我们的调研策略。比较触及的方式是调研竞品，通过了解同行已取得市场成功主力产品的定位，侧面了解市场诉求。但我们往往从自身出发，清晰消费者需要什么样的产品，我们根据产品的定位确立用户“画像”，评估目标用户的“痛点”和产品需求。此外，我们还会深入 C 端用户当中，对目标用户的行为习惯、消费方式、审美能力进行调研。图 5-25 和图 5-26 为凌际公司与经销商的交流活动。

图 5-25　凌际公司管理层以座谈会方式向各地经销商了解市场需求（受访者供图）

图 5-26 经销商参观凌际智慧展厅交流未来智慧概念(受访者供图)

5.6.2 管理理念激活创造力

问:能感觉到蒋总具有特别的造车情怀,也有比较前沿的管理思想,您的管理理念是怎样应用到整个产品开发流程之中的?具体流程中有哪些重要节点?

答:不论我们讲管理或者是开发,最终我们的落脚点还是产品本身——“汽车”上,核心还是能够将产品推送到我们的目标客户手里取得好的市场反馈。我还是强调市场需求为导向,作为工业设计从业人员,我们的工作并非天马行空的创作,而是要实现设计产品化,无法实现产品落地的设计是没有意义的。首先要结合市场需求、针对性地进行设计定位。然后要了解生产,在设计时对工程可行性、成本控制、工艺实现都要作综合的评估。创意策划-工程评估-成本核算-量产可行性分析-样车评审是我们开发车型的几个重要节点,图 5-27 所示。

问:有的设计师,在工作几年后很容易进入创意倦怠期,也可以说是职业倦怠期,这个阶段蒋总是如何激发其创造力和积极性?

答:从我的角度来看,作为管理者,好的项目是激发设计师动力的来源,这取决于公司的平台,需要考虑如何通过优质的项目开发来进行激发设计团队的创造力。其次,会根据不同的设计师的性格特征,来进行合理的、匹配的岗位设置。例如我们专做创意提出概念的设计岗位,也有精细化设计做品质提升的设计师,当然也有懂工程能够控制成本实现产品落地的设计师。

5.6.3 开拓进取的先锋者

在汽车改装行业,凌际以用户的需求为中心,致力于打造高品质、个性化

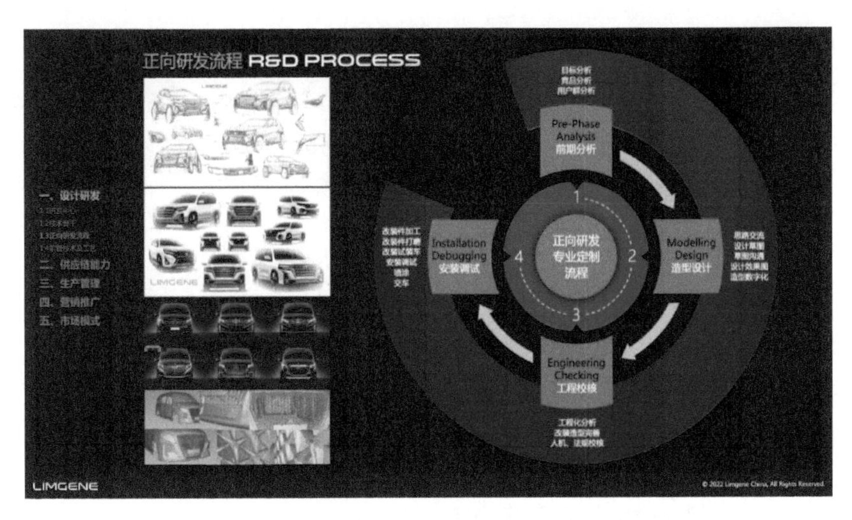

图 5-27　凌际汽车正向研发流程(受访者供图)

的特色产品的企业形象独树一帜,成功的背后离不开蒋昊凌先生认真、专注的设计管理方式和理念。坚持以主机厂的要求和标准来进行车辆的改装流程的制定,将前后端的供应链都纳入了管理当中,实现开发到制造的一体化流程管理。此外,他注重企业文化的管理,将企业的文化理念融入公司的每个人心中,以此调动设计师的创造力和积极性。

5.7　伯勇:帮助新人勾勒未来

相信有相当一部分人都曾听说过力帆摩托这一品牌,曾经的力帆摩托车销量问鼎全球,所依靠的是着力于填补国内摩托车研发层面的空白,以自主研发的摩托车迅速在国内占领市场。而如今在普遍颓势的市场大环境之下,力帆摩托将重心重新放在设计与研发之上,在设计中秉承“创新力帆,质量力帆”的企业理念,成功地使力帆再次富有市场活力。伯勇院长是重庆交通工具行业的前辈,经历了近 20 年来重庆汽摩行业的起起伏伏。我们邀请到力帆摩托车研究院副院长伯勇,听听他讲述那些年“重庆摩帮”的故事,了解一下不同时期,企业对于知识产权的保护方法,也通过专访的形式了解一下力帆创新研究院特有的设计流程框架以及发展的核心动力,为企业设计管理提供一个新的发展方式。

个人简介(见图 5-28):

重庆大学车辆工程硕士,正高级工程师

力帆科技(集团)股份有限公司摩托车研究院所长/副院长/项目总监

全国四轮全地形车标准化委员会委员

重庆市中小企业专家委员会委员

重庆市工业设计产业联盟副理事长

重庆市工业设计专业高级职称评委会评委

重庆大学艺术设计专业兼职硕士研究生导师

图 5-28 伯勇

5.7.1 力帆的设计管理运作机制

问:力帆作为知名的设计企业,设计流程清晰严格,您可以谈谈力帆的工作流程是怎样的吗?

答:在我们的开发流程中,我通过三个主要阶段来进行介绍(如图 5-29)。

首先是企划阶段,交付成果是立项报告。管控重点是竞争产品在市场的优劣势情况、内部资源的匹配情况、项目的收益预估情况等相关工作。这个阶段还有一些具体工作,如商企、技术方案草案、效果图方向等。

其次是设计验证阶段,交付成果是样车和图纸等相关资料。管控重点是成本测算需符合立项的要求、项目进度需符合立项的要求、验证测试需充分全面不能有不合格项。这个阶段还有一些具体工作,如总体方案、效果图锁定、油泥设计、数据设计、开样车、试验、评价等。

最后是量装阶段,交付成果是商品车和量装评价。管控重点是配套厂家的零部件一致性和质量合格率,生产配套工艺的完整及合理性控制评估。这个阶段还有一些具体工作,如工程开模、验证、试验、多次小批生产等。根据项目的难易程度不同,这三个主要阶段会设定不同的建议时间周期。

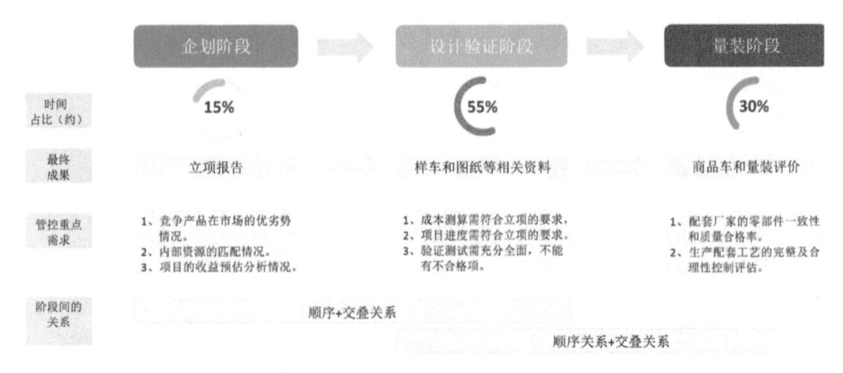

图 5-29 摩托车项目开发流程(受访者供图)

5.7.2 合理地保护自己的知识产权

问:知识产权问题经常会给企业带来很多困扰,尤其是交通工具行业,畅销车型很容易被竞争对手模仿,对于力帆来说,如何保护知识产权不受侵犯呢?

答:我们一向很重视知识产权的保护,公司内部从制度上鼓励员工进行专利申报,针对发明专利、实用新型专利、外观专利有着不同的奖励。对于专利是否受侵犯,主要有两方面的获取途径。一是通过国内外销售商。因为销售商往往对于市场信息有着及时的捕捉性,发现有侵权的产品后,会向总部进行反馈。二是公司的市场调研人员。通过在国内外市场的走访来获知侵权信息及时向总部反馈。操作方式通常是公司法务部先发律师函警告,如果对方仍旧侵犯我们的知识产权,那将上升到法律保护上,会依法进行知识产权的保护。

问:在设计项目推行中,难免会与甲方的设计想法产生分歧,您是如何协调设计师和项目之间的关系的?

答:在校的学生和在企业的设计师有一个很大的区别,学生做设计可发挥的空间更多且更加地自由。企业的设计师需要考虑到企业品牌定位、具体产品定位,兼顾考虑企业产品的设计“DNA”(如图 5-30)。在产品的设计过程中,首先要对品牌定位充分理解,再结合市场的需求,考虑用户的喜好,比如有的用户喜欢户外骑行、有的用户喜欢城市代步等,这也就确定了产品的具体定位。设计也是一个求证的过程,基于定位的设计策略明确了,产品的设计逻辑才能清楚。对于企业来说，打造产品就是要考虑清楚这些方面，并将理念通过产品传达给用户。产品是会说话的，所谓适销对路的产品才能吸引目标用户。

图 5-30 某车型摩托车设计“DNA”概念定位(受访者供图)

问：力帆公司每年招聘了大量的应届毕业生，对于设计专业的应届毕业生或实习生，首次进入力帆，研究院这边是怎么进行培养的？

答：本科生主要从大三下学期或者是大四上学期开始实习的大学生中选拔苗子。培训采取师徒关系的方式，即通过资深的设计师带领学生参与到具体的项目中去，了解我们企业的项目运作模式、设计流程等。通过在具体项目中实习，可以让我们的实习生快速预热，初步掌握在企业工作所需要的技能。在这个过程中，我们也会选拔出合适的实习生，提供较好的福利待遇，欢迎其毕业后到我公司工作。图5-31为实习生的日常工作讨论。

图5-31　实习生的日常工作讨论(受访者供图)

问:伯院长有着丰富的设计管理经验,在您的管理生涯中,有遇到过哪些特别的问题?您能分享一下解决问题的心得吗?

答:困境和难题是一直都存在的。举一个例子,我们在进行产品设计时,会针对具体产品进行商品魅力的雷达图绘制,便于和竞品进行各方面的优势比较。比如经济性这个方面,通常来说配置和成本是呈正相关的,越高的配置,成本越高;越低的配置,成本越低。这两个方面是很难兼得的,所以需要经常协调设计和市场的工作,分解问题,细化措施,然后从配置、成本以及售价等尽量共寻平衡点。总体来说,遇到问题大事化小,才易解决;通常难有完美答案,平衡就好。图5-32为力帆项目评估蜘蛛网。

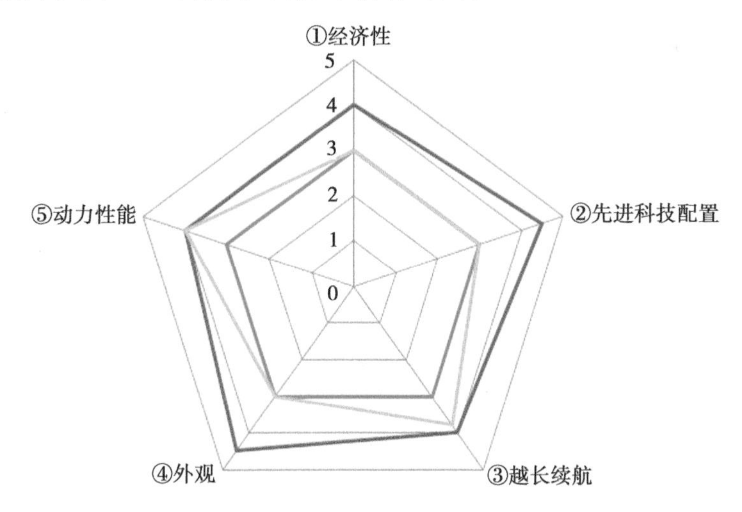

图5-32　力帆项目评估蜘蛛图(受访者供图)

5.7.3 力帆企业的起伏之路

力帆摩托的起伏之路侧面印证了“设计”在企业运作模式中的重要驱动作用，在力帆成立之初时，正是“设计”使它一举超越了多家前辈企业，在国内甚至国外市场中站稳脚跟，正是“管理”使力帆的“设计”能够真正发挥到深处，在力帆内部成功构建起组织框架。通过对伯勇院长的这次专访，使我们清晰了解到力帆内部的设计管理究竟是如何运作的，以及力帆企业对于自身品牌保护、对于设计新人的培养是如何做的。

5.8 严专军：用才不如造才

黄山手绘是国内最早一批将设计项目经验融入设计技能培训的机构之一，在设计专业的学生和刚参加工作的设计师之间有很高的知名度。管理方面，在黄山手绘的理念和培养模式并不是一成不变的，而是不停地根据环境变化创新的，如今黄山培训不再是单纯地进行技法技能类的培训，更多的是在培训中植入设计思维和管理理念，课程的设置更像是弥补在校学习和产业需求的准设计师的培训。黄山手绘 CEO 严专军先生多年来始终处于企业管理创新的前线，对于如何管理设计团队有着丰富的实践经验。在与严专军先生访谈中，我们看到了设计管理思想在教育培训中的呈现，结合人才培养，为我们解答了在企业管理中，如何 体现“用材不如造材”的思想。

个人简介(见图 5-33)：

黄山手绘设咖工场 CEO

设计师职业提升与思维训练导师

光华龙腾奖(2018)中国设计业青年百人榜

2017 级工信部工业设计领军人才

2020 届红星奖评委

犀牛奖专家评委

黄山学院客座教授

合肥市工业设计协会专家顾问

图 5-33 严专军

5.8.1　难以复制的设计管理模式

问:虽然黄山手绘以技能技法培训起家,但也是国内较早引入项目管理经验在教学中的机构,请您谈一谈您企业的管理模式中有何特色?

答:每一个企业在运营过程中都会产生自身的独特管理模式,这一过程是不可复制的。每个企业所适合的管理模式或方式不尽相同。每个企业的管理方式有很大一部分因素取决于公司的企业文化以及一把手的思想与理念,企业有什么样的文化基因就会有什么样的管理方式。像我们企业的管理模式起初是流程式管理,当接手某一具体设计项目时,首先要划分规划时间节点与任务,设计师按部就班地执行。这样流程式的管理模式是一把双刃剑,一方面,定时定量的规划任务的确能够提升设计师的效率;另一方面,这样流程式的管理模式会大大抑制设计师的创造力和创作激情,而创造力和创作激情是设计师所具备的最难能可贵的素质。因此我们现在的管理模式已转变为以人、以结果为导向的管理方式,优先思考最终的结果和目标,根据目标来倒推大致流程,弱化流程中具体时间节点概念的同时阶段性地给予一定的正向反馈,最终去实现结果。这样的管理模式能够大大激发设计师的主观能动性,使设计师能够真正融入项目和企业之中。

问:在进行一些企业培训或商业培训案例中,您认为学员们最看重的管理方式和管理流程是什么样的?

答:在对企业与设计公司进行培训时,我同样会传达非过程式管理的管理理念。对于甲方来说,其目的就是取得最终的结果,当设计管理者规定了走向这一结果的过程时,设计师的思想就显得十分局限了,设计师只能在这一过程的大框架之下行动。而当设计管理者并没有规定路径,只是探讨了所要达到的结果和整体逻辑框架后,也许能够实现结果的路径并非一条,设计师自然而然地就会通过结果倒推出实现路径。

问:讨论完其他企业,回到黄山本身,作为一个培训机构,他的管理模式和方式是否有参考一些典型的管理模型呢?

答:实际上我们公司的管理模式并没有参考某一具体的管理模型。更多的是在运营过程之中,管理者与企业员工在长期磨合长期交流中慢慢形成的,包括教员、行政、后勤等部门,并且很大程度上取决于公司管理者的思想和企业文化。当公司管理者更替后,公司的管理模式也同样会发生相应的改变。比如黄山手绘的管理模式就从以流程为导向转变为以结果为导向。图 5-34 为黄山手绘学习基地。

图 5-34 黄山手绘学习基地(受访者供图)

5.8.2 设计管理与企业人员

问:您认为什么样的管理才是成功的管理,您是采取何种方式与您的下级来沟通目标制定方面的工作的?

答:以我个人来说,我认为真正好的管理模式首先应该是环境的适应性,它能够根据市场或企业的变化来变化,并不是流程式管理那种一成不变的模式,其次好的管理模式应该是对称性的管理模式,主体与客体相对称、主体性与科学性相统一的管理模式。而以结果为导向管理模式的具体实现路径灵活多变,具有很强的适应性。基于这种管理模式,我和下级沟通的方式也发生了一定的变化。在某一具体设计项目中,我并不会去制订一个具体的计划表来让员工去执行,我会把想要的结果传达给下级,并且共同探讨这一结果的实现路径。经过讨论后选择合理的实现路径来执行,在执行过程中把握大致方向。这是我所做的,也是设计师想要我去做的。图 5-35 为模拟项目情景的实践氛围。

问:您的企业在发展过程中有没有遇见过哪种困境或难题?

答:由于行业特性,我所遇到最大的难题与困境首先就是人才问题。在教

图5-35　模拟项目情景的实践氛围(受访者供图)

培行业难以招到合适的人选，大多是多年从事此行业的人员，长此以往将会导致公司的人员固定、人才流动较少，整体缺乏创新活力。

问：作为管理者，在招聘过程中，注重哪些技能，对于入职新员工的培训，注重哪些环节？

答：我们在招聘新员工的过程中，最看重的技能实际上是员工的学习力。因为现在技能方面的培训成本很低，我们有充足的耐心与信心来培养人才。但是如果新人对整个行业缺乏热情、缺少学习力，那么上限就在那里，未来的结果也是可预见的，毕竟引进人才不如亲自培养人才。所以我认为在招聘过程中，我个人会更加注重学习力和热情这两方面的能力。

5.8.3　设计管理助力教育发展

在竞争日趋激烈的当代市场背景之下，区别于同类艺术设计背景下纯技法培训的机构，黄山手绘引入了一些企业实践项目中的案例经验作为培训内容，让学员能够提前感知企业产业要求，缩短从高校过渡到企业要求的适应周期，严专军先生首先做的就是在企业中引入设计管理理念，并且将设计思维贯穿到整个管理层面，从微观层面看，设计管理能够帮助企业更好地实现项目目标路径的规划与引导。从宏观层面看，设计管理能够帮助将设计作为确立竞争优势和实现商业目标的重要资源的企业规划其所涉及的有关任务。因此，黄山手绘取得了商业上的成功且快速完成了产业服务扩展。

5.9 申学娟:吉利汽车的造车法宝

吉利汽车集团是中国领先的汽车制造商,立志成为最具竞争力和受人尊敬的中国汽车品牌。汽车内外饰的 CMF 设计在车辆的开发中尤为重要,内外饰包括色彩、纹理、织物面料等设计。车辆取得如此的成果,离不开优秀的设计管理。申雪娟女士曾在吉利汽车造型中心担任 CMF 设计经理一职,对于 CMF 设计管理有着丰富的经验和心得,并且在欧洲也工作多年,对于国外的汽车 CMF 设计管理模式比较熟知。在这样的基础上,我们邀请到了申雪娟女士,来对我们关于汽车的 CMF 设计管理流程、国内外的设计管理区别等方面的问题进行解答。

图 5-36 申学娟

个人简介(见图 5-36):

小米汽车 CMF 专家

曾任

吉利汽车造型中心 CMF 设计经理

5.9.1 汽车设计管理的流程及协作进行

问:无论是吉利还是小米,都是知名大企业,都有其成熟的项目管理体系,有没有参照哪种具体管理方法或具体模型?

答:每个项目都会成立固定的设计团队,包含一名项目经理,主要负责时间及预算;一名主设计师,把控设计方向,汇报对象为设计总监;各创意团队都会匹配对应的设计师完成各专业相应的设计;数字化团队配备多名数模师完成数据;内外饰各一名 SE 对接内外饰工程问题;一名或多名渲染设计师完成虚拟阶段渲染、动画等;一名或多名模型师,内部或者找供应商完成实体模型。其中重点为设计团队,除固定的设计师外,创意方案要求高的项目,也可由固定设计师发起公开挑战,公布设计要求,有意愿的设计师均可按设计要求完成方案并参与方案中标评审,无论谁的方案被选中,后续仍由固定的项目设计师跟踪后续方案落地。

问:就具体设计项目而言,在项目实施执行中,一般分为哪些流程?

答:项目分为大中小不同的层级,也对应不同的开发流程。一般一个全新造型的项目(不考虑架构开发)从产品策略到设计冻结,整个研发周期在是24～36个月。包含五个大节点及四个开发阶段,四个开发阶段分为产品策略、概念设计、工程开发、产品验证。其中产品造型贯穿整个设计流程的全过程。涉及造型的部分为主题多选、主题双选、主题单选、主题确定、主题冻结、A面首发及A面冻结。

问:汽车造型设计一般有哪些部门参与?部门间一般是怎么展开协作的?

答:造型中心内部主要分为概念团队、内饰造型、外饰造型、CMF及HMI五个创意部门,数字模型、实体模型、可视化渲染、设计质量DQ(Design Quality)、设计工程SE(Studio Engineer)等设计辅助部门,以及HR、采购等运营部门。概念团队与产品/市场团队/前期工程主要研究产品策略,产品策略确定后由内外饰、CMF及HMI团队设计师进行产品外观效果图设计,同步数模师及模型师制作CAS数据及油泥模型、A面验证模型及全仓模型、色彩模型,以支持设计验证及决策;SE则主要接收工程反馈的可行性问题,站在设计师角度,运用工程知识争取最大化保证设计意图并解决工程问题;DQ则在设计各阶段介入审查,提前识别设计质量问题,如引擎盖与IP的关系,如果引擎盖过高,IP太低,则玻璃黑边需要很宽,否则坐在驾驶位容易看穿雨刷以及机舱盖下面的结构,DQ会提前给出合理高低差要求并在数据及模型上检查是否满足要求;最终输出给工程的为CAS面,输出前需要满足设计师设计意图,解决完工程可行性问题,符合成本预期,没有外观质量问题,然后由可视化团队完成渲染,进行效果图及数字化虚拟评审,评审通过由实体模型组制作实物模型评审。图5-37为设计管理时间线,图5-38为造型设计时间线。

问:汽车是一种对时尚要求很高的产品,您对车身的CMF前瞻造型策略是如何推行的?

答:前瞻团队包含市场团队、前瞻造型以及前期工程,三方共同协作,市场需要输出给造型车型定位、价格定位、顾客需求等,在此基础上完成竞品分析和市场调研,造型制定设计策略,中间需要前期工程辅助可行性分析。共同工

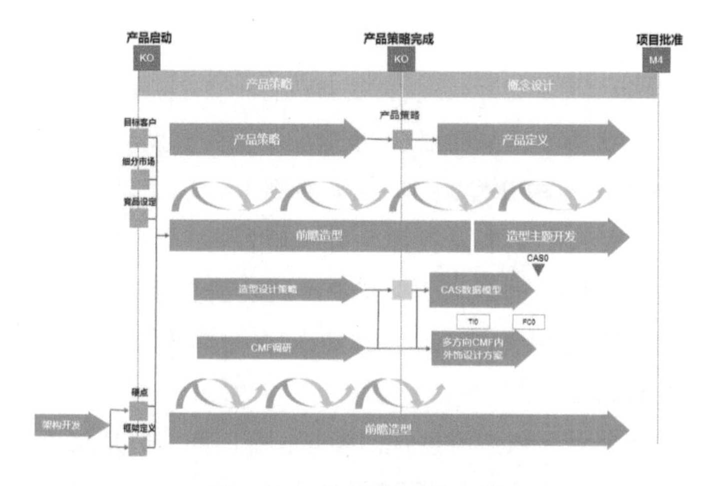

图 5-37　设计管理时间线

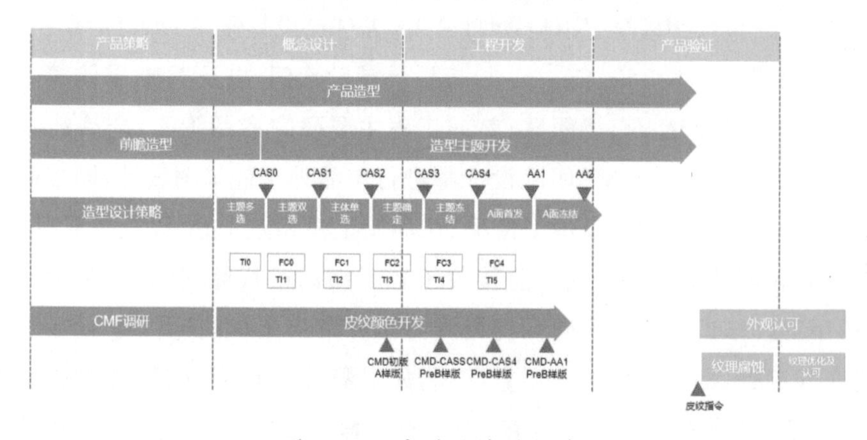

图 5-38　造型设计时间线

作的成果汇报高层决策，一旦批准则进入造型概念设计阶段，通过造型、配置、功能、属性等各方面分解达成前期策略。策略制定及决策需要考虑准确的车型定位及预判 3 年后市场的变化，是车型成败的关键。图 5-39 为汽车开发评估流程，图 5-40 为实物模型开发及评审过程。

问：您应该经历过不少方案评估中的不同意见，作为设计管理者，您是如何协调甲方（或上层领导）和设计师之间在方案上的一些分歧的？

答：提供方案时尽量让高层做选择题，不做判断题，所以每次提交的方案不是唯一的，理论上高层无论选择的是不是设计师推荐的方案，从设计端方案都是成熟的设计；另外提案的每套设计方案都有对应的设计逻辑，高层判断设

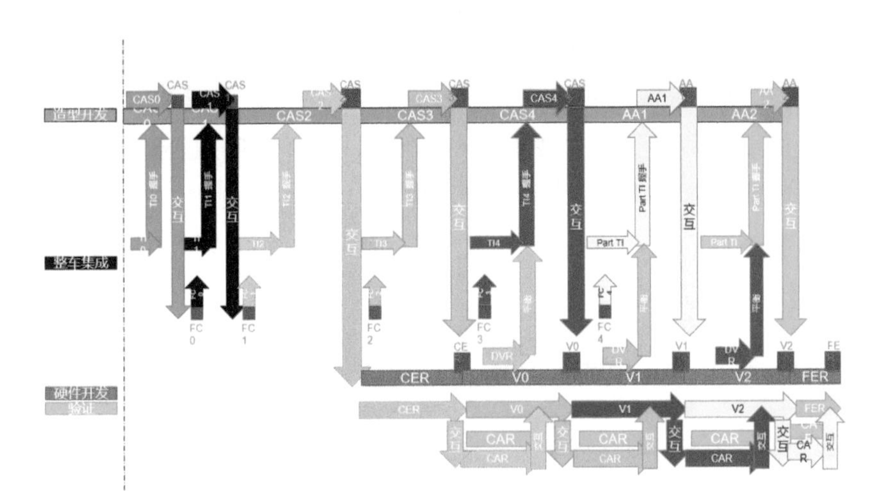

图 5-39　汽车开发评估流程

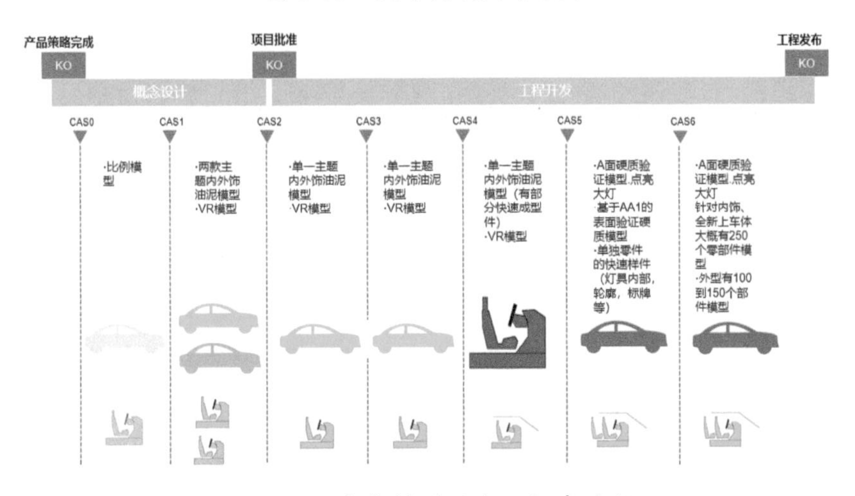

图 5-40　实物模型开发及评审过程

计逻辑的对错,而非造型的好坏,造型的好坏由更专业的设计总监把控是比较科学的,但是目前国内主机厂很难严格做到清晰的分工;如果仍然有分歧,会针对问题具体讨论。

5.9.2　国内外设计管理的异同

问:以前您也在吉利的欧洲设计部门工作过,您认为国内和国外的设计管理模式有哪些不同之处,哪种设计管理模式更有助于人员的管理?

答:根据与沃尔沃、戴姆勒合作过程看,国外设计更注重设计逻辑,专业划分较细；国内在设计逻辑与做造型间来回切换，部分时候可以先有造型，再用设计逻辑补充说明造型的准确性。两种方式各有利弊，国外设计师本人更不容易出错，但设计师成长起来较慢，一旦产品定位出现问题，整个机制需要动起来，所以调整周期会非常长；国内设计师更灵活，除了设计工作，同时也会考虑市场、产品经理需要考虑的问题，优点是设计师成长快，但是结果好坏过于依赖于设计师本人及决策人本人个体。

5.9.3 团队的人才选择与创造力激活

问：现在流行灵活的设计组织构架，根据具体项目需求选择不同的人员配置，在您的经验中，针对具体的设计项目，在人才选择上具体考虑哪些方面？

答：总体来说还得根据角色定位，比如说前瞻造型这方面，对设计敏锐度要求很高，年龄和工作经验相对要求较低；如果是创意方案落地，则会选择创意能力强同时相关经验比较丰富的人员；另外在专业以外的能力也占很大比重，逻辑思维、表达能力、亲和度、控场能力、气场等都是加分项。

问：作为多年的项目负责人，您认为哪种设计管理模式会激发员工的创造力？有哪些因素会对此产生影响？

答：我曾经参加过一个卡丁车项目，因为项目周期非常短，只有3个月的时间需要冻结造型同时保证可行性，解决方案是成立了专项项目组，3个月内设计师、工程师是每天在一起工作，时时沟通，只做这一个项目，项目结束后大家的评价很一致，这是做得最愉快、最高效、结果也非常好的项目，到现在也印象深刻。和正常的项目对比，这个项目设计师更能专注地做一件事，每天思考的也只有这一件事，每天对当天的工作都会有评审，时时有反馈，可能内在驱动加外在推动是提升设计师创造力的根本原因。

设计师的自律性是影响设计师产出的最重要的因素。另外企业中大多数都是多个项目并行，琐碎事情多，设计师疲于应付，每件事情都做得蜻蜓点水。另外，做设计师就要做好时时面对否定的心理准备，被评价不好看，各种工程可行性问题、沟通能力和稳定的情绪都很重要。

5.9.4　吉利汽车设计管理的成功之处

通过申雪娟女士的分享和对问题的解答，我们了解到了吉利汽车的造型开发流程、各环节的评估审定标准等。在汽车设计和开发的过程中，吉利汽车对于每个环节都进行了清晰、明确的划分和说明，正是由于这样的严格与清晰的设计管理，才能使得汽车开发有条不紊地进行，并且高效率、高标准地输出设计。对于项目团队管理，申雪娟女士以自己切身经历的案例给我们介绍，言简意赅地说明了在她所管理的项目的设计管理心得，也强调了多部门协作的重要性。总而言之，上层设计管理策略明确，中层设计管理战术得当，基层的设计协作进行顺利，这便是吉利造车设计管理成功的秘诀。

5.10　冉攀：引领高校与企业共建设计“桥梁”

企业不仅仅是一个商业有机整体，在现代社会，企业越来越需要与学校、社会面融合，在这一过程中，政府所起到的作用是至关重要的，冉攀先生作为重庆市工业设计促进中心副主任，一直致力于推进重庆企业、高校之间在设计领域的互动，近年来通过各种产业实践活动或比赛大力增强校企合作的合作基础，提升双方合作价值，积极组织并参与其中。因此，为了探究政府层面对于企业或高校设计管理的不同见解以及促进校企合作的内在逻辑，我们采访了冉攀先生，通过采访的形式了解了设计管理的其他层面。

图 5-41　冉攀

个人简介（见图 5-41）：

重庆市工业设计促进中心副主任

5.10.1　重庆工业设计产业生态链

问：您认为目前重庆工业设计的产业现状是什么样的？

答：目前，重庆作为工信部评选的首批工业设计示范城市之一，工业设计在中西部处于发展前列。在企业及院校的共同努力下，重庆工业设计行业呈现三个发展特点。一是人才体系持续完善，在全国率先建立完整的工业设计评价体系，开通工业设计专业职称跨省申报通道，畅通了设计人才职业发展通道。二是服务体系不断强化，形成“总部基地＋区县分中心＋专业中心＋配套资源池”工业设计服务体系。三是生态体系日益健全，通过引进大批工业设计专业企业，搭建多个集聚发展平台，全市工业设计全产业链基本形成。截至2022年底，全市建成10个国家级、101个市级工业设计中心，另有22个国家级工业设计中心和1个国家工业设计研究院在渝设立分支机构。市政府出台《重庆市创建“设计之都”行动方案》，提出以国家工业设计示范城市建设为基础，创建联合国教科文组织创意城市网络“设计之都”，为工业设计发展“添把火”。

5.10.2 设计管理的外在与内涵

问：您认为设计管理在企业中有何价值？

答：从产业角度来看，现在的工业设计内涵与外延都发生了很大的变化，提起工业设计，并非仅仅是对产品外观的设计，而是一种策略性解决问题的方法。所以我个人认为，设计管理更多的是设计能力及设计思维在企业中整体应用和引导，设计管理的发展相对而言还是需要得到企业，尤其是企业老板的重视，目前一些企业拥有了设计部门或设计中心，像大家都熟悉的长安汽车，拥有独立的造型设计研究院，此外还有大江动力和品胜科技等中小企业，通过对设计管理的重视，带来产品竞争力甚至企业文化的整体提升。

问：您认为哪些能力和素质是管理人员必须具备的？

答：我们认为当前设计管理人员必须具备整体解决方案的能力。因为现在的工业设计不能只停留在针对某一产品单纯的外观和造型进行设计，而是系统的，融合了技术、用户、商业、文化等多种要素的设计。管理者至少要具备一定的整合能力以及管理者的一些基本素质，一些设计师可能比较个性化、比较创新，身为管理者也要对此有一些针对性措施，达到规范管理目的的同时，更多引导和激发设计创新。

5.10.3　校企合作的促进方式

问:从政府的角度出发,如何组织校企共建,并提高各方参与度?

答:目前而言,我们推动企业和高校之间联动协作主要有三个方面。第一是从培养人才的角度,通过校企合作来培养一批了解和熟悉产业的准设计师,比如设计游学等。同时依托高校这一平台来提升企业设计师的素养和能力。第二是推动产学研融合,使高校的设计团队介入企业之中,加强高校设计成果的转化,提升企业的设计活力。下一步会面向全市动态征集设计需求,形成一个重庆制造业设计需求目录。通过发布设计需求目录来推动企业与高校之间更加紧密的项目交流,让高校的设计团队能够参与到企业设计项目中,资源共享、优势互补。第三是开展工业设计强基计划,引导高校、企业联合开展产业基础研究课题。图 5-42 为重庆市工业设计促进中心组织的游学活动。

图 5-42　重庆市工业设计促进中心组织的游学活动
(包括川渝两地的各大设计公司)

5.10.4　设计管理引领高校与企业共建

近年来,政府管理部门在推动地方产业经济的设计创新、促进校企合作方面还是做了不懈努力,对于创新环境的构建、搭建企业和高校之间的链接,做了不少工作,前几年的设计领军人才培训、工业设计游学活动、设计师进校园/进社区活动、智博杯—天府宝岛杯设计大赛联动都是重庆工业设计促进中心精心打造的品牌活动,企业也应站在更高的层面思考问题,不断探索校企合作的新路径与方式。通过校企合作增强企业内部设计的活性,使企业产品紧跟时代,更年轻化。

5.11　付立平:好项目的猎头者

当今社会,企业在开发与售卖传统产品时往往会遇到诸多问题,比如产品开发人员与市场营销人员过于分离,产品开发与销售不同频、产品开发中没有与规模用户进行零距离沟通,导致很多无效开发等,这就要求在新的市场环境下,企业与项目负责人必须对于消费者需求有着敏锐的感觉,并通过新模型新方法来不断紧跟市场需求。作为资深的小米生态链谷仓学院负责人,付立平先生在工作之中积累了诸多对于项目孵化、企业发展路径、产品设计赋能的深刻且独到的个人见解。无论是对于企业还是设计管理者而言,都有着十分重要的借鉴意义。

图 5-43　付立平

个人简介(见图 5-43):

重庆市设计驱动型企业研究中心执行主任

小米生态链谷仓学院重庆负责人

厚天资本合伙人

重庆交通大学管理研究所特聘研究员

5.11.1　设计驱动型企业的竞争优势

问:您认为设计驱动型企业具备哪些特征?您所负责的重庆设计驱动型企业研究中心是在什么样的背景下成立的?

答:设计驱动型企业是以设计创新为核心驱动力的优质企业,是一个地区和国家设计创新活动的核心主体,他们高度重视需求洞察和用户体验,把设计创新贯穿于企业产品研发、生产制造、品牌塑造、市场运营、客户服务和价值观建立、战略发展的全流程、全体系,充分释放设计创造力,整合应用新技术、新材料、新工艺、新模式,为用户创造高体验的产品和服务,并高度重视科技与人文、自然的协调统一,其设计不仅仅是在企业的执行层面,更是在企业顶层架构上(如图 5-44)。比如苹果、戴森、小米,以及众多小米生态链企业都是设计驱动型企业的典型代表。小米自成立以来,始终是将设计看作企业发展以及企业内部问题解决的重要工具。重庆设计驱动型企业研究中心主要是基于《重庆市创建"设计之都"行动方案》这一文件推动的，为了迎合创新驱动发展战略，重庆很早就开始重视设计在企业之中的重要作用。拥有一批以设计创新为核心驱动力的优质企业，是一个地区和国家创新能力的重要表现，为了更好地贯彻落实并且打造重庆"设计之都"，培养和推动一批当地设计驱动型企业的建立，重庆设计驱动型企业研究中心应运而生。

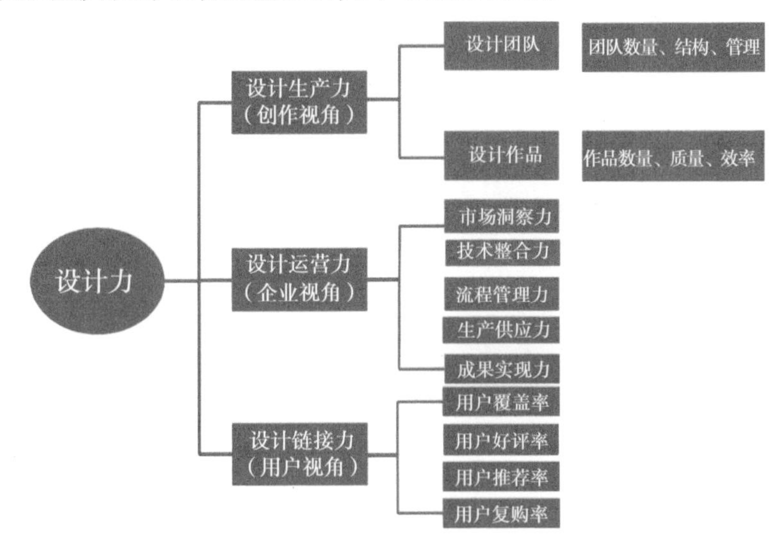

图5-44　设计驱动型企业设计力构成（受访者供图）

问：您认为企业如何成长为设计驱动型企业，设计管理对于设计驱动型企业有怎样的价值？

答：首先企业董事长、总经理、副总理等企业决策层要高度重视设计创新在日常企业管理之中发挥的作用，从战略层面构建企业设计能力提升体系，加强设计思维、设计领导力等专业学习，积极参与设计驱动型企业家高层培训，争创设计驱动型企业家工作站，把提升企业设计创新能力作为"一把手工程"贯穿企业全流程执行。在企业内部构建理念，培育企业设计文化驱动力。其次企业方面要以设计思维优化公司运营，提升公司的设计成果转化率。这样才能成为良好发展的设计驱动型企业。身为设计驱动型企业，内在的便会重视设计与设计管理，因为企业发展的内驱力是设计，企业存在的基础与前提是设计，企业产品转化率的保证也是设计。因此设计驱动型企业离不开设计也必将重视设计管理。图 5-45 为设计驱动型企业内容力构成。

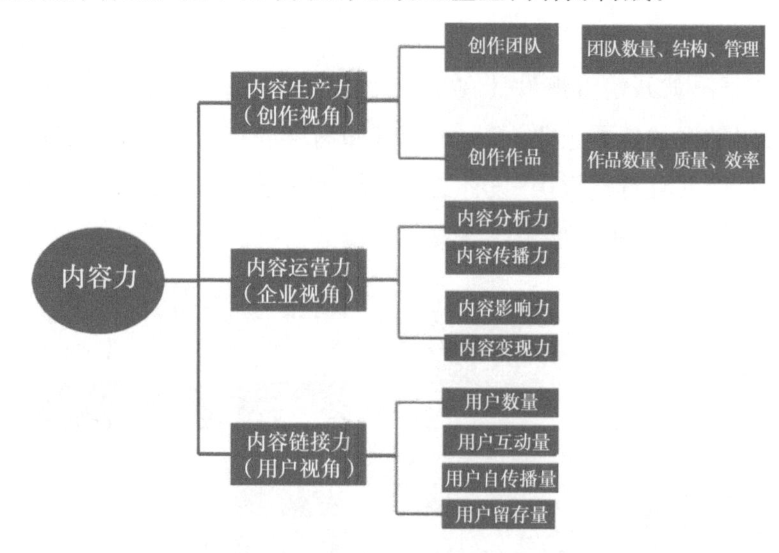

图 5-45　设计驱动型企业内容力构成(受访者供图)

问:设计驱动型企业内部设计管理是怎么样的?如何提高设计管理水平?

答:设计驱动型企业的内部往往采用设计前置战略,将商品设计交由设计师负责的时代已经过去。如果经营管理阶层对设计没有明确的想法,不仅无法获取盈利,而且可能危及公司的生存。设计驱动型企业内部从上到下都十分注重设计,管理层在设计项目中也会进行一定的设计思考。在设计驱动型企业之中,设计管理大致分为五个维度进行,设计战略维度及设计投入维度通过执行层转化提升为设计影响和设计效益维度。其中枢纽是设计管理层。设计战略和设计投入通过管理层优化进而增强设计效益与影响。因此提升设计管理水平也需要从执行层这一枢纽来进行,首先要提升需求沟通能力,因为只有准确的需求输入才能保证设计输出的准确性。首先要了解需求来源,确认需求目标,了解需求背景;然后从设计的角度,从用户角色、场景的角度重新审视需求,为产品经理提供一些建议,弥补需求的不足,推动产品优化方案。其次是项目资源分配管理水平,确保需求输入准确后,如何正确地分配人力物力资源推动设计项目的良好进行是管理层必须掌握的技能。图 5-46 为企业设计能力(EDC)五维成长模型。

问:在您的观念中,设计驱动企业的成长,需要具备哪些方面的管理意识?

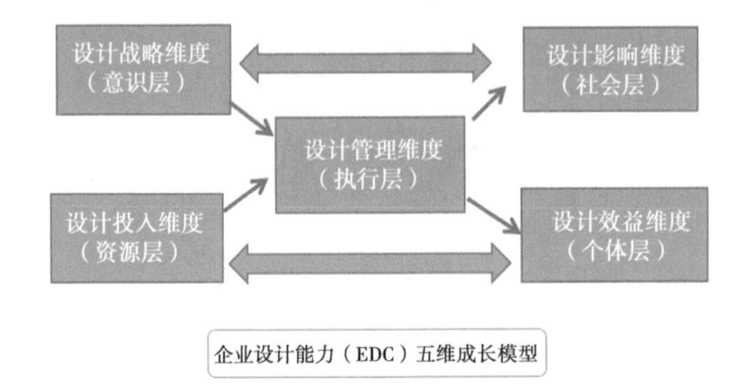

图 5-46　企业设计能力(EDC)五维成长模型

答：设计对于完成企业使命至关重要，而成功的设计来源于有效的、高水准的设计管理。企业进行能够满足用户需求的产品和服务的开发，首先要抓好设计管理这一关键环节。在设计驱动型企业中设计管理更为重要，是设计驱动型企业得以运行的核心，它能够帮助企业正确制定设计战略。设计管理的一个重要目标就是协调企业资源，制定适合企业发展的设计战略。确定企业的设计战略目标，就是要在企业战略的指导下，分析设计开发前景和目标，通过用户观察和市场预测以及社会、文化、经济和技术等因素的分析，确立产品开发机会的缺口和产品开发的方向。设计管理的组织与活动，能够在设计战略的具体制定过程中，确保人员的合理配置和任务的具体执行。设计战略的中心内容，就是确定和协调设计资源、管理设计过程和促进企业创新文化的形成。有效地整合优良技术、更好地连接消费者、提升企业对市场的洞察力、优化项目进行过程中的流程，以此来更好地促进企业的产品和服务的开发。设计管理的首要任务就是有效地管理企业的产品开发过程。通过设计管理对设计资源的有效组织与协调，可以加快企业产品或服务开发与设计的进程。设计管理可以利用以用户为中心的设计思想为企业设计战略的实现提供坚实的基础。有效组织设计人员理解用户需求，将用户的愿望与价值观念注入新产品或新服务的开发过程中。此外，设计管理应该通过设计管理活动加强设计人员与技术人员、营销人员的交流互动，以确保设计开发活动的顺利进行。设计是企业的一种战略性资源，好的设计管理能够积极有效地调动设计师的创造性思维，把市场动向与消费者需求转换为新的产品，以更合理、更科学的方式影响和改变人们的生活，同时为企业创造更高的经济价值。

5.11.2 爆品打造离不开需求导向

问:无论是在小米谷仓还是后面的设计驱动型企业研究中心,对于爆品的打造您有着丰富的项目管理经验,您认为爆品的成功打造一定会具备哪些典型特征?

答:应该具备三个特点吧,一是挖掘用户需求。但凡是从事产品售卖业的,都离不开一个核心要点,那就是要以人为本,以需求为导向,也就是要围绕客户的需求和意愿来进行。大多数营销失败的案例中,都是因为没有抓住用户的需求,或者只看到了用户的表面需求。二是提炼产品卖点。了解用户需求之后,针对用户需求对自身产品的卖点进行提炼。三是做好产品包装。包装是一个产品给消费者的第一印象,其中更是包含了公司一部分的企业文化和企业价值,一个好的包装不仅可以帮助企业在社会树立良好形象,还可以让产品与消费者在情感上建立联系。一般爆品正是做好了以上三点才能使自身脱颖而出,进入广大消费者视野之中的。图 5-47 为爆品打造一私域流量图解。

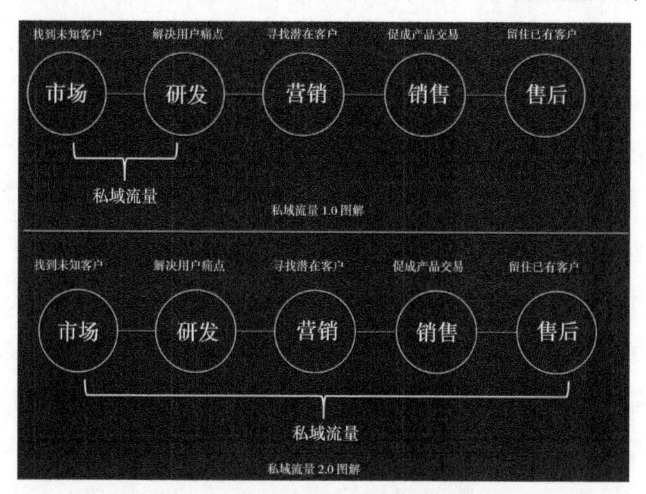

图 5-47 爆品打造一私域流量图解

问:您认为设计管理会为企业带来什么价值?

答:设计管理是提升企业产品竞争力的有效手段,它其实是一个综合性复杂的过程。在某一具体设计项目中,每一个节点和环节,设计管理都在发挥着作用。在如今设计相对发达的社会中,仅仅拥有先进的科学技术并不一定能够保证产品在市场竞争中的优势。使一件产品脱颖而出的关键在于,产品与消费者的使用目的、心理生理需求以及个性是否相契合。而能让企业做到这一点的正是设计与设计管理。也只有做到这一点,企业的产品才有一定的受众和用户,有一定的竞争力。因此我一直在提一个东西叫作设计前置,领导在思考问题时就应该用到设计管理的方法论和设计的理念,把设计管理和设计真正当作一个适用的工具。

5.11.3　设计驱动好项目的产生

付立平先生在本次访谈中的分享内容无论对于创业者个人或企业都有着许多可以值得学习借鉴的地方。作为一个研究中心的负责人,他对于商业和管理体系更具有学术系统性,以设计驱动为工具方法,从产业链和驱动力的角度,让我们认识了创新给企业和产业带来的活力,提出设计力、内容力的几个维度,对于最近流行的私域流量、爆品打造等也分享了自己的心得,给未来企业创新发展,打造具有生命力的创新产品,提供了方法上的参考。

5.12　采访小记

随着时间的推移,设计行业本身在发生着快速的变化,设计管理的主流定义先后经历了几次重大的变化。伴随着移动互联网的快速发展和共享经济的兴起,设计思维的应用范围不断扩大,设计的重要性也日益凸显。这些变化导致了服务设计的兴起,品牌体验的途径更加丰富快捷,人工智能与设计的交融改变了设计工具,颠覆了设计思维的内容和创新的方向。

来自设计管理一线的企业家们,分享了自己的管理经验,未来的设计更加关注人类的真实需求,注重可持续发展,致力于为人类创造更美好的生活。与之相伴的是,早期的设计管理主要关注项目管理和通过设计提升产品的附加值。但随着时代的发展,越来越多的企业开始应用设计管理方法来提高相关活动的质量和效率,使设计更好地与企业管理流程融合。设计管理成为企业以创新为主导的经营管理方法之一,科学有效的设计管理是企业进行设计创新的基础、保障和助推器。

第 6 章　展望与思考

6.1　设计管理的未来展望

随着管理学在设计领域的发展逐渐走向成熟，更多企业把设计项目管理作为企业管理中的一个必不可少的部分。但是设计管理作为一门新兴学科，其发展历史较短，相较于欧美日等发达国家和地区，我国对设计管理的研究与实践才刚刚起步。不过，这也充分说明我国设计管理未来的进一步发展有着更多的可能性，产业的进步与升级也会伴随而来。

6.1.1　设计管理的未来发展空间

中国通过几十年的努力发生了巨变。从 1975 年改革开放到加入国际世贸组织，我国在世界经济领域逐渐开始有了话语权。中国制造业有着劳动力成本低、基础设施完善、生产比较集中等优势，2022 年世界杯过后中国制造再次火上热搜，中国制造的城市建筑、公共设施、交通工具、体育用品、大赛周边纪念品等在卡塔尔世界杯举办期间大放光彩。但是，如何构建一个能快速支撑创新与原创的系统，如何对设计知识进行高效的管理，从而促进国家经济增长，仍然是一个迫切需要解决的课题。设计管理是在项目过程中，有创造性及合理性地进行整合、协调管理设计资源和活动，从而增加设计附加值。在此背景下，未来的产业发展中，大家都开始重视设计管理在我国自主品牌创新过程中所发挥的作用。国家层面成立了产业创业研发中心，产业层面有专门的组织机构，如生产力促进中心、设计产业服务中心等，行业层面各种行业协会也牵头成立创新研究院，很多企业内部也相继成立了技术中心或研发中心，给设计管理提供了生存空间和土壤。为了让设计管理能够在国内快速壮大并付诸实践,我国设计管理教育系统已经慢慢开始搭建。

6.1.2 设计管理未来发展的关注点

一般来说,设计项目是由组织单位或者客户个体投资,由设计师个人、设计团队或者专门设计公司根据要求来开展设计工作。客户对设计团队的关注点在于团队对设计的理解能力和问题解决能力。在这样的背景之下,设计管理将未来发展的重心聚焦在创新能力提升和对设计任务的快速响应方面,从管理角度将设计环节上升到企业的商业战略高度,重视设计也相信设计能带来更多的商业价值。我国虽然是公认的制造大国,但在自主创新领域还有很多路要走,尤其是经济转型背景下,如何聚焦体验、细分市场、精准服务定位等缺少核心技术优势。以消费电子产品行业为例,国内的消费产品在某些领域可能拥有与国际主流产品相同水准的科技含量,但无论是产品的造型还是核心技术,缺少真正具有全球范围内的引领性产品,在品牌溢价率方面远低于国际知名品牌。造成这种现象的原因,很大程度在于在模仿的过程中,企业没有明确的设计战略,需要管理层从宏观的设计系统角度规划产品战略,做好长远的可持续性规划。设计是一种有价值的产品开发生产过程,其目的在于创造商业价值,提高消费者对产品的满意度。成功的设计策略应促使商业目标得以实现与达成。设计管理策略需要通过设计让企业获得长期的收益,优化项目流程,控制设计成本,并通过创新设计提升商业附加值。

6.1.3 对设计组织系统的再审视

设计项目的进行需要整个团队的合作,也需要公司各个部门之间进行沟通协作,这就要求设计师对企业品牌战略、行销及设计项目实施及运作了如指掌。设计师们在展开设计时,不仅要解决实际设计问题,还需兼顾设计商业需求,如开发成本、市场反馈、技术的可实现性等客观约束条件。需要设计师站在管理者的角度思考项目的研发风险,而不仅是从个人审美的角度去评价方案的造型问题。另外,企业决策者们在管理过程中需要加强对设计的理解,部分企业家在评判过程中,应该站在对设计充分理解的基础上,因此,需要大家共同站在一个更高的视角来评价整个项目。

6.2 创新驱动下的设计管理发展趋势

党的二十大报告中指出："必须坚持科技是第一生产力、人才是第一资源、创新是第一动力，深入实施科教兴国战略、人才强国战略、创新驱动发展战略，开辟发展新领域新赛道，不断塑造发展新动能新优势。"加快推进创新驱动发展战略是我国科技高水平自立自强，发展竞争力与持续力提升的重要路径。

6.2.1 产业发展趋势与设计方法的改变

如今的产业发展更倾向于全面系统的解决方案设计，设计的变迁转向"服务系统设计"，也就是通过打造完整的商业系统，从而形成独有的竞争力是当今企业取得商业上的成功的关键；另外，互联网、通信、虚拟现实技术的发展，虚拟世界要和现实世界多加联系，对人与物关系的讨论成为设计的主要问题，人机交互主要集中在智能化交互、多模态一多媒体交互、虚拟交互和人机协同交互等方面，作为沟通人机桥梁，交互设计在设计中的地位越发明显。同时，随着设计问题全球化思想的普及，设计管理也开始转向"社会创新"，如图 6-1 所示。

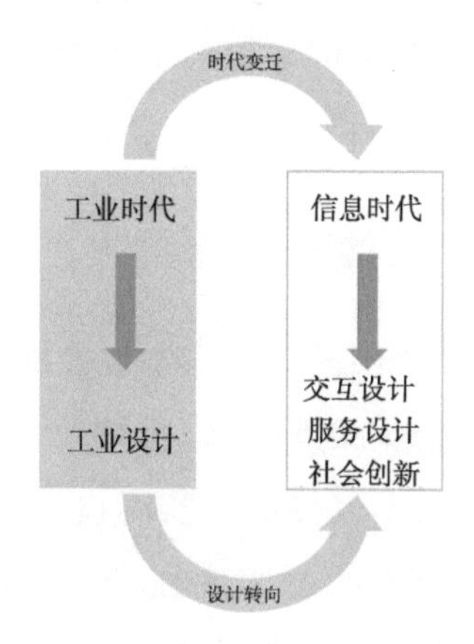

图 6-1 产业发展趋势

实现产业转型升级，"工业 4.0"和"中国制造 2025"这两个概念是必不可少的，工业 4.0 借助了数据流动自动化技术，从规模经济转向范围经济，以同质化、规模化的成本，构建出异质化、定制化的产业。主要利用互联网技术来降低产销之间的信息不对称，加速其相互联系和反馈，“互联网＋制造业”的智能设计与生产，也孕育了大量的商业模式，《中国制造 2025》是国务院于 2015 年 5 月印发的部署全面推进实施制造强国的战略文件，强调围绕中国制造业的产业特色，通过完善制造业技术创新体系，让当代服务业和走在前面的制造业结合转型升级，推行产业的数字化、智能化、网络化制造能力改造，增强设计能力从而提高产品品质，培育具有国际竞争力的国内企业群体，发展优势产业，如图 6-2 所示。

图 6-2　产业转型升级

随着产业技术的进一步升级与融合，设计方法和管理意识也进一步加强，“工业 4.0”延伸发展为“工业 5.0”，我国也在“中国制造 2025”的基础上迈向“中国制造 2050”的发展目标。欧洲联盟于 2021 年 1 月提出《工业 5.0：迈向持续、以人为本且富有韧性的欧洲工业》，相对于工业 4.0 的“数字化”转型趋势，工业 5.0 开始涉及欧洲工业转型、生产流程加速和工人角色改变，这个过程强调工业生产对地球生态的尊重与维护、将工人的利益放在整个生产过程的中心位置，同时也更加关注其社会价值和生态价值，从而使工业达到就业和增长以外的社会目标，成为社会稳定和繁荣的基石。中国制造 2050 的根本目标是：坚持走中国特色新型工业化道路，以促进制造业创新发展为主题，加强工业基础能力建设，提升综合集成水平，健全多层次、多类型的人才培养体系，推动产业转型升级,实现了制造业从大到强的历史性跨越。这些过程逐渐形成诸多利益相关者共生共存的设计生态体系,日本的工业化发展道路,也是走在世界前列,在整合工业 4.0 的技术基础上,将工业生产的模式和资源,应用在民生建设之中,将互联网、大数据、人工智能、云计算等技术用于医疗、行政、金融、市民服务等领域,逐渐形成日本的社会 5.0 模式,如图 6-3 所示。社会 5.0 模式也离不开这些产品在设计开发过程中的设计管理创新升级。

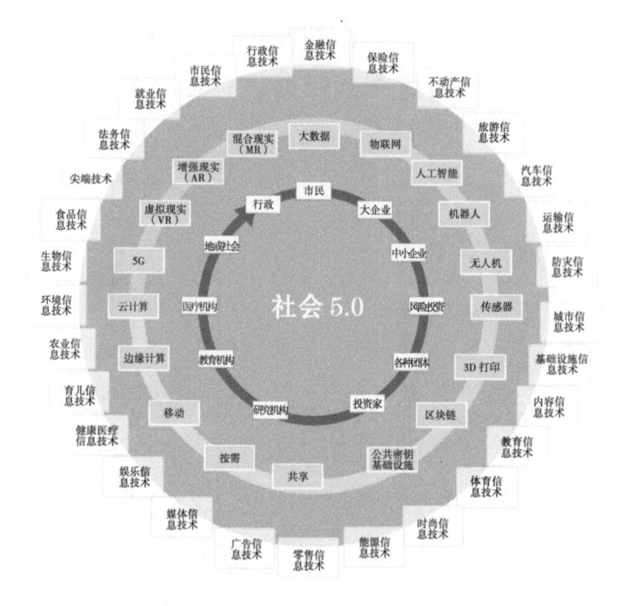

图 6-3　日本基于工业 4.0 提出的社会 5.0 概念

在全球化产业转型升级的背景下,通过全球供应链、产业链、价值链微笑曲线(如图 6-4),可以看出产业的经济收益是跟着生产流程展开的,在进行生产经营活动的时候,必须进行具体的设计与设计管理,创意创新的成功,最为直接地体现在商业性标志,即拥有了品牌建立,根据该品牌完整设计规划,最后制造产出成熟的商品,然后下一步进行相关产品商业化转换,其中包括品牌营销、售后服务等接连的市场扩张。

技术的不断发展,带来了设计方法的革新,现代的设计基本实现了传统设计工具到数字化技术的使用转换,设计师们可以实现远程的协同工作和虚拟情景化呈现;资源库的应用上,开始由海量数据到数据挖掘,设计师通过多种方式进行关键词精确挖掘,实现精准定位;设计目标也从关注功能到关注用户

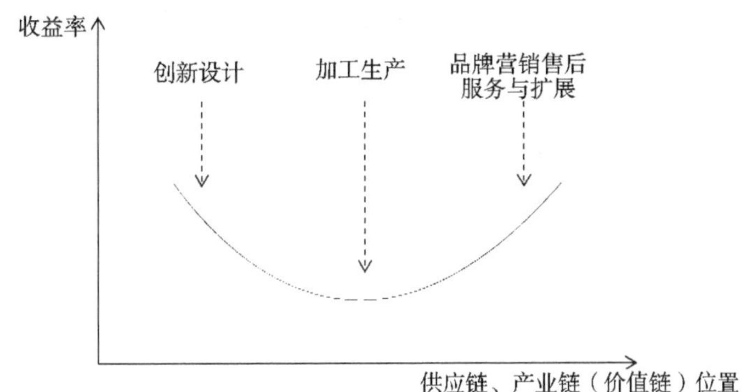

图 6-4　产业经济收益率与生产流程的关系

本身，情感化设计、无障碍设计、用户体验设计等命题开始成为设计的主流；设计范畴的扩展，设计内容从产品设计到服务设计。在产业转型升级的经济时代，设计师需要有更全面的设计能力和管理意识，如图 6-5 所示。

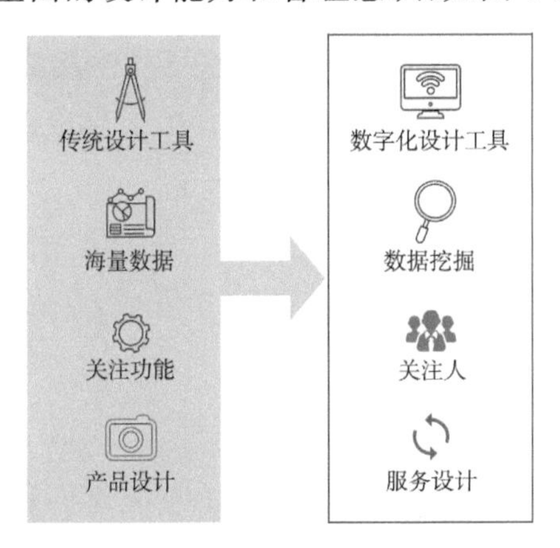

图 6-5　设计方法的革新

6.2.2　现存的挑战与机遇

在这个产业转型升级，挑战与机遇并存的时代，信息化技术的发展、商业形态的改变、设计内容的变迁、设计师角色的转变，都给企业发展、设计管理带来了不同的挑战和机遇。

1. 设计管理的挑战

新时代设计管理的内容、手段和目标变得更加多元，最终的效应也是多元共振的。因为对象是“复杂问题”,所以设计要解决问题的方法就需要是协同的,这将导向到一个多元系统交叉的协同网络中,而如何协调、构建、运作这样的协同系统,就是新时代“设计管理”面临的新挑战。信息化时代的来临对设计管理提出了新的挑战,如何通过信息化手段建立有效的设计管理系统并与行业需求充分融合是难点。面向产品生命周期的产品数据管理、用户体验和满意度,都是设计管理过程中需要去思考和应对的。

传统的商业形态,设计强调按照人群细分用户“画像”。而如今新兴品牌的蓬勃发展,认为年龄不是界限,他们所创造的产品的用户群是从“年轻”到“普世”的。不受限制的用户定位使得它们的产品能够面向更广泛的用户,从设计战略来看,这对于企业更具价值。服务经济时代的设计从关注造物转向关注系统和模式创新。服务设计和设计管理之间存在天然的协同作用,它们对于成功有三个共同的基本原则,即以用户为中心、共同创造和整体设计,如图 6-6 所示。服务设计语境下的设计管理将更关注战略、流程和组织创新,此外新技术带来的系统创新机会也是设计管理的关注重点。

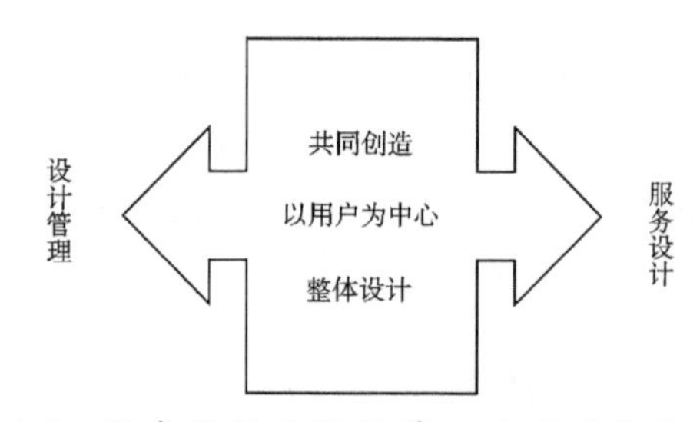

图 6-6 服务设计和设计管理共同的基本原则

如今,设计师与设计公司由单一、固化与有形范畴,步入了纷繁复杂、动态与无形范畴,如服务设计、生态环境设计,社会创新等。设计管理需要综合性的知识应用,设计师也需要有更多的学科背景知识,适应设计师角色的转变是未来设计管理的又一大挑战,如图 6-7 所示。

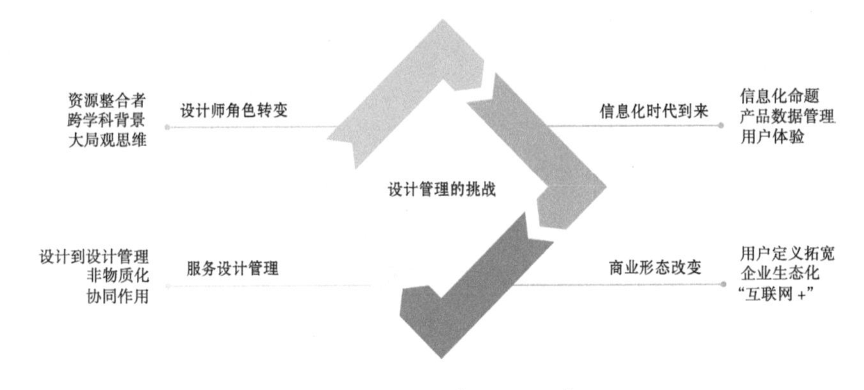

图 6-7 设计管理的挑战

2. 设计管理的机遇

科技的迭代与进化为设计管理提供一定的契机。设计师需要在认知技术进化的基础上开展设计工作。人工智能产业快速发展、5G 时代已经来临，这些都在不断影响和改变着整个世界，大数据能够帮助人类进行个性化的商业交易，能够帮助人类更加直观地了解自己，能够让静态的地图服务、动态的交通管理越来越方便人的生活，能够让城市生活充分地智能化等。依托数据的未来生活，通过数据挖掘的方法来解决面临的社会问题，未来的设计管理都需要运用大数据。

另外，共享经济理念和技术的发展，拼车、短租房、众筹、共享单车等产品服务改变了人们的生活方式。“共享”是服务的核心词汇，用户所购买的不只是一项产品，更是这个产品及背后的服务，互联网经济借机蓬勃发展，消费者也从中获得了便利。社会和生产资源得到了充分利用，也为设计的目标、对象、模式以及方法提供了更多的平台和空间。

同时，在多学科交叉融合已成为我国现阶段创新素质教育与产业发展战略重点的背景下，通过跨域性联合和学科知识要点的有机渗透，构成教育发展的新路径。设计管理需要以价值链为依据，链接科学、艺术、商业和社会，从而促进学科融合。良好的设计管理，犹如一支军队里的指挥官，起着承上启下的关键作用。设计指挥不仅应该会行兵布阵，还应该对作战有着深刻的理解，且有较强的亲和力与领导力，起到“有效链接”的作用，就相当于设计项目中的项目经理，他的科学管理与领导有助于打破学科和专业之间的壁垒，加速商业和组织进化。

6.2.3 未来趋势展望

信息社会中,设计知识在应用情境中组织和生产,知识网络中多个学科通过连接点增加,设计的重心已经从 50 年前注重基于技能的单一知识,发展为系统整合下的知识体系,再到如今的跨学科知识的整合。未来经济社会的发展,更加重视从封闭式创新转向开放合作创新、从关注企业转向关注城市和社会、从有形设计转向无形设计、从面向项目层到社会层的设计管理模式等的转变,如图 6-8 所示。

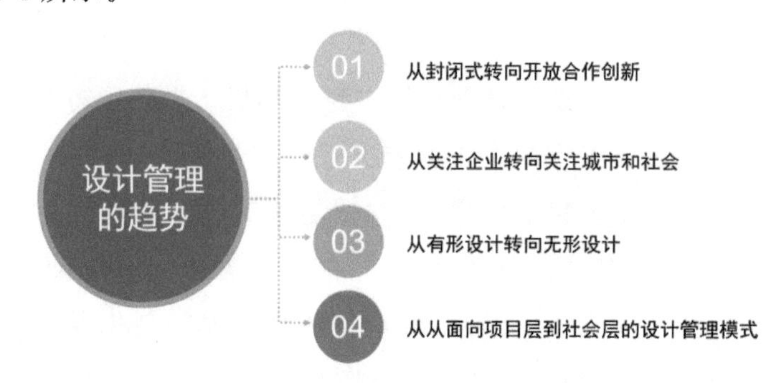

图 6-8 设计管理的趋势

1. 从封闭式创新转向开放合作创新

在跨学科合作的过程中,设计思维能够被人文学科与技术工具所分享,可以连接不同的知识系统。这种模式为设计管理未来发展提供了更多的可能性和灵活性。未来的设计管理是基于设计人才和组织进行的,设计管理人才需要拥有多学科、多背景、多形式的知识体系。

封闭式创新模式下,大部分企业认为保持竞争力的核心是保持对自身核心技术的排他性控制,无论是前期的策划、研发、设计,还是后期的产品开发制造并推向市场,都要求严格的技术保密。虽然在这个过程能够保证研发的独立自主性,但产生的价值是单一的,价值的大小也受企业边缘的约束,还需要消耗大量的研究设施和研发人员,伴随着研发成本高、人才流失风险等问题,如图 6-9 所示。

所谓开放式创新,就是要打破过去企业闭塞的界限,由外往内,导入更为

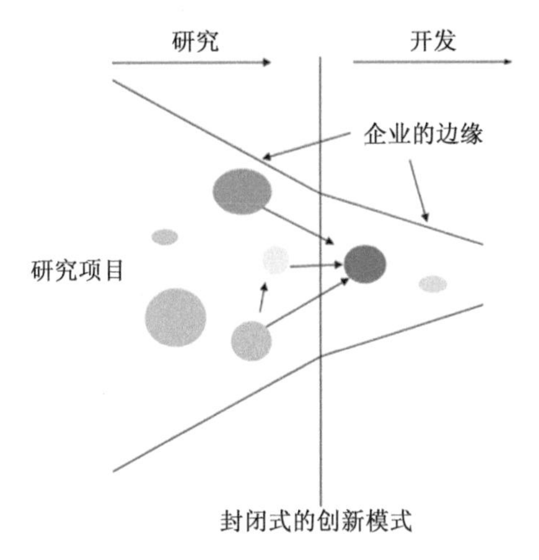

图 6-9　封闭式的创新模式

丰富的创意和活力。把企业内部闲置的，没有被利用的创新可以通过授权、技术转移和其他途径来共享于他人，帮助企业走向新的市场，从而拓展原有的市场范围，如图 6-10 所示。

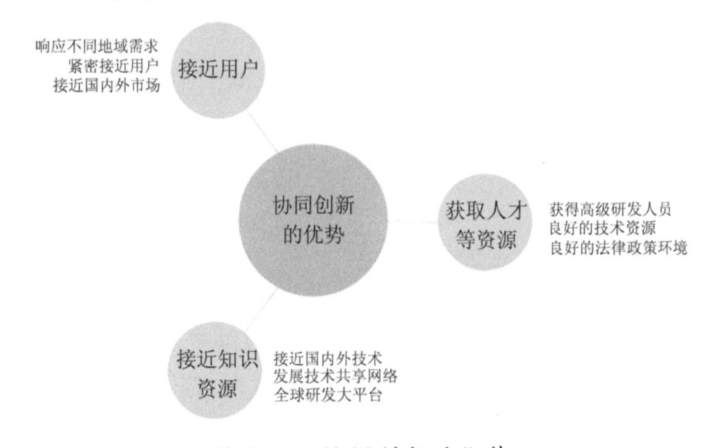

图 6-10　协调创新的优势

2. 从关注企业转向关注城市和社会

狭义的设计关注单一的节点创新，现代设计更关注系统的创新。设计范式转换后，对设计师进行了新的解释：设计师既是设计成果塑造者，又是设计中的实际组织者，他对设计的整个推进阶段已经有所规划，并引领团队其他成员进行资源整合，实现有效突破。

随着创新型社会的发展，设计管理的范畴一再放大，逐渐从关注企业与商业层面转向关注城市与社会。如近年来流行的京津冀经济圈、成渝双城经济圈等城市经济圈就是设计驱动社会创新的实践探索，其初衷是建立不同城市之间观念和创意资源的双向交互，政府、大中小型企业、设计行业协会、设计机构和各地高校通过多方合作，建立起开放、包容的创新体系，并成为这个城市平台化的创意力量。

在这个转向的过程中，设计管理也需要特别关注公共服务与企业化运营的矛盾，在发展的不同阶段要求公共服务和企业价值的平衡。当产业发展与政策发生变化时，地域设计运行系统如何主动应变，积极响应需要具有普遍适应性的操作方法。另外，需要做好人才和机制的大设计，抓住创意人才回流的大趋势，通过区域联动和主体意识的激发，有效解决地域局限性所造成的动能衰减和竞争力弱化等问题。

3. 从有形设计转向无形设计

传统设计是一种有形的设计，设计师们倾向于将设计的目标集中于产品，并依靠成熟的商业体系来从事设计服务。随着设计应用层面的拓展，用设计的思维方法来做无形的设计具有更大的空间和价值。非物质设计，是社会非物质化发展的结果，就是基于服务的设计，主要进行信息设计，其消费的是服务而不是产品本身。

随着大数据以及人工智能的发展，很多创意美工过程和基础工作将逐步被机器算法取代，也加速了设计向无形化转化的进程，因为人工智能无法完全代替人脑独立进行工作，对于审美规则、设计逻辑，需要人去主导和设计。设计管理过程中，探索人工智能机器如何与人类形成良好的合作关系，更加有效地推动项目实施，是未来设计管理应该不断研究的方向。无形的设计的关键在于“用户至上＋体验流程＋服务触点＋用户体验”，其特点是整体性强，多学科交融合作，共同完成一项多触点的复杂性项目。从有形到无形，是设计管理思维不断放大的结果，设计开始促进社会创新，形成设计驱动型企业。

4. 从面向项目层到社会层的设计管理模式

随着设计价值的不断扩展，设计管理的对象逐渐从项目层转向更加细分的层级领域，根据企业规模和项目大小，分为产品层、企业层、产业层和社会层，不同层级的设计管理有不同的特点，从管理对象到流程和组织，设计管理的模式逐渐多元化，如图 6-11 所示。

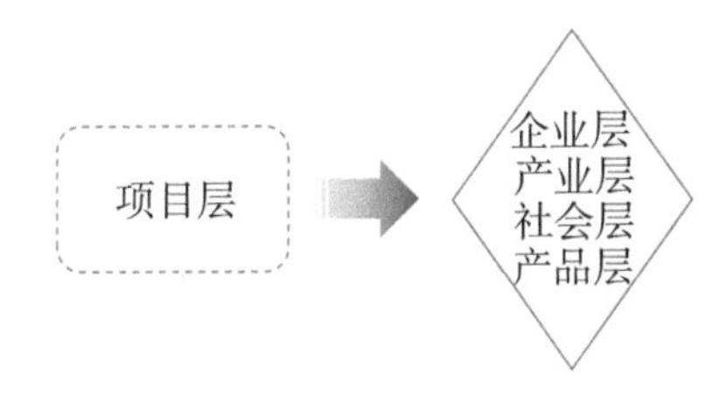

图 6-11　设计管理的对象的转变

(1) 围绕产品创新层面的设计管理模式

中小型企业每天面临着产品创新层级的问题，对产品进行创新，抑或是循序渐进的产品改良，对企业的发展均具有重要的影响。在这个层级的基础上的设计管理，主要需要解决的是技术、产品研发流程、品质监控、用户体验、价值分析等方面的问题，以及与产品开发密切相关的团队创新管理、资源管理和知识产权管理等。

(2) 服务于企业创新层级的设计管理模式

当企业达到一定规模时，在产品创新面前需要让位给旨在提高企业系统竞争能力的设计管理模式。大型企业间的竞争是比较复杂的，设计管理的重点应该放在产品设计的进步、整合品牌资源能力、品牌良好形象的树立，以及相关的企业管理模式改进能力、成本把控与品质把控能力等。其中，产品设计管理作为一项核心工作显得尤为重要。商业模式、产品风格、产品的更新换代和创新等问题在设计管理工作中处于关键地位。

(3) 赋能产业层级的设计管理模式

在企业规模扩大，市场占有率可观，并且在同行中已经颇具影响力，甚至很大程度上能够影响整个行业的发展方向时，企业设计管理要重视生态建设，制定可持续发展计划。同时，设计管理应该更多考虑如何营造企业良好声誉、巩固产业地位，可以通过搭建战略性架构平台、做好竞争长远规划、整合有关产业资源来逐步形成企业的绝对优势，之后进一步探讨今后行业发展的方向。

(4) 基于社会发展层级的设计管理模式

企业应该要与社会协调共同发展进步，不能只顾盲目追逐利益，也需要意识到自身应该承担的社会责任。企业的社会责任不仅表现为对员工、消费者和环境等利益相关方负责,而且体现了其作为一种价值创造主体的社会责任感。企业公民如何履行社会责任,通过建构商业生态网络中各利益主体之间的关系,实现社会责任承诺,会成为设计管理的新思路。

6.3 设计管理的思考

6.3.1 设计管理在产业实践变革中的思考

管理者对设计管理的理解会影响到企业的设计管理实践,各行业要认识到设计管理的重要地位及其价值,推进其专业化的发展。随着未来现代技术的普及、联通和赋权,设计和各项技术之间的学习、模仿借鉴也变得更加简单,因此能够使各企业的设计得以区分主要还是靠设计管理。单纯靠模仿学习很难使得设计管理体制与模式、设计管理文化转移,设计管理背后的管理理念、价值取向、组织制度和文化沉淀是决定设计创意品质高低的关键力量。优秀的设计需要专业性、技能化、独立式的设计管理作支撑,特别是设计什么?为何设计?设计为谁?如何设计?这些问题的答案并不取决于设计本身,而是取决于设计管理。创造理念、造物精神和有效的组织、科学的运营决定了设计的发展和设计产品的优或劣。一个优秀的设计管理师一方面要熟悉设计、了解市场,深刻明白设计服务的核心价值,另一方面要擅长管理。企业要把设计管理这一工作从复杂的行政事务中划分出来,使得设计管理职位在设计项目中具有管理实权,让设计管理者为整个设计团队、设计项目而服务。

设计管理除了本着改善人类生活和创造社会价值的目的,还要设计出符合消费者需求与社会审美的产品。设计不仅仅是对产品的外观进行创新设计,更需要系统考虑产品的功能、意义与价值等。设计的开展需要结构设计师、造型设计师、工程师们发挥各自擅长的专业优势,提供更优化的解决方案,在整个过程中,设计管理扮演的是一个沟通衔接、统筹和整合资源的角色。设计管理不仅为设计提供产品应用场景的数据和前景分析、资料收集的路径、政策支持、人才与物资支持等层面上的最佳方案,还记录并督促设计的进展直至成熟的全过程，最后对其进行总结，这就是在设计管理组织下的设计创新模式，这样的设计创意更具有可行性，也更稳妥全面。

6.3.2 对设计管理中各个环节的思考

设计管理贯穿于产品/服务的整个设计开发过程中，它包括了前期的战略管理、程序管理，中期的设计展开系统管理，后期的质量管理和知识产权管理。

1. 企业设计战略管理

企业应该靠自己长久积累形成自己的经营战略。设计战略是企业经营战略的重要的一部分，是企业通过设计这一资源来增强产品创新能力与市场竞争力，进而营造良好的企业形象。设计战略是企业针对设计工作的方法策略，也是对设计部门发展的方向性规划。设计战略一般包括产品设计战略、企业形象战略，还逐渐向企业营销设计、事业设计、经营设计等方面渗透，也更加贴近经营战略。企业经营活动中的一切工作都需要以一定的目标为导向，有计划、有步骤地展开和实施。对其进行管理，旨在实现各级设计规划的统一与协调。

2. 设计程序管理

设计程序管理又名设计流程管理，最主要的作用是有效监管设计项目推进过程，从而保证设计的进度不会过慢或过快。根据企业的性质和规模、产品类型及技术、目标用户、资金成本等因素的不同，对于设计流程的划分也有着差异，但基本上可以总结为几个阶段。例如英国标准局的“bs7000：1989”手册，将产品创新程序规定为动机需求（动机－产品企划－可行性研究）、创造（设计－发展－生产）、操作（分销－使用）、废弃（废弃与回收）四个阶段；而日本国际设计交流协会则将设计行为分为调查、构思、表现、制作、传达五个阶段。但是不管依照哪种来划分，都应该以企业的具体情况为依据采纳不同的设计程序管理。

3. 企业设计系统的管理

为了让企业设计活动进度保持正常、提高设计效率，设计部门的统筹管理要到位。不只是设计组织内部的管理，也包括对各个部门关系的处理。设计系统根据不同企业的产品的自身特性，在管理上也有相应的区别。从设计部门的规划情况来看，常见的有领导直属型、矩阵型、分散融合型、直属矩阵型、卫星型等形式。设置形式不一，体现着设计部门和企业领导在开发设计中与企业其他部门的关系及不同的运作形式。企业管理是一个系统工程，而设计阶段又属于其中重要的组成部分。不同企业要选择最合适自己的设计管理模式。设计系统管理也包含了企业中不同机构人员之间的配合，以及对团队中设计师的管理，具体可以通过制定奖罚机制等，促使合作与竞争并存，这样有利于激发设计师的灵感。

4. 设计质量管理

设计质量管理是指最终的产品可以实现目标计划中的各项要求与质量保证。设计阶段中的质量管理需要依靠清晰的设计流程，来对设计过程中各环节进行考核评价，这样既发挥了监督和控制作用，又能通过在这一过程中各成员之间的探讨集众智，从而保证和提高设计质量。设计成果转投产后的管理，对于保证设计得以实现具有十分重要的意义。设计质量和进度控制是其中一个非常重要的方面，也是保证设计成果顺利转化为生产力的重要环节。设计部门应和生产部门密切协调，并以某种方式对生产过程和最终产品进行监管。

5. 知识产权的管理

在知识经济时代来临的背景下，知识产权对于企业的发展与经营具有特别重要的价值意义。知识产权作为一种无形财产权，是企业核心竞争力之一，已成为企业参与市场竞争的有力武器。而且伴随着各国对于知识产权的保护不断增强，该体系的发展和应用也日趋完善。企业产品开发中，有时候会自觉或不自觉地侵犯他人的知识产权。尤其是一些高科技企业，由于没有专门的知识产权管理部门，致使知识产权流失现象相当严重。所以企业要配备专业人员对知识产权进行管理。对于设计工作者而言，必须先确保自己的设计具有创造性，避免使用过多类似的元素，从而导致出现侵权的行为。要有专门人员收集信息资料，并于设计中某一环节进行审查。设计完成并进行检查以后，应该尽快去国家知识产权局申请专利，以使自己的专利得到保护。

6.3.3 设计管理的实践思考

设计管理是从管理学中扩展出来的一门新兴学科，它是不断发展进步的动态过程。产品长期存在的不可替代性，是每一位设计师应该思考的问题，设计是为了创造价值，我们要以系统思维来开展产品商业活动。设计管理主要指企业内部经过正式而严格的手续，对有关活动进行安排，并且涉及将设计付诸实际执行的一个过程。它包括从产品设计开始到产品制造结束的全过程。这一过程具有动态性和发展性特征。设计管理者与设计对象之间存在着复杂而又微妙的联系，他们相互影响、相互促进。设计管理者要统筹组织、配合、传递、整合与其他各个方面的总体关系，该波纹效应是涉及其中不同实体间的联系，对于设计管理者而言，要应对各种各样的问题是比较有难度的。

在当前的商业环境下，并不是所有的企业都能正确地理解设计管理，很多企业在面对设计时仍处于一种认识不够全面清晰的状态。一方面，以技术与制造为主的传统观念更加注重成本与产业规模的扩张，却忽视了以设计来增加市场利润，以及得到消费者的认同。企业需要将产品设计与品牌推广相结合，才能真正实现差异化竞争优势。另一方面，在多数企业家看来，市场营销与技术开发的重要性，远远超过了对用户需求的理解与挖掘，他们重视市场数据调研与市场分析，设计管理意识尚未提升至企业战略层面。设计管理要重视设计活动的独有特质，并将人性与艺术、顾客与商业融合在一起。在现代市场环境中，设计管理能帮助企业实现更高的价值目标。在市场竞争日趋激烈和复杂的情况下，设计管理利于品牌的知名度、推广度的塑造。企业通过设计管理，从产品研发到生产过程进行系统规划，建立一套完整的管理体系以确保品牌建设的高效性，并协调好企业各个部门之间的关系，将设计推广的重心集中到品牌上，由此带来更大的社会经济效益。

有效的设计管理可以为企业带来新的附加值。就创造附加值而言，员工的个人潜在价值一般包括其综合素养、对企业文化的认同感等，员工个人素养的提升将促进企业市场效率与产品利润的提升。有效的设计管理可以通过提升员工的素质为企业带来新的附加值。从市场定位看，设计管理也可以帮助企业了解消费者的需求，把握消费趋势。设计管理还能预先规划好企业发展的道路，帮助企业规避风险，少走弯路。

设计管理的具体实施可以理解为对产品设计项目各阶段的设计工作进行管理，又可理解为从企业经营的角度来管理设计。在设计管理具体实践中，一方面是以设计师为中心，计划和推进项目的进度，其在设计上更具专业性，对于项目的总进度也有着良好的把控；另一方面是以项目管理者作为领头羊，更加侧重于科学系统的管理。在科学技术不断创新的今天，势必推动着管理实践发生转变。企业管理者不仅需要顺应内部技术创新的需求，还要根据市场竞争来进行战略调整。

研究形成设计创新和管理创新的共同开发体，遵循以人为本的设计理念，将艺术设计、经济管理等构成产品的诸多要素，通过系统策划促使功能与形式相结合、技术与经济相结合、绿色与可持续发展相结合，形成完善的企业设计管理新体系。企业设计管理新体系是企业创新与品牌形象实现差异化与个性化，形成竞争力的有效制度。

面对全球化的发展潮流，我们既要汲取先进设计管理理念并加以完善，同时也要结合适应自身发展的管理理念来指导今后设计的理论研究。设计管理并不是一个全新的概念，但对目前正面临着崭新局面的中国设计而言，则是个新问题。现阶段我国对于设计管理的研究与应用实践依然还有很大的探索空间，企业要将设计管理思想理念与方法论内化于心、励精于实际行动，并且紧跟时代不断变革。在全球产业经济转型大背景下，无论是一线设计还是企业管理层，都需要拥有较强的实践创新设计能力和设计管理意识，才能在群雄之林中屹立不倒，通过设计创新打造具有影响力的民族自主品牌，最终成就既具有国际竞争力，又有“中国特色”的当代设计，为传承中华优秀传统文化、繁荣发展社会主义文艺、建设社会主义文化强国、讲好中国故事作出贡献。

参考文献

[1] 福特.福特:商业的秘密[M].陈永年译.西安:陕西师范大学出版社,2009.

[2] 刘丽娴,汪若愚,郑嫣然.韦奇伍德的设计管理思想与商业实践[J].装饰,2020(1):76—79.

[3] 盛田昭夫.日本造盛田昭夫和索尼公司[M].伍江译.北京:三联书店,1988.

[4] 冯时.淄博日用陶瓷企业设计管理演变初探[J].装饰,2020(10):38—41.

[5] 泰勒.科学管理原理[M].胡隆昶译.北京:中国社会科学出版社,1984.

[6] 雒兴刚,张忠良,阮渊鹏,等.基于管理视角的服务设计问题的研究综述与展望[J].系统工程理论与实践,2021,41(2):400—410.

[7] 亚当·斯密.国富论:上[M].西安:陕西人民出版社,2001.

[8] 许成绩.现代项目管理教程[M].北京:中国宇航出版社,2003.

[9] MozotaB. Design Managementin Japanese[J]. BlackwellPublishingLtd,2020,9(2):26—31.

[10] 丛颖超,宫淑玫.经济管理原理[M].中共山东省委党校干部业余教育学院,2000.

[11] 戴明.戴明管理思想精要[M].裴咏铭译.北京:西苑出版社,2014.

[12] 帕斯卡尔,阿索斯.日本企业管理艺术[M].罗肇鸿,王怀宁,译.北京:中国科学技术翻译出版社,1984.

[13] 金子胜.经济全球化与市场战略[M].北京:中国人民大学出版社,

2002.

[14] 赫塞. 情境领导者[M]. 麦肯特企业顾问有限公司,译. 北京:中国财政经济出版社,2003.

[15] 常桦,迈克尔·波特. 完全竞争战略[M]. 北京:中国纺织出版社,2003.

[16] SilvaJ, Simes－BorgianiDS. Guidelines for upcycling from a perspective of design management applied in a small factory of women's clothes in Caruaru－PE (Brazil). 2021.

[17] 辛茨. 管理5要素[M]. 北京:中国城市出版社,1999.

[18] Yun H H, See SC, Patil M A. Short term vegetation changes in tropical urban parks: Patterns and design management implications[J]. Urban For estry & Urban Greening,2021.

[19] 王忠明选. 经营人生:松下幸之助经营之道[M]. 北京:中国建设出版社,1988.

[20] 明茨伯格. 经理工作的性质[M]. 孙耀君,王祖融,译. 北京:中国社会科学出版社,1986.

[21] 刘文瑞,史翔,杨柯. 爱德华兹·戴明:质量管理之父[J]. 名人传记(财富人物),2011(1):5.

[22] 张朵朵,何人可. 构建设计生态:物联网时代华为设计管理趋势研究[J]. 装饰,2020(5):4.

[27] 李芹芹,陈苏,冯明. 设计院牵头的EPC项目设计管理研究[J]. 建筑经济,2020,41(S2):150－154.

[28] 熊嫕. 设计管理研究的历史起点——以1965年英国《设计》杂志的8篇论文为中心[J]. 装饰,2015(12):3.

[29] 埃里克·罗斯卡姆·埃尔宾,汪芸. 重新设计21世纪的管理[J]. 装饰,2020(5):4.

[30] 何星池,李伍清,施妍. 数字时代下科技期刊可变式品牌设计的弹性管理方法[J]. 中国科技期刊研究,2019,30(2):10.

[31] 刘丽娴,凌春娅. 沃斯时装屋的设计管理[J]. 装饰,2019(3):3.

［32］ 雒兴刚，张忠良，阮渊鹏，等. 基于管理视角的服务设计问题的研究综述与展望[J]. 系统工程理论与实践，2021，41(2)：400－410.

［33］ BriosoX，CalderonhernandezC. Teaching Design Management toolsduring apandemic：APeruviancasestudy. 2022.

［34］ GunduzM，AlyAA，MekkawyTE. Value Engineering Factors withan Impacton Design Management Performance of Construction Projects [J]. Journalofmanagementinengineering，2022(3)：38.

［35］ 刘曦卉. 知识经济范式下的创业型设计管理特征：以 Netflix 的 OTT 商业模式为例[J]. 装饰，2020(5)：5.

［36］ 张瑞敏. 论物联网时代的管理模式创新[J]. 企业家信息，2021(3)：5.

［37］ 张茉楠. 面向创业型经济的政策设计与管理模式研究[J]. 科学学研究，2007(S1)：73－79.

［38］ Llerena－RiascosC ，SJaén，Montoya－TorresJR ，etal. An Optimization－Based System Dynamics Simulation for Sustainable Policy Designin WEEE Management Systems[J]. Sustainability，2021，13.

［39］ 刘殿忠. 面向创业型经济的政策设计与管理模式研究[J]. 科技致富向导，2013(12)：1.

［40］ 张立巍，王沄. 日本设计管理研究的历史起点——以 1982 年《日本设计学会志》“设计管理特集”为中心[J]. 装饰，2022(5)：3.

［41］ 李珂，何洁. 以设计伦理为导向的设计管理研究[C]. 设计驱动商业创新：2013 清华国际设计管理大会.

［42］ 顾小暖，周根然. 工业设计的有效管理研究[J]. 甘肃科技纵横，2005，34(6)：2.

［43］ 龙赛兰. “互联网＋”时代下的服装设计管理模式研究[J]. 化纤与纺织技术，2022，51(6)：3.

［44］ 胡飞，李顽强. 从设计管理到服务设计的桥中实践[J]. 装饰，2020(5)：6.

［45］ 黄蔚. 通过设计管理实现商业的成功——浅谈桥中设计咨询管理的

理念定位[J]. 设计,2004(9):2.

[46] LiuG, LiR. Analysis and Design of Graduation Design Management System Based on DES Encryption Algorithm[C]. 2021 4th Inter national Confer ence on Advanced Electronic Materials, Comput ers and Soft ware Engineering (AEMCSE). 2021.

[47] Wang L. Application Strategy of Dynamic Manage ment Modein Munici pal Road Survey and Design Management[J]. 建筑发展研究,2022(4):006.

[48] 张蓉. 新时代背景下艺术设计与管理对乡村振兴的影响探讨[J]. 农业技术经济,2022(5):1.

[49] 黄波,董增川,沈扬,等. 本研课程管理融合:动因分析与路径设计[J]. 学位与研究生教育,2021(8):46－52.

[50] 董文海. 雀巢"高危产业"中的领跑者[J]. 企业管理,2009(3):4.

[51] 蒋峦,蓝海林,谢卫红. 整合:企业战略发展新趋势[J]. 统计与决策,2002(1):2.

[52] 刘淑春,闫津臣,张思雪,等. 企业管理数字化变革能提升投入产出效率吗[J]. 管理世界,2021.

[53] Yun J, Zhao X, ParkKB, etal. New domin antde sign and knowl edge mana gement; are versed Ucurve with long headand tail[J]. Knowl edge Man age ment Research & Practice,2021(7):1－15.

[54] 井润田,贾良定,张玉利. 中国特色的企业管理理论及其关键科学问题[J]. 管理科学学报,2021,24(08):76－83.

[55] 沈颂东,李葳. 企业管理者非理性与企业投融资行为研究——基于过度自信量化指标的实证分析[J]. 经济问题,2020(4):11.

[56] 张驰,刘太刚. 墨家思想在企业管理中的运用——中国企业在全球经济一体化中的"兼爱"之治[J]. 当代财经,2022(6):14.

[57] 傅柱,姜宇星,王曰芬. 面向动态知识管理及重用的概念设计过程知识语义建模技术研究[J]. 现代图书情报技术,2018, 2(2):20－28.

[58] 何星池. 新媒体下的可变式品牌设计趋势研究[J]. 设计艺术研究,

2017(2):4.

[59] 周于莞.在服装零售业中构建设计管理角色的重要意义[J].装饰,2018(9):2.

[60] 曹茜.人力资源管理设计教学探究——评《激发潜能:平台型组织的人力资源顶层设计》[J].中国教育学刊,2019(11):124.

[61] 马国丰,宋雪.基于 BIM 的办公建筑智能化运维管理设计研究[J].科技管理研究,2019,39(24):170—178.

[62] PikasE ,KoskelaL , SeppnenO. ImprovingBuildingDesignProcessesandDesignManagementPractices: ACaseStudy[J]. Sustainability,2020,12(911).

[63] Zapata — RoldanF ,SheikhNJ. ADesignManagementAgent — BasedModelforNewProductDevelopment [J]. IEEETransactionsonEngineeringManagement, 2020(99):1—13.

[64] AntahFH ,KhoiryMA , MauludK , etal. PerceivedUsefulnessofAirborneLiDARTechnologyinRoadDesignandManagement: AReview [J]. Sustainability, 2021,13.

[65] 刘宛.设计管理制度——促进更加全面综合的城市设计[J].城市规划,2003,27(5):7.

[66] 傅柱,王曰芬,关鹏.概念设计知识管理中的知识流研究:以管理过程为视角[J].情报理论与实践,2017,40(3):8.

[67] 吴言,李芳宇,周乐.老年人健康管理产品设计研究[J].机械设计,2022,39(8):148—154.

[68] 易军.无因管理制度设计中的利益平衡与价值调和[J].清华法学,2021,15(1):142—162.

[69] 田君.服适人生优无止境:优衣库的设计与管理模式探析[J].装饰,2020(5):6.

[70] 彼得斯,张岩贵.解放型管理:下[M].张岩贡译.呼和浩特:内蒙古人民出版社,2000.

[71] 黄郁郁,王后雄.PDCA 视域下中学化学云课堂复习课教学模式创

新[J]. 教学与管理,2022(18):4.

[72] Pellicer E . Comparing Team Interactionsin Traditionaland BIM－Lean Design Management[J]. Buildings, 2021, 11.

[73] Attia J G, Lotfi N G. Design Management Staircaseasa MeasuringUnit: Understanding Designin Cairo Startups [J]. Design Management Journal,2021,16.

[74] KistmannV ,FonsecaM. Crowdsourcing, designmanagementandsmartcities: literaturereviewonemphasesandgaps[J]. 2020(3).

[75] 张民选,朱福建. 国际视野下的学生全球胜任力:现状,影响及培养策略——基于 PISA2018 全球胜任力测评结果的分析[J]. 开放教育研究,2020,26(6):14.

[76] 周润仙. 选择一般竞争战略类型的理论与方法[J]. 中南财经政法大学学报,2003(3):6.

[77] 唐怀坤,吕江洪. 阿米巴模式释放基层活力[J]. 企业管理,2020(6):3.

[78] 张煜. 基于阿米巴模型的企业成本预算管理问题探究[J]. 财会通讯,2020(20):4.

[79] Ambrosino D, Sciomachen A. Impact of Externalitiesonthe Design and Management of Multimodal Logistic Networks[J]. Sustainability, 2021, 13.

[80] AuernhammerJ. Design Research in Innovation Management: apragmatic and human-centered approach[J]. R&DManagement, 2020(5).

[81] 胡泳. 海尔的高度:中国领袖企业海尔的最新变革实践[M]. 杭州:浙江人民出版社,2008.

[82] 靳埭强. 设计心法 100＋1:设计大师经验谈[M]. 北京:北京大学出版社,2013.

[83] 林媛媛,张立群. 基于学习理论的设计思维研究——以社会设计工作坊为案例[J]. 创意设计源,2007(2):40－47.

[84] 刘吉昆.设计管理及其提出的背景与价值[J].装饰,2014(4):12－14.

[85] 张立群.设计管理的方法体系[J].装饰,2014(4):15－20.

[86] 赵江洪.设计艺术的含义[M].长沙:湖南大学出版社,2005.

[87] 张立巍,福田民郎.论企业内的设计管理[J].装饰,2007(1):14－16.

[88] 墨柔塔.设计管理:运用设计建立品牌价值与企业创新[M].北京:北京理工大学出版社,2011.

[89] 凯瑟琳,贝勒等.美国设计管理高级教程[M].上海:上海人民美术出版社,2008.

[90] 李健,邓家禔.基于功能的产品设计过程研究[J].计算机集成制造系统,2002,8(4):289－293.